高职高专"十一五"精品规划教材

水工钢筋混凝土结构

（第二版）

主　编　李萃青　阎超军　赵建东
副主编　鄢玉英　卓美燕　于福春　陶秀玉

中国水利水电出版社
www.waterpub.com.cn

内 容 提 要

　　本书主要介绍了水工钢筋混凝土结构的有关知识，内容包括钢筋混凝土结构材料性能、设计原理和方法、基本构件的设计计算、基本结构的设计和构造等。

　　本书适用于高职、高专和职工大学的水利水电类专业课程教学，也可作为水利水电工程技术人员的参考用书。

图书在版编目（CIP）数据

　　水工钢筋混凝土结构 / 李萃青，阎超君，赵建东主编． -- 2版． -- 北京 ： 中国水利水电出版社，2010.6(2024.7重印)．
　　高职高专"十一五"精品规划教材
　　ISBN 978-7-5084-7558-5

　　Ⅰ．①水… Ⅱ．①李… ②阎… ③赵… Ⅲ．①水工结构：钢筋混凝土结构－高等学校：技术学校－教材 Ⅳ．①TV332

　　中国版本图书馆CIP数据核字(2010)第100207号

书　　　名	高职高专"十一五"精品规划教材 **水工钢筋混凝土结构（第二版）**
作　　　者	主编　李萃青　阎超君　赵建东
出 版 发 行	中国水利水电出版社 （北京市海淀区玉渊潭南路1号D座　100038） 网址：www.waterpub.com.cn E - mail：sales@mwr.gov.cn 电话：(010) 68545888（营销中心）
经　　　售	北京科水图书销售有限公司 电话：(010) 68545874、63202643 全国各地新华书店和相关出版物销售网点
排　　　版	中国水利水电出版社微机排版中心
印　　　刷	北京市密东印刷有限公司
规　　　格	184mm×260mm　16开本　14.25印张　338千字
版　　　次	2007年3月第1版　2010年6月第2版　2024年7月第13次印刷
印　　　数	42201—44200册
定　　　价	**49.50元**

序

2005 年《国务院关于大力发展职业教育的决定》中提出进一步深化职业教育教学改革，根据市场和社会需要，不断更新教学内容，改进教学方法，大力推进精品专业、精品课程和教材建设。教育部也在《关于全面提高高等职业教育教学质量的若干意见》（［2006］16 号）中明确指出，课程建设与改革是提高教学质量的核心，也是教学改革的重点和难点，而教材建设又是课程建设的一个重要内容。教材是体现教学内容和教学方法的载体，是进行教学的基本工具，是学科建设与课程建设成果的凝结与体现，也是深化教育教学改革、保障和提高教学质量的重要基础。

编写高职教材，要明确高职教材的特征，如同高职教育的定位一样，高职教材应既具有高教教材的基本特征，又具有职业技术教育教材的鲜明特色。因此，应具有符合高等教育要求的理论水平，重视教材内容的科学性，既要符合人的认识规律和教学规律，又要有利于学生的学习，使学生在阅读时容易理解，容易吸收。做到理论知识的准确定位，既要根据"必需、够用"的原则，又要根据生源的实际情况，以学生为主体确定理论深度；在教材的编写中加强实践性教学环节，融入足够的实训内容，保证对学生实践能力的培养，体现高等技术应用性人才的培养要求。编写教材要强调知识新颖原则，教材编写应跟随时代新技术的发展，将新工艺、新方法、新规范、新标准编入教材，使学生毕业后具备直接从事生产第一线技术工作和管理工作的能力。编写时不能孤立地对某一门课程进行思考，而要从高职教育的特点去考虑，从实现高职人才培养目标着眼，从人才所需知识、能力、素质出发。在充分研讨的基础上，把培养职业能力作为主线，并贯穿始终。

《高职高专"十一五"精品规划教材》是为适应高职高专教育改革与发展的需要，以培养技术应用性的高技能人才的系列教材。为了确保教材的编写质量，参与编写人员都是经过院校推荐、编委会答辩并聘任的，有着丰富的教学和实践经验，其中主编都有编写教材的经历。教材较好地贯彻了新的法规、规程、规范精神，反映了当前新技术、新材料、新工艺、新方法和相应的岗位资格特点，体现了培养学生的技术应用能力和推进素质教育的要求，注重内容的科学性、先进性、实用性和针对性，力求深入浅出、循序渐进、强化应用，具有创新特色。

这套《高职高专"十一五"精品规划教材》的出版，是对高职高专教材建设的一次有益探讨，因为时间仓促，教材可能存在一些不妥之处，敬请读者批评指正。

《高职高专"十一五"精品规划教材》编委会

2006 年 11 月

教材事关国家和民族的前途命运，教材建设必须坚持正确的政治方向和价值导向。本书坚持党的二十大精神，全面贯彻党的教育方针，落实立德树人根本任务，为党育人，为国育才，弘扬劳动光荣、技能宝贵、创造伟大的时代风尚。

本书是水利水电类高职高专"水工钢筋混凝土结构"课程的教材。根据《水工混凝土结构设计规范》（SL/T 191—2008）编写。内容包括钢筋混凝土结构材料性能、设计原理和方法、基本构件的设计计算、基本结构的设计和构造等。每章均有教学要求、学习指导和一定数量的例题、思考题及习题。附有钢筋混凝土结构设计所需的常用图表。

在编写过程中，充分体现高等职业教育的特色，力求概念清晰，深入浅出，密切联系水利工程实际，以基本知识的应用为主，理论上以适当够用为度，不苛求知识的系统性和完整性，用大量的实例帮助学生理解和运用基本知识。

参加本书编写的有：山东水利职业学院李萃青（绪论、第3章、第8章）；安徽水利水电职业技术学院阎超君（第1章、第9章）；山东水利职业学院赵建东（第6章、第7章）；南昌工程学院鄢玉英（第5章）；福建水利电力职业技术学院卓美燕（第10章）；山东省南水北调工程管理局于福春（第4章）；山东水利科学研究院陶秀玉（第2章）。全书由李萃青、阎超君、赵建东担任主编，鄢玉英、卓美燕、于福春、陶秀玉担任副主编。

本书在编写过程中，参考并引用了有关文献、资料的部分内容。在此，谨向所有文献的作者表示感谢。

对书中存在的缺点和疏漏，恳请广大读者批评指正。

编　者

2010 年 1 月

第一版前言

本书是水利水电类高职、高专"水工钢筋混凝土结构"课程的教材。根据《水工混凝土结构设计规范》（SL/T191—96）编写。内容包括钢筋混凝土结构材料性能、设计原理和方法、基本构件的设计计算、基本结构的设计和构造等。每章均有教学要求、学习指导和一定数量的例题、思考题及习题。书中还附有钢筋混凝土结构设计所需的常用图表。

在编写过程中，充分体现高等职业教育的特色，力求概念清晰，深入浅出，密切联系水利工程实际，以基本知识的应用为主，理论上以适当、够用为度，不苛求知识的系统性和完整性，用大量的实例帮助学生理解和运用基本知识。

参加本书编写的有：山东水利职业学院李萃青、赵建东（绪论、第3章、第8章）；安徽水利水电职业技术学院阎超君（第1章、第2章、第9章）；南昌工程学院鄢玉英（第5章、第6章、第7章）；福建水利电力职业技术学院卓美燕（第4章、第10章）。全书由李萃青、阎超君、赵建东任主编，卓美燕、鄢玉英任副主编。

本书在编写过程中，参考并引用了有关文献、资料的部分内容。在此，谨向所有文献的作者表示感谢。

对书中存在的缺点和疏漏，恳请广大读者批评指正。

编　者

2006 年 11 月

目 录

序

第二版前言

第一版前言

绪　　论

教学要求： 了解本课程的性质和学习方法，了解钢筋混凝土结构在工程中的应用，掌握钢筋混凝土结构的特点。

0.1　钢筋混凝土的特点

钢筋混凝土结构是由钢筋和混凝土两种材料组成的共同受力的结构。

混凝土具有较高的抗压性能，但抗拉性能很弱；而钢筋具有较高的抗拉性能。为了充分利用两种材料的性能，把混凝土和钢筋结合在一起，使混凝土主要承受压力，钢筋主要承受拉力，以满足工程结构的需要。

例如，一根截面尺寸为 200mm × 300mm、跨度为 2.5m、混凝土立方体强度为 22.5N/mm² 的素混凝土简支梁，跨中承受 13.5kN 的集中力，就会因混凝土受拉而断裂，如图 0-1（a）所示。但如果在这根梁的受拉区配置两根直径 20mm 的 Ⅱ 级钢筋，用钢筋来代替混凝土承受拉力，则梁能够承受的集中力可以增加到 72.3kN。由此说明钢筋混凝土梁比素混凝土梁的承载能力提高很多。

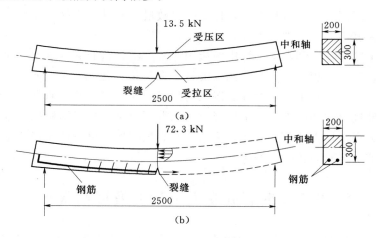

图 0-1　混凝土及钢筋混凝土简支梁的承载力（单位：mm）

钢筋和混凝土这两种不同性能的材料能有效地结合在一起共同工作，主要有 3 种原因：

（1）钢筋和混凝土之间存在黏结力，使两种材料结合成整体，在荷载作用下，两者协调变形，共同受力。

（2）钢筋和混凝土两种材料的温度线膨胀系数非常接近，当温度变化时，两者不会因变形而破坏他们的整体性。

（3）钢筋处于混凝土内部，混凝土妥善保护了钢筋，使钢筋不易发生锈蚀。

钢筋混凝土结构除了能充分利用钢筋和混凝土两种材料的受力性能外，尚具有下列许多优点：

（1）强度高。钢筋混凝土的强度高，适用于各种承重构件。

（2）抗震性好。现浇的整体式钢筋混凝土结构具有较好的整体刚度，有利于抗震和防爆。

（3）可模性好。可根据使用需要浇筑成各种形状和尺寸的结构，尤其适合建造外形复杂的大体积及空间薄壁结构。

（4）耐久性好。混凝土耐自然侵蚀能力较强，钢筋因混凝土的保护而不易锈蚀，坚固耐用。

（5）耐火性好。由传热差的混凝土作为钢筋的保护层，在普通火灾情况下不致使钢筋达到软化温度而导致整体结构的破坏。

（6）就地取材、节约钢材。钢筋混凝土结构中所用的砂、石材料，一般可就地采取，减少运输费用。

钢筋混凝土结构也有一些缺点：

（1）构件的截面尺寸较一般的钢结构大，因而自重较大，不利于建造大跨度结构及高层建筑。

（2）抗裂性能较差。混凝土抗拉性能低，容易出现裂缝，影响结构的适应性和耐久性。

（3）浇筑混凝土要用模板和支撑，耗费一定数量的木材和钢材。

（4）施工较复杂，易受季节和气候的影响，建造期一般较长。

钢筋混凝土结构在水利水电工程中的应用非常广泛，钢筋混凝土用来建造水坝、水电站厂房、水闸、船闸、渡槽、涵洞、倒虹吸管、调压塔、压力水管、码头、隧洞衬砌等。随着科学技术的发展、施工水平的提高以及高强轻质材料研究的不断突破，钢筋混凝土的缺点正在逐步地被克服和改善，如采用轻质高强混凝土可以减轻结构的自重；采用预应力混凝土结构可以提高构件的抗裂性能；采用预制装配构件可以节约模板和支撑，加快施工进度，减少季节气温对施工的影响等。

0.2　钢筋混凝土结构的发展简况

钢筋混凝土结构与其他建筑结构相比，是一种较年轻的结构形式。1824 年英国人发明了波特兰水泥后才开始有混凝土，由于混凝土抗拉强度低，应用受到限制。1861 年法国人制成了使混凝土受压、钢筋受拉，充分发挥两种材料各自性能的钢筋混凝土结构，扩大了其使用范围。20 世纪 30 年代出现了预应力混凝土结构，其抗裂性能好，充分利用了高强材料，从此钢筋混凝土结构迅速发展成为现代工程建设中应用非常广泛的建筑结构。目前钢筋混凝土结构的跨度和高度都在不断增大，如上海杨浦大桥主跨达 602m，上海金茂大厦高 420.5m，上海电视塔高 454m。

钢筋混凝土结构在水利水电工程中的应用更加令人瞩目，如葛洲坝水利枢纽、三峡水利枢纽、乌江渡水电站、龙羊峡水电站都是规模宏伟的钢筋混凝土工程。

钢筋混凝土结构的计算理论不断发展，由最初的把材料作为弹性体的容许应力古典理论，发展为考虑材料塑性的极限强度理论，并且迅速发展成完整的按极限状态计算体系。目前，在工程结构中已采用基于概率论和数理统计分析的可靠度理论，使极限状态计算体系向更完善、更科学的方向发展。

在材料研究方面，主要是向高强、轻质、耐久及具备某种特异性能方向发展。目前强度为 $100\sim200\mathrm{N/mm^2}$ 的高强混凝土已在工程上实际应用。各种轻质混凝土、纤维混凝土、聚合物混凝土、耐腐蚀混凝土、水下不分散混凝土以及品种繁多的外加剂在工程上的应用，已使大跨度结构、高层建筑、高耸结构和具备某种特殊性的钢筋混凝土结构的建造成为现实。

在结构和施工方面，水工钢筋混凝土结构常因整体性要求而采用现浇混凝土施工。尤其是大型水利工程的工地建有拌和楼（站）集中搅拌混凝土，并可将混凝土运至浇筑地点，这给机械化现浇施工带来很大方便。采用预先在模板内填实粗骨料，再将水泥浆用压力灌入粗骨料空隙中形成的压浆混凝土，以及用于大体积混凝土结构（如水工大坝、大型基础）、公路路面与厂房地面的碾压混凝土，它们的浇筑过程都采用机械化施工，浇筑工期可大为缩短，并且能节约大量材料，从而获得经济效益。值得注意的是，近几年来由钢与混凝土或钢与钢筋混凝土组成的结构、型钢与混凝土组成的组合梁结构、外包钢混凝土结构及钢管混凝土结构已在工程上逐步推广应用。这些组合结构具有充分利用材料强度、较好的适应变形能力（延性）、施工较简单等特点。

总之，随着对钢筋混凝土结构研究的不断深入，钢筋混凝土结构的应用会更加广泛，前景会更加广阔。

0.3 本课程的性质及学习方法

钢筋混凝土结构是水利水电类专业最为重要的技术基础课程。学习本课程的主要目的是：掌握水工钢筋混凝土结构构件设计计算的基本理论和构造知识，为学习有关专业课程和顺利地从事钢筋混凝土建筑物的结构设计打下牢固的基础。

学习本课程需要注意以下几个问题：

（1）目前钢筋混凝土结构的计算公式常常是在大量实验基础上与理论分析相结合建立起来的。学习时应注意每一理论的适用范围和条件，不要盲目地生搬硬套，应在实际工程设计中正确运用这些理论和公式。

（2）钢筋混凝土课程所要解决的是结构构件的设计，包括方案、截面形式及材料的选择，配筋构造等。结构设计是一个综合性的问题，需要考虑安全、适用、经济和施工的可行性等各方面的因素。同一构件在给定荷载作用下，可以有不同的截面形式、尺寸、配筋数量等多种选择，往往需要进行适用、材料用量、造价、施工等指标的综合分析比较，才能做出合理的选择。在学习钢筋混凝土课程时，要注意掌握各种因素进行综合分析的设计方法。

（3）本课程要学习有关构造知识，构造方面的规定是长期科学实验和工程经验的总结。在设计结构和构件时，计算与构造是同样重要的，因此，要充分重视对构造知识的学习。在学习过程中不必死记硬背构造的具体规定，但应注意弄懂其中的道理。通过平时的作业和课程设计逐步掌握一些基本构造知识。

（4）本课程同时又是一门结构设计课程，有很强的实践性。要搞好工程结构设计，既要有坚实的基础理论知识，还要有综合考虑材料、施工、经济、构造细节等各方面的因素的能力。此外，为了培养学生从事设计工作的能力，必须对结构分析计算、整理编写设计书、绘制施工图纸等基本技能提出严格的要求。

第1章　钢筋混凝土结构的材料

教学要求：掌握钢筋的品种及其物理力学性能，了解钢筋混凝土结构对钢筋性能的要求，掌握钢筋的选用原则；理解混凝土各种强度的概念，掌握混凝土各种强度及其关系；了解混凝土收缩和徐变等变形对结构的影响；理解钢筋与混凝土之间的黏结力，了解黏结力的组成。

1.1　钢　　筋

1.1.1　钢筋的品种

1. 按化学成分划分

我国生产的钢筋按化学成分可分为碳素钢和普通低碳合金钢。

（1）碳素钢。碳素钢按碳的含量多少分为低碳钢（含碳量小于 0.25%）、中碳钢（0.25%≤含碳量≤0.6%）和高碳钢（含碳量大于 0.6%）。含碳量增加，能使钢材强度提高，性质变硬，但也使钢材的塑性和韧性降低，焊接性能也会变差。

（2）普通低合金钢。普通低合金钢是在炼钢时，在碳素钢中加入少量合金元素而形成的。常用的合金元素有锰、硅、钒、钛等，这些合金元素可提高钢材的屈服强度和变形性能，因而使低合金钢钢筋具有强度高、塑性及可焊性好的特点，应用较为广泛。普通低合金钢通常按主要合金元素命名，名称前面的数字代表的含碳量的万分数，合金元素后面的角标数字代表该元素含量的百分数，当其含量小于 1.5% 时，不加角标；当其含量在 1.5%～2.5% 时，角标为 2。如 $40Si_2MnV$ 表示平均含碳量为 0.4%，Si 元素的平均含量为 2%，Mn 元素和 V 元素的含量均小于 1.5%。

2. 按表面形状划分

我国生产的钢筋表面形状分为光面钢筋和变形钢筋。

（1）光面钢筋。表面是光滑的，与混凝土的黏结性较差，如图 1-1（a）所示。

（2）变形钢筋。表面有纵向凸缘（纵肋）和许多等距离的斜向凸缘（横肋）。其中，由两条纵肋和纵肋两侧多道等距离、等高度及斜向相同的横肋形成的螺旋纹表面，如图 1-1（b）所示。若

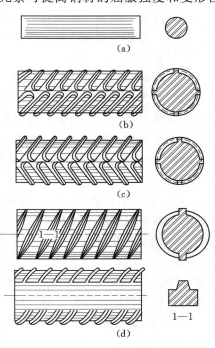

图 1-1　钢筋表面及截面形状

横肋斜向不同则形成了人字纹表面，如图 1-1（c）所示。这两种表面形状的钢筋习惯称为螺纹钢筋，国标称为等高肋钢筋，国内已基本上不再生产。

斜向凸缘和纵向凸缘不相交，甚至无纵肋，剖面几何形状呈月牙形的钢筋，称为月牙肋钢筋，如图 1-1（d）所示。与相同直径的等高肋钢筋相比，凸缘处应力集中得到改善，但与混凝土之间的黏结强度略低于等高肋钢筋。

3. 按加工工艺划分

我国生产的钢筋按加工工艺分有热轧钢筋、冷加工钢筋、高强钢丝和钢绞线等。

（1）热轧钢筋。热轧钢筋是将钢材在高温（1200～1400℃）状态下轧制而成的，按其强度从低到高分为 HPB235、HRB335、HRB400 和 RRB400 4 个级别。

1）HPB235 级钢筋。它是一种热轧光圆钢筋，低碳钢，用Φ表示。其质量稳定，塑性好，易于焊接，易于加工成型，但强度低，且与混凝土的黏结稍差。常用于中小型钢筋混凝土结构构件的受力钢筋及各种构件的箍筋和构造钢筋。

2）HRB335 级钢筋。它是一种热轧月牙肋钢筋，低碳合金钢，用Φ表示。其强度较高，且与混凝土有良好的黏结性能，塑性好，焊接性能也好，易于加工成型。主要用于大、中型钢筋混凝土结构构件的受力钢筋。

3）HRB400 级钢筋。它是一种热轧月牙肋钢筋，用Φ表示。其强度高且与混凝土有良好的黏结性能。主要用于大中型钢筋混凝土结构和高强混凝土结构的受力钢筋。

4）RRB400 余热处理钢筋。它是一种热轧螺纹钢筋，低碳合金钢，用Φ^R 表示。钢筋热轧后快速冷却，利用钢筋内芯余热自行而成。其强度提高，但塑性降低，余热处理后塑性有所改善。可直接用作预应力钢筋。

（2）冷加工钢筋。就是将热轧钢筋在常温下经冷加工而成的，冷加工的加工工艺有冷拉、冷拔、冷轧带肋和冷轧扭等。冷加工后，钢筋内部组织发生了变化，其屈服强度提高了，但伸长率明显下降。

1）冷拉钢筋。冷拉钢筋是由热轧钢筋在常温下用机械拉伸而成的，其强度提高，可节约钢材。冷拉 HPB235 级钢筋用于普通混凝土构件中，冷拉 HRB335 级钢筋、冷拉 HRB400 级钢筋一般作为预应力钢筋。钢筋冷拉后性质变脆，承受冲击荷载或重复荷载的构件及处于负温下的结构，一般不宜采用冷拉钢筋。

2）冷拔钢筋。冷拔钢筋是将钢筋用力拔过比其本身直径小的合金拔丝模，使其直径变小而成的。

3）冷轧带肋钢筋。冷轧带肋钢筋是由低合金热轧圆盘条为母材，经多道冷轧和冷拔减径后，在其表面压肋，形成月牙肋的变形钢筋，这种钢筋与母材相比，屈服强度明显提高，与混凝土的黏结性能也有了很大改进。冷轧带肋钢筋按其强度从低到高可分为三个级别：LL550、LL650、LL800。其中 LL550 级钢筋可应用于普通钢筋混凝土结构；LL650 级和 LL800 级钢筋可用作中、小型预应力混凝土构件的预应力钢筋。冷轧带肋钢筋也可用于焊接钢筋网。但因其具有脆性，不能用于直接承受冲击荷载的结构构件中。

4）冷轧扭钢筋。冷轧扭钢筋是由热轧圆盘条为母材，经冷轧成扁平状并扭转而成的，应用也较广泛。

（3）高强钢丝和钢绞线。直径小于 6mm 的钢筋称为钢丝，国产的钢丝有碳素钢丝、刻痕钢丝等。碳素钢丝是用优质碳素钢经冷拔和应力消除矫直回火等工艺而形成的光面钢丝；刻痕钢丝是由碳素钢经压痕轧制低温回火而成的。钢丝的直径越细，强度越高，故用做预应力钢筋。钢绞线通常由 7 根光面钢丝绞制而成，它与混凝土的黏结优于光面钢丝，用于预应力混凝土结构中。

1.1.2　钢筋的力学性能

不同的钢筋由于化学成分不同、制作工艺不同，其力学性能也不同，有明显的差异。按力学的基本性能来分，可分为两类：一类是有明显屈服点的钢筋，习惯上称为软钢；另一类是无明显屈服点的钢筋，习惯上称为硬钢。如热轧钢筋为软钢，高碳钢丝为硬钢。

1. 软钢的力学性能

（1）应力—应变曲线。将软钢试件置于试验机上张拉，从开始加载到试件断裂，记录每个时刻的应力、应变，得到应力—应变曲线，如图 1-2 所示。从曲线的变化特点可以将软钢的受力过程分为四个阶段：弹性阶段、屈服阶段、强化阶段、破坏阶段。从图 1-2 可知，自开始加载到应力达到 a 点以前，应力应变呈线性关系，a 点的应力称为比例极限，oa 段属于线弹性阶段；超过 a 点后，应力应变曲线不再为直线；应力达到 b 点后，钢筋进入屈服阶段，产生很大的塑性，b 点的应力称为屈服强度

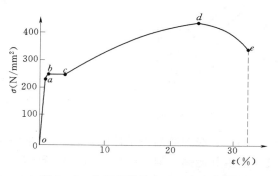

图 1-2　Ⅰ级钢筋的应力—应变曲线

（流限），在应力应变曲线中呈一水平段 bc，称为流幅；超过 c 点后，应力应变曲线重新表现为上升的曲线，为强化阶段；随着荷载的增加，曲线上升到最高点 d 点，d 点的应力称为极限抗拉强度；随着荷载的增加试件产生颈缩现象，应力应变曲线开始下降，到 e 点后钢筋被拉断而破坏，这一阶段称为破坏阶段。

（2）钢筋的性能指标。钢筋的性能指标有强度指标和塑性指标。

1）强度指标。对于软钢来讲，其明显的强度指标有两个：屈服极限和极限抗拉强度。屈服极限是软钢的主要强度指标，当混凝土中的钢筋达到屈服后，荷载不增加，钢筋的应变会突然变大，使混凝土的裂缝开展过宽，构件变形过大，结构不能正常使用，所以软钢的受拉强度极限值以屈服强度为准。钢筋的强化阶段的极限抗拉强度只作为一种安全储备。

2）塑性指标。反映钢筋的另一种指标是塑性指标，软钢的塑性指标有两个：伸长率 δ 和冷弯性能。伸长率 δ，是钢筋拉断后的伸长值与原长的比率，即

$$\delta = \frac{l_2 - l_1}{l_1} \times 100\% \tag{1-1}$$

式中　　δ——伸长率，%；

　　　　l_1——试件拉伸前的标距长度，一般短试件 $l_1 = 5d$，长试件 $l_1 = 10d$，其中 d 为试件直径；

　　　　l_2——试件拉断后的标距长度。

钢筋的伸长率越大，塑性性能越好，拉断前有明显预兆。钢筋的塑性除用伸长率标志外，还用冷弯试验来检验。冷弯就是把钢筋围绕直径为 D 的钢辊弯转 α 角而不发生裂纹、起层和断裂。常用冷弯角度 α 和弯心直径 D 与钢筋直径 d 的比值来反映冷弯性能，D 越小，α 值越大，则钢筋的冷弯性能越好，如图 1-3 所示。

（3）弹性模量 E_s。钢筋屈服前，应力应变的比值称为钢筋的弹性模量，用 E_s 表示。用于工程设计中的钢筋的弹性模量见附表 2-8。

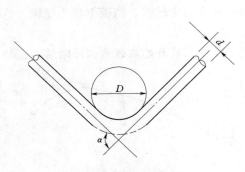

图 1-3　钢筋冷弯试验

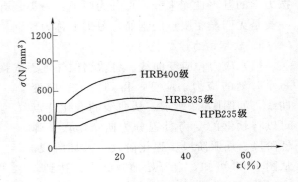

图 1-4　不同级别软钢的应力—应变曲线

（4）各级钢筋的力学性能比较。从图 1-4 可以看出，钢筋的级别越高，屈服极限和抗拉强度就越高，但流幅短，塑性降低。

软钢有明显的屈服点，破坏前有明显的预兆（较大的变形，即伸长率），属塑性破坏。

2. 硬钢的力学性能

硬钢强度高，但塑性差，脆性大。从加载到突然拉断，基本上不存在屈服阶段（流幅）。应力应变曲线如图 1-5 所示。

硬钢没有明显的屈服台阶（流幅），所以计算中以"协定流限"（也称条件屈服强度）作为强度标准，条件屈服强度指的是：经过加载和卸载后尚有 0.2‰ 永久残余应变时所对应的应力值，用 $\sigma_{0.2}$ 表示。但 $\sigma_{0.2}$ 不易测定，一般相当于抗拉强度的 $70\% \sim 90\%$，规范取 $\sigma_{0.2} = 0.8\sigma_b$。

极限抗拉强度、伸长率、冷弯性能是反映无流幅钢筋的力学性能的三项指标。在对硬钢进行质量检验时，主要测定这三项指标。

硬钢塑性差，伸长率小，因此用硬钢配筋的钢筋混凝土构件，受拉时会突然断裂，不像软钢那样有明显的预兆，属脆性破坏。

材料的塑性好坏直接影响到结构构件的破坏性质。所以，应选择塑性好的钢筋。

钢筋的强度值见附表 2-1、附表 2-2、附表 2-6、附表 2-7。

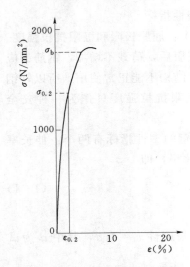

图 1-5　硬钢的应力—应变曲线

1.1.3　钢筋的选用

1. 对钢筋的性能要求

（1）建筑用钢筋要求具有一定的强度（屈服强度和抗拉强度），应适当采用较高强度的钢筋。因为采用强度较高的钢筋，构件配筋量减少。不仅节约钢材，提高经济效益，而且可避免钢筋密集而造成施工困难等。

（2）要求钢筋有足够的塑性（伸长率和冷弯性能）变形能力，钢筋的塑性性能好，不仅便于施工、制作，更重要的是有利于提高构件的延性，增强结构的抗震性能。

（3）应有良好的焊接性能，保证钢筋焊接后不产生裂纹及过大的变形。

（4）钢筋和混凝土之间应有足够的黏结力，保证两者共同工作。

2. 选用原则

普通混凝土结构宜采用热轧 HPB235 级、HRB33 级、HRB400 级钢筋。HPB235 级钢筋主要应用在厚度不大的板中或作为梁、柱的箍筋。HRB335 级钢筋在工程中应用较为广泛。HRB400 级钢筋在工程中应用也越来越广泛。

预应力混凝土结构宜采用高强钢丝、钢绞线和热处理钢筋，也可采用冷拉钢筋。

1.2　混　凝　土

混凝土是由砂、石子、水泥和水按一定的配合比组成的人造石材。水泥和水在凝结硬化过程中形成水泥胶块把骨料黏结在一起，混凝土内部有液体和孔隙存在，是一种不密实的混合体，主要依靠由骨料和水泥胶块中的晶体组成的弹性骨架来承受外力。弹性骨架使混凝土具有弹性变形的特点，而水泥胶块中的胶凝体又使混凝土具有塑性变形的性质，混凝土的内部结构很复杂，因此它的力学性能也很复杂。

1.2.1　混凝土的强度

1. 立方体抗压强度标准值 f_{cuk}

按照标准的方法制作养护的边长为 150mm 的立方体试块，在标准条件下［温度（20±3)℃，相对湿度不小于 90% 的潮湿空气中］养护 28 天，用标准试验方法，全截面受力测得的立方体极限承载力值，称为立方体抗压强度。规范规定具有 95% 保证率的立方体抗压强度为混凝土抗压强度标准值，用 f_{cuk} 表示，立方体抗压强度不是结构计算的实用指标，它是衡量混凝土强度高低的基本指标，并以其标准值定义混凝土的强度等级。混凝土的强度等级用符号 C 和立方体抗压强度标准值（N/mm²）表示，其中的 C 表示混凝土，后面的数字表示立方体抗压强度标准值（N/mm²），如 C20 表示混凝土立方体抗压强度标准值为 20N/mm²。

水利工程中混凝土强度等级分为 10 级，即 C15、C20、C25、C30、C35、C40、C45、C50、C55、C60。

2. 轴心抗压强度标准值 f_{ck}

若试件为棱柱体（150mm×150mm×300mm），所测得的抗压强度称为棱柱体抗压强度，也称为轴心抗压强度。在实际工程中，钢筋混凝土受压构件的实际长度比它的截面尺寸大得多，工作条件与立方体试块的工作条件差别很大，棱柱体抗压强度能更好地反映受压构件中混凝土的实际强度。

国内外的试验都指出，f_{ck} 与 f_{cuk} 大致呈线性关系，国内对比试验得出，f_{ck}/f_{cuk} 比值平均为 0.76，考虑到实际结构和试件制作及养护条件的差异、尺寸效应、加荷速度等因素的影响，规范偏安全地取

$$f_{ck} = 0.67 \alpha_c f_{cuk} \tag{1-2}$$

式中　α_c——高强混凝土的脆性折减系数，C45 以下的混凝土，取 $\alpha_c = 1.0$；C45 的混凝土，取 $\alpha_c = 0.98$；C60 的混凝土，取 $\alpha_c = 0.96$；中间按线性规律内插确定。

3. 轴心抗拉强度标准值 f_{tk}

混凝土的轴心抗拉强度是确定混凝土抗拉及抗裂性能的重要指标，其值远远小于其抗压强度，且不与抗压强度成正比。一般条件下 f_{tk} 仅相当于 f_{cuk} 的 1/9～1/18，当 f_{cuk} 越大时 f_{tk}/f_{cuk} 的比值越低。凡影响抗压强度的因素对抗拉强度也有相应的影响，然而不同的因素对抗压强度和抗拉强度的影响程度不同。如水泥用量增加，抗压强度增加较多而抗拉强度增加较少。

混凝土的抗拉强度的测定方法在我国有两种：直接拉伸法和劈裂法。

直接拉伸法，如图 1-6 所示，对两端预埋钢筋的棱柱体试件（钢筋位于试件轴线上）施加拉力，试件破坏时的平均拉应力即为混凝土的抗拉强度。由于混凝土材质不均匀，难于形成中心受力，故测试结果离散性很大。

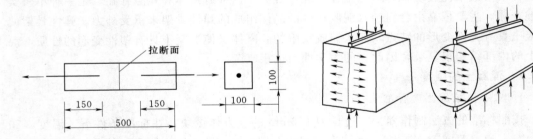

图 1-6　混凝土直接受拉试验（单位：mm）　　　　图 1-7　混凝土劈裂受拉试验

劈裂法，如图 1-7 所示，将立方体试件（或平放的圆柱体试件）通过圆弧垫块施加线荷载，试件破坏时，在破裂面上产生与该面垂直且基本均匀分布的拉应力，由弹性力学理论，混凝土轴心抗拉强度可由下式计算

$$f_{tk} = \frac{2P}{\pi dl} \tag{1-3}$$

式中　P——破坏荷载，N；

　　　d——立方体的边长或圆柱体的直径，mm；

　　　l——立方体的边长或圆柱体的长度，mm。

我国试验给出了 f_{tk} 与 f_{cuk} 的关系为

$$f_{tk} = 0.26 \sqrt[3]{f_{cuk}^2} \ (\text{N/mm}^2) \tag{1-4}$$

根据与轴心抗压强度相同的理由，规范采用

$$f_{tk}=0.23\sqrt[3]{f_{cuk}^2}(1-1.645\delta_{fcu})(N/mm^2) \tag{1-5}$$

式中　f_{tk}——混凝土的轴心抗拉强度标准值；

　　　f_{cuk}——混凝土立方体抗压强度标准值；

　　　δ_{fcu}——混凝土立方体抗压强度的变异系数。

混凝土的强度值见附表 2-3、附表 2-4。

1.2.2　混凝土的变形

混凝土的变形有两类：一类是由外荷载作用而产生的受力变形；另一类是由温度和干湿引起的体积变形。

1. 混凝土的受力变形

（1）荷载作用下混凝土的破坏机理。对混凝土棱柱体试件作短期一次加荷的受压试验，从试验中得到了应力应变曲线如图 1-8 所示。

从图 1-8 中可以看出，混凝土从受荷到破坏的全过程分为四个阶段：

第一阶段（oa 段），当应力 σ_c 较小（$\sigma_c \leqslant 0.3f_c$）时，混凝土的变形主要是骨料和水泥结晶体受力产生弹性变形，混凝土不会产生裂缝或原有的微裂缝不扩展，分散的细微裂缝处于稳定状态，应力应变曲线近似地视为直线。

第二阶段（ab 段），当混凝土的应力 σ_c 继续增大（$0.3f_c<\sigma_c<0.8f_c$），水泥石中的裂缝骨料处的裂缝不断产生，不断发展，应变增长加快，出现明显的非弹性性质。

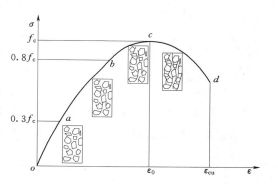

图 1-8　混凝土受压时的应力—应变曲线
与内部裂缝扩展过程

第三阶段（bc 段），随着应力 σ_c 的进一步升高（$0.8f_c<\sigma_c<f_c$），随着荷载的增加，裂缝的宽度和数量急剧增加，水泥石中的裂缝与骨料结合处的裂缝连成通缝，即使应力不增加，裂缝也会持续开展，裂缝进入非稳定状态，当应力达到 f_c 时，混凝土内部裂缝形成了破坏面，将混凝土分成若干小柱体，但混凝土的强度并未完全丧失。

第四阶段（cd 段），沿破坏面上的剪切滑移和裂缝的不断延伸、扩大，使应变急剧增大，承载力下降，试件表面出现不连续的纵向裂缝，应力应变曲线出现下降阶段，最后骨料与水泥石的黏结基本丧失，滑移面上的摩擦咬合力耗尽，试件破坏。

总之，混凝土的破坏是微裂缝的发展导致横向变形引起的。对横向变形加以约束，就可限制微裂缝的发展，从而提高混凝土的强度。约束混凝土可以提高混凝土的强度，也可以提高混凝土的变形能力。

影响混凝土 $\sigma-\varepsilon$ 曲线的因素很多：混凝土强度低，曲线就平坦，极限压应变 ε_{cu} 越大，塑性变形能力越大，即延性越好；混凝土强度高，曲线就陡，极限压应变 ε_{cu} 越小，塑性变形能力越小，延性就越差；加荷速度较快时，最大应力提高，曲线变陡，ε_{cu} 减小，延性较差；加荷速度较慢时，曲线平坦，ε_{cu} 增大，延性较好。

（2）混凝土的泊松比。混凝土试件受压时，会产生纵向应变 ε_{cr}，同时也产生横向应

变 ε_{ch}，它们之间的比值称为混凝土的泊松比，用 ν_c 表示。

$$\nu_c = \frac{\varepsilon_{ch}}{\varepsilon_{cr}} \qquad (1-6)$$

泊松比随应力大小变化而变化，处于弹性阶段时，ν_c 取 0.167，而应力较大时，泊松比取变量，破坏时泊松比增大很多。

（3）混凝土的变形模量。从混凝土棱柱体试验绘出的应力应变曲线图形可以看出：混凝土的 σ_c 与 ε_c 之间不存在完全的线性关系，虎克定律不适用。但为方便计算，在进行混凝土构件设计时，近似地将混凝土看成弹性材料，这就要用到弹性模量，但实际应力应变关系为一曲线，这就提出了如何定义弹性模量，如何取值的问题。

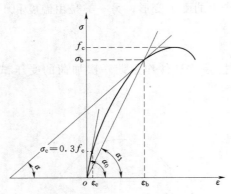

图 1-9　混凝土变形模量的表示方法

工程上，一般要确定三种模量：弹性模量，变形模量、剪切模量。

1）弹性模量 E_c。应力很小时，应力应变关系为一直线，如图 1-9 所示，通过 o 点的切线斜率定义为初始弹性模量，习惯上称为混凝土的弹性模量。

确定此弹性模量的方法有两种：第一种是低应力（$\sigma \leqslant 0.3f_c$）时

$$E_c = \tan\alpha_0 = \frac{\sigma_c}{\varepsilon_c} \qquad (1-7)$$

其中

$$\sigma_c = 0.3f_c$$

第二种是低应力下重复加荷、卸荷后的应力应变曲线渐趋稳定并接近直线，该直线的斜率即为混凝土的弹性模量。其统计经验公式为

$$E_c = \frac{10^5}{2.2 + \dfrac{34.7}{f_{cu}}} \ (\text{N/mm}^2) \qquad (1-8)$$

式中　f_{cu}——混凝土强度等级值。

按式（1-8）计算的混凝土各强度等级的弹性模量 E_c 值，列于附表 2-5 中，设计时可直接查用，不必再计算。

2）混凝土的变形模量 E_c'。应力较大时，混凝土塑性性质表现明显，应力应变关系呈曲线变化，此时就不能再用 E_c 来表达混凝土应力应变之间的关系。实际计算中，以混凝土的应力应变比值作为其变形模量，用 E_c' 表示。

$$E_c' = \tan\alpha_1 = \frac{\sigma_b}{\varepsilon_b}$$

式中　σ_b、ε_b——任意点的应力、应变值，见图 1-9。

从图 1-9 中可知，变形模量是应力应变曲线上 o 点与任意点割线的斜率，故变形模量也称割线模量。

E'_c 与 E_c 之间的关系可用弹性系数 ν 表示

$$E'_c = \nu E_c \tag{1-9}$$

式中　ν——弹性系数，$\sigma \leqslant 0.3 f_c$ 时，$\nu = 1.0$；$\sigma > 0.3 f_c$ 时，ν 为小于 1 的变数，随应力增大而逐渐减小。

3) 混凝土的剪切模量 G_c。混凝土的剪切模量用式（1-10）计算

$$G_c = \frac{E_c}{2(1 + \nu_c)} \tag{1-10}$$

式中　ν_c——混凝土的泊松比。

（4）混凝土在长期荷载作用下的变形——徐变。混凝土在荷载长期持续作用下，应力不变，其变形却随着时间的延长而增大，这种现象称为徐变。

产生徐变的原因：混凝土受力后，在应力不大的情况下，徐变缘于水泥石中的凝胶体产生的黏性流动（颗粒间的相对滑动）要延续一个很长的时间；在应力较大的情况下，骨料和水泥石结合面裂缝的持续发展，导致徐变加大。

影响混凝土徐变的因素主要有以下几方面：

1) 应力影响。应力条件是影响混凝土徐变的直接因素，应力越大，徐变也越大，低应力时，徐变与应力大致成正比；高应力时徐变急剧增长，与应力不成正比，产生非线性的徐变，此时徐变不稳定，会发展导致混凝土破坏，应避免这种情况发生。

2) 加荷时间的影响。在同样应力条件下，加荷越早，混凝土硬化越不充分，徐变越大，因此，应避免混凝土过早承受长期荷载。

3) 混凝土的材料影响。水泥用量越多，徐变就越大；水灰比越大，徐变也越大；骨料的相对体积越大，徐变越小。

4) 混凝土环境影响。混凝土环境影响主要指混凝土的养护条件及使用条件下的温度、湿度影响。养护温度越高，湿度越大，水泥水化作用越充分，徐变就越小；试件受荷后，环境温度低，湿度大，体表比（体积与表面积的比值）越大，徐变就越小。

徐变对混凝土结构的影响：

如果结构受到外界约束而不能产生变形时，结构内的应力将会随时间的增长而降低，这种应力降低的现象称为应力松弛，是徐变的另一种表现方式。

徐变可使局部应力集中得到缓和；支座沉陷引起的应力及温度湿度应力也可由于徐变而得到松弛；徐变还可使钢筋应力与混凝土应力重分布，使材料的利用趋于合理。

徐变作用会使结构的变形增大；在预应力混凝土结构中，它还会造成较大的预应力损失。

2. 混凝土的温度变形和干缩变形

（1）温度变形。混凝土因外界温度变化及混凝土初期的水化热等因素而产生的变形称为温度变形。当构件自由变形时，温度变形不会产生大的危害，但当构件不能自由变形时（超静定结构），则会在构件中产生温度应力。

在大体积混凝土中，由于混凝土表面较内部收缩量大，再加上水泥的水化热使混凝土内部温度比表面温度高，会在混凝土表面产生温度应力，当温度应力超过混凝土抗拉强度

时，使混凝土开裂，严重时会导致结构承载力和耐久性下降。

（2）干缩变形。混凝土在空气中结硬时，体积缩小的现象称为收缩，所产生的变形称为干缩变形；处于水中的混凝土会随时间的增长，体积变大的现象称为膨胀，所产生的变形称为湿胀变形。由于混凝土体积增大比缩小值小得多，且体积膨胀对结构有利，设计中不考虑湿胀对结构的影响，而只考虑干缩对结构的影响。

混凝土构件受到约束时，其干缩变形将产生干缩裂缝，对于较薄的构件会产生较大的危害，应引起注意。

为减小温度变形和干缩变形对结构的不利影响，可以从结构形式和施工工艺等方面采取措施。如采用加冰水和混凝土内部通冷却水管来降低温度变形；减小构件外表面积来降低干缩变形；加强养护，减小干缩变形；设伸缩缝减小温度变形和干缩变形；在温度、湿度剧烈变化的混凝土表面配置钢筋网来承担温度应力和收缩应力。

1.3　钢筋与混凝土的黏结

1.3.1　钢筋与混凝土之间的黏结力

1. 黏结力的组成

黏结力是在钢筋和混凝土接触面上阻止两者相对滑移的剪应力。黏结力主要由三部分组成：

（1）水泥凝胶体与钢筋表面之间的化学胶着力（胶结力）。

（2）混凝土收缩，将钢筋紧紧握固而产生的摩擦力（摩阻力）。

（3）钢筋表面凹凸不平与混凝土之间产生的机械咬合力。

光面钢筋在黏结应力达到黏结强度破坏时，其表面有明显的纵向摩擦痕迹。变形钢筋，接近破坏时，首先由于横肋挤压混凝土引起的环向或斜向拉应力而使钢筋周围混凝土开裂，最终因肋间混凝土剪切强度不够，将被挤碎带出，发生沿肋外径圆柱面的剪切破坏。其黏结强度比光面钢筋要大得多。

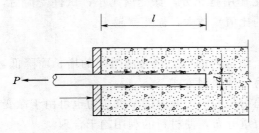

图 1-10　钢筋的拔出试验

2. 黏结力的测定

钢筋与混凝土的黏结力可通过拔出试验确定，在混凝土试件的中心埋入钢筋，埋入长度为 l_a（见图 1-10），在钢筋另一端施加拉力，沿钢筋长度上的黏结应力 τ 按式（1-11）计算

$$\tau = \frac{\Delta\sigma_s A_s}{u \times l} = \frac{d}{4l}\Delta\sigma_s \qquad (1-11)$$

式中　$\Delta\sigma_s$——单位长度上钢筋应力变化值；

$\qquad A_s$——钢筋截面面积；

$\qquad u$——钢筋周长；

$\qquad l$——钢筋的埋入长度。

3. 影响黏结强度的主要因素

（1）混凝土强度。黏结强度随混凝土强度等级的提高而提高，黏结强度基本上与混凝土的抗拉强度成正比例。

（2）钢筋的表面状况。钢筋表面形状对黏结强度有影响，变形钢筋的黏结强度大于光圆钢筋。

（3）混凝土保护层厚度和钢筋的净间距。增大保护层厚度（相对保护层厚度 c/d），保持一定的钢筋间距（钢筋净距 s 与钢筋直径 d 的比值 s/d），可以提高外围混凝土的抗劈裂能力，有利于黏结强度的充分发挥。也能使黏结强度得到相应的提高。

1.3.2 钢筋的锚固与连接

1. 钢筋的锚固

为了保证钢筋在混凝土中锚固可靠，避免钢筋被拔出发生锚固破坏，设计时应该使钢筋在混凝土中有足够的锚固（埋入）长度 l_a。根据钢筋受拉应力达到屈服强度时，钢筋才被拔出的条件确定出基本锚固（埋入）长度 l_a。

$$f_y A_s = l_a \tau_b u$$
$$l_a = \frac{f_y A_s}{\tau_b u} = \frac{f_y d}{4\tau_b} \qquad (1-12)$$

式中 τ_b——锚固长度范围内的平均黏结应力，与混凝土强度和钢筋表面形状有关。

从式（1-12）可知，钢筋强度越高，直径越粗，混凝土强度越低，则要求锚固长度越长。

对于受压钢筋，由于钢筋受压时会侧向鼓胀，对混凝土产生挤压，增加了黏结力，所以受压钢筋的锚固长度可以短一些。

在设计中，如截面上钢筋的强度被充分利用，则钢筋从该截面起的锚固长度 l_a 不应小于附表 4-2 中规定的数值。为了保证光面钢筋的黏结可靠性，规范还规定了受力的光面钢筋末端必须做成半圆弯钩，弯钩的形式如图 1-11 所示。变形钢筋及焊接骨架中的光面钢筋由于其黏结性好，可不做弯钩，轴心受压构件中的光面钢筋也可不做弯钩，变形钢筋采用机械锚固措施时，锚固长度可以适当短一些。

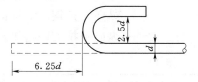

图 1-11　钢筋弯钩的形式与尺寸

2. 钢筋的连接

出厂的钢筋，除直径小的盘筋外，每条长度多在 6～12m，在实际建筑中，往往会遇到钢筋长度不够，这就需要把钢筋接长。

钢筋接长的方法主要有：绑扎连接、焊接、机械连接。

（1）绑扎连接。绑扎连接是在钢筋搭接处用扎丝绑扎而成，如图 1-12 所示，该方法

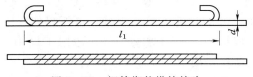

图 1-12　钢筋绑扎搭接接头

是最常用和最简便的钢筋接长方法，但可靠性不够好。轴心受拉或小偏心受拉以及承受振动的构件中的钢筋接头，不得采用绑扎搭接。直径大于 22mm 时的受拉钢筋或直径大于 32mm 的受压钢筋的接头，不宜采用绑扎搭接。

同一构件中相邻纵向受力钢筋的绑扎搭接接头宜相互错开。钢筋绑扎搭接接头连接区段的长度为 1.3 倍搭接长度，凡搭接接头中点位于该连接区段长度内的搭接接头均属于同一连接区段。同一连接区段内纵向钢筋搭接接头面积百分率为该区段内有搭接接头的纵向受力钢筋截面面积与全部纵向受力钢筋截面面积的比值（见图 1-13）。

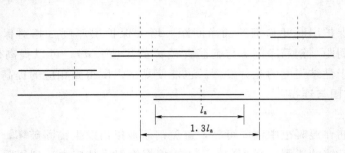

图 1-13　同一连接区段内的纵向受拉钢筋绑扎搭接接头

位于同一连接区段内的受拉钢筋搭接接头面积百分率，不宜大于 25%；柱类构件，不宜大于 50%。当工程中确有必要增大受拉钢筋搭接接头面积百分率时，不应大于 50%；受压钢筋的搭接接头面积百分率不宜超过 50%。

采用绑扎搭接接头时，钢筋间的力的传递是靠钢筋与混凝土间的黏结力，因此必须有足够的搭接长度。与锚固长度一样，钢筋的强度越高、直径越大、要求的搭接长度越长。为实用方便，规范规定了非预应力钢筋采用绑扎搭接时的搭接长度纵向受拉钢筋绑扎搭接接头的搭接长度应根据位于同一搭接长度范围内的钢筋搭接接头面积百分率按式（1-13）计算：

$$l_1 = \zeta l_a \tag{1-13}$$

式中　l_1——纵向受拉钢筋的搭接长度；

l_a——纵向受拉钢筋的锚固长度，按附表 4-2 确定；

ζ——纵向受拉钢筋搭接长度修正系数，按表 1-1 取用。

表 1-1　　　　　　　　　　　　纵向受拉钢筋搭接长度修正系数

纵向钢筋搭接接头面积百分率（%）	≤25	25~50	50~100
ζ	1.2	1.4	1.6

在任何情况下，纵向受拉钢筋绑扎搭接接头的搭接长度均不应小于 300mm。纵向受压钢筋的搭接长度不应小于 $0.7l_1$，且不应小于 200mm。

（2）焊接接头。焊接接头是在两根钢筋接头处焊接而成，有闪光对焊、电弧焊搭接、电渣压力焊接长竖向钢筋、电阻点焊等，如图 1-14 所示。

闪光对焊如图 1-14（a）所示，具有生产效率高、操作方便、节约钢材、焊接质量高、接头受力性能好等优点，适用于直径 10~40mm 的热轧钢筋的焊接；电弧焊如图 1-14（b）、（c）所示，又分为搭接焊接头、帮条焊接头、坡口焊接头等，适用于焊 10~40mm 的热轧钢筋；电渣压力焊如图 1-14（d）所示，用于现浇混凝土结构中竖向或斜向（倾斜度在 1:0.5 范围内）、直径 14~40mm 的 HPB235、HRB335 级钢筋的连接；电阻点焊如图 1-14（e）所示，用于焊接钢筋骨架和钢筋网中的交叉钢筋。

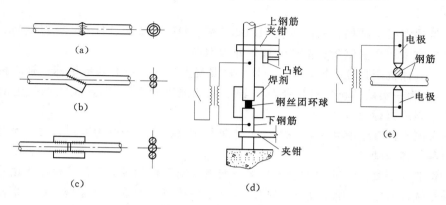

图 1-14　钢筋焊接接头

（3）机械连接。机械连接是通过连接件的机械咬合作用或钢筋端面的承压作用，将一根钢筋中的力传递给另一根钢筋的连接方法。常见的机械连接类型有带肋钢筋套筒挤压连接和锥螺纹连接。带肋钢筋套筒挤压连接适用于直径 16～40mm 的 HRB335、HRB400 级带肋钢筋的连接；锥螺纹连接适用于直径为 16～40mm 的 HRB335、HRB400 级钢筋的连接。

3. 保证钢筋的锚固与连接的构造措施

在钢筋连接区段内，钢筋及构件的受力和变形会有削弱，故必须采取相应的构造措施予以加强，具体如下：

（1）对不同等级的混凝土和钢筋，要保证最小搭接长度 l_1 和锚固长度 l_a。

（2）必须满足钢筋最小间距和混凝土保护层最小厚度的要求。

（3）在钢筋的搭接接头范围内应加密箍筋。

（4）在钢筋端部采用设置弯钩等机械锚固措施。对光面钢筋一定要加弯钩。

（5）受力钢筋的接头应设置在应力较小的部位，同一根钢筋宜少设接头。

（6）同一构件中，相邻纵向受力钢筋的接头位置应相互错开。

学 习 指 导

本章学习的重点是：钢筋的品种和力学性能的基本指标，不同类型钢筋的应力—应变曲线的区别，混凝土对钢筋性能的要求。混凝土的强度等级，混凝土的各种强度指标，混凝土的变形模量，混凝土的徐变和收缩。钢筋与混凝土的黏结，黏结力的组成和测定，钢筋的锚固和连接。

主要内容如下：

（1）钢筋的品种：按化学成分划分，可分为碳素钢和普通低碳合金钢；按表面形状划分分为光面钢筋和变形钢筋；按加工工艺划分，分为热轧钢筋、冷加工钢筋、热处理钢筋及高强钢丝和钢绞线等。

（2）不同的钢筋由于化学成分不同、制作工艺不同，其力学性能也不同，有明显的差异。软钢的屈服强度是设计的依据，硬钢没有明显的屈服阶段，故取条件屈服强度作为设计依据。

（3）普通混凝土结构宜采用热轧 HPB235 级、HRB335 级、HRB400 级钢筋。预应力混凝土结构宜采用高强钢丝、钢绞线和热处理钢筋。

（4）立方体抗压强度标准值 f_{cuk}，是衡量混凝土强度等级的基本指标；轴心抗压强度标准值 f_{ck}，为一实用的抗压强度指标；轴心抗拉强度标准值 f_{tk}，反映混凝土的抗拉能力。这三个强度指标要分清。

（5）混凝土的变形有两类：一类是由外荷载作用而产生的受力变形；另一类是由温度和干湿引起的体积变形。

（6）钢筋与混凝土之间的黏结力是保证两者共同工作的基本条件，黏结力由三部分组成，要满足锚固长度、钢筋的最小保护层厚度、搭接范围内箍筋要加密、钢筋端部作弯钩等措施保证两者之间有足够的黏结力；钢筋的连接方法：绑扎连接、焊接、机械连接。

思 考 题

1-1　我国混凝土结构用钢筋可分为几种类型？

1-2　钢筋混凝土设计时为什么把钢筋的屈服强度作为钢筋强度的计算指标？

1-3　混凝土的强度指标有哪几种？各用什么符号表示？它们之间有什么关系？

1-4　什么是混凝土的收缩和徐变？影响收缩和徐变的主要因素有哪些？

1-5　钢筋与混凝土的黏结力由哪几部分组成？用什么方法测定黏结力？

1-6　钢筋接长的方法有哪些？

1-7　钢筋在混凝土中的锚固长度与钢筋的直径、强度、混凝土的强度之间的关系是什么？

1-8　对用于钢筋混凝土结构中的钢筋有何要求？

第2章 钢筋混凝土结构设计计算规则

教学要求：了解结构设计的基本功能要求和设计目的；掌握极限状态的定义及分类概念；掌握极限状态设计方法；熟练掌握荷载、材料强度与分项系数的取值。

2.1 结构的功能和极限状态

2.1.1 结构的功能要求

结构设计的目的是在现有的技术基础上，在保证结构安全的前提下，用最经济的手段，使得所设计的结构能够满足如下三个方面的功能要求：

（1）安全性。要求结构在正常施工和正常使用时，应能承受可能出现的各种作用，以及在偶然事件发生时和发生后，仍能保证必需的整体承载力和稳定性。

（2）适用性。要求结构在正常使用时具有良好的工作性能，不出现过大的变形和过宽的裂缝等。

（3）耐久性。要求结构在正常维护下具有足够的耐久性。不发生钢筋锈蚀和混凝土风化等影响结构使用寿命的现象。

上述功能要求概括起来称为结构的可靠性，结构的可靠性是指结构在规定的时间（设计基准期）内，在规定的条件（正常设计、正常施工、正常使用和正常维护）下，完成预定功能的能力。

结构的设计基准期是指设计规定的结构或结构构件不需进行大修即可按其预定目的使用的时期。各类工程的设计使用年限不统一，重要性不同的建筑物使用年限也不同。总体而言，一般建筑结构的设计使用年限为 50 年，桥梁比房屋的设计使用年限长，水工大坝的设计使用年限更长。

结构的可靠性和结构的经济性常常是相互矛盾的。比如在相同荷载作用下，要提高混凝土结构的可靠性，一般可以采用加大截面尺寸、增加钢筋用量或提高材料强度等措施，但是这将使建筑物的造价提高，导致经济效益下降。

科学的设计方法就是在结构的可靠性与经济性之间选择一种最佳方案，使设计的结构既可靠又经济。

2.1.2 结构极限状态的分类

结构的极限状态是指整个结构或结构的一部分超过某一特定状态就不能满足设计规定的某一功能要求，此特定状态称为该功能的极限状态。极限状态分为以下两大类。

1. 承载能力极限状态

当结构或构件达到最大承载能力或不适于继续承载的变形状态时，称该结构或构件达到承载能力极限状态。

当结构或构件出现下列状态之一时，就认为超过了承载能力极限状态：

（1）整个结构或结构的一部分失去平衡。

（2）结构或构件超过强度而破坏（包括疲劳破坏），或因过度的塑性变形而不适于继续承载。

（3）结构或构件丧失稳定。

（4）整个结构变几何可变体系。

承载能力极限状态是关于安全性功能要求的，所以满足承载能力极限状态的要求，是结构设计的首要任务，因为这关系到结构能否安全的问题，一旦失效，后果严重，所以应具有较高的可靠度水平。

规范规定，所有结构构件均应进行承载力计算，必要时尚应进行结构的抗倾、抗滑、抗浮验算；对需要抗震设防的结构，尚应进行结构的抗震承载力计算。

2. 正常使用极限状态

当结构或构件达到影响正常使用或耐久性能的某项规定限值的状态时，称该结构或构件达到正常使用极限状态。

当结构或构件出现下列状态之一时，就认为超过了正常使用极限状态：

（1）变形过大，影响结构的外观或正常使用。

（2）对结构的外形、耐久性、抗渗性有影响的局部破坏。

（3）使人们心理上产生不安全的局部破坏，如过宽的裂缝。

（4）使运行人员、设备等有过大的振动，影响正常使用的变形。

（5）产生影响正常使用的其他特定状态。

正常使用极限状态是关于适用性和耐久性功能要求的，当结构或构件达到正常使用极限状态时，虽然会影响结构的使用性、耐久性或使人们的心理感觉无法承受，但一般不会造成生命财产的重大损失。所以正常使用极限状态设计的可靠度水平允许比承载能力极限状态的可靠度适当降低。

规范规定，对使用上需控制变形值的结构构件，应进行变形验算；对使用上要求进行裂缝控制的结构构件，应进行抗裂或裂缝宽度的验算。

结构设计的一般程序是先按承载力极限状态设计结构构件，然后再按正常使用极限状态进行验算。

2.1.3　结构所处的环境类别

结构构件的正常使用和耐久性要求与结构所处的环境条件有关，规范将水工建筑物的环境条件分为五个类别，见表 2-1。

一类环境条件最好，五类环境最差，不同的环境条件类别，要求不同的耐久性措施，环境条件越恶劣，正常使用极限状态验算的要求越严格。

表 2-1　　　　　　　　　水工混凝土结构所处的环境类别

环境类别	条件
一	室内正常环境
二	室内潮湿环境；露天环境；长期处于水下或地下的环境
三	水位变化区；有侵蚀性地下水的地下环境；海水水下区

续表

环境类别	条　件
四	海上大气区；轻度盐雾作用区
五	使用除冰盐的环境；海水水位变化区、浪溅区；离平均水位上方 15m 以内的海上大气区；重度盐雾作用区；有严重侵蚀性介质作用的环境

注 1. 海上大气区与浪溅区的分界线为设计最高水位加 1.5m；浪溅区与水位变化区的分界线为设计最高水位减 1.0m；水位变化区与水下区的分界线为设计最低水位减 1.0m；重度盐雾作用区为离涨潮岸线 50m 内的陆上室外环境；轻度盐雾作用区为离涨潮岸线 50～200m 内的陆上室外环境。
　　2. 冻融比较严重的二、三类环境条件的建筑物，可将其环境类别提高一类。

2.2　结构上的作用和结构的抗力

2.2.1　结构上的作用及作用效应

1. 作用

所谓作用，就是使结构产生内力和变形（应力和应变）的所有原因，即广义荷载，分为直接作用和间接作用。直接作用即通常意义上的荷载，以力的形式作用于结构上，如自重、人群、设备、风压力、雪压力、土压力等；间接作用即以变形形式作用于结构上，如温度变化、材料收缩、徐变、地基变形和基础运动等引起的变形。

作用按其随时间的变异性和出现的可能性不同，可分为三类：

（1）永久作用 G。作用在结构上，其值不随时间变化，或其变化与平均值相比可以忽略不计者，例如结构自重、土重等荷载。

（2）可变作用 Q。作用在结构上，其值随时间变化，而且其变化与平均值相比不可忽略不计者，如吊车荷载、楼面堆放荷载及人群荷载、静水压力、风荷载等可变荷载。

（3）偶然作用 A。在设计基准期内不一定出现，但它一旦出现，其量值很大且持续时间很短的作用，如地震、爆炸、撞击等偶然荷载。

2. 作用效应

作用效应是指在各种作用因素的作用下，在结构构件内所产生的内力和变形（如轴力、弯矩、扭矩、挠度、裂缝等），用 S 来表示。

由于结构的作用是随着时间、地点和各种条件的改变而变化的，是一个不确定变量，所以由作用所决定的作用效应 S 一般说来也是一个随机变量。由于它的统计规律与荷载的统计规律是一致的，因此，一般只需研究荷载的变异情况。

2.2.2　荷载标准值

荷载标准值是指结构构件在使用期间正常情况下可能出现的最大荷载值。有足够实测资料时，一般取具有 95% 保证率的荷载值作为荷载标准值，即实际荷载超过设计时取用的荷载标准值的可能性只有 5%。没有足够实测资料时，可从实际出发，根据已有的数据，经过分析判断后协定一个公值作为它的标准值。荷载的取值大小影响结构的可靠性与经济性。水工建筑物的永久荷载标准值 G_k 和可变荷载标准值 Q_k，可按《水工建筑物荷载设计规范》（DL 5077—1997）取用。

2.2.3　结构抗力

结构抗力是指整个结构或构件承受内力和变形的能力（如构件的承载力、抗裂度和刚度等），用 R 来表示。结构的抗力取决于材料的性能、结构的几何参数、计算模式和施工质量等因素。

在实际工程中，由于施工水平造成了材料强度的离散性、构件几何特征（尺寸偏差、局部缺陷等）的不定性，抗力计算模式也存在着不定性（如并非绝对轴心受压柱而作为轴心受压柱来计算等），因此，由这些因素决定的结构抗力亦是一个随机变量。

与作用效应一样，结构抗力是决定结构安全可靠的另一个主要方面，结构抗力及其影响因素的随机性对结构的可靠度分析产生影响，也影响着结构的可靠性。

结构的可靠性取决于结构抗力 R 和荷载效应 S 之间的相互关系。

2.3　水工混凝土结构设计极限状态实用设计表达式

《水工混凝土结构设计规范》（SL/T 191—2008）在可靠度分析的基础上，给出了采用单一安全系数的实用设计表达式。在设计表达式中隐含了结构对失效概率的要求，设计出来的构件具有某一可靠概率的保证。

2.3.1　承载能力极限状态表达式

承载能力极限状态设计时，采用的表达式为

$$KS \leqslant R \tag{2-1}$$

式中　K——承载力安全系数，按附表1-1采用；

　　　　S——荷载效应组合设计值；

　　　　R——结构构件的截面承载力设计值，按承载能力计算公式，由材料的强度设计值
　　　　　　　及截面尺寸等因素计算得出。

承载能力极限状态计算时，结构构件计算截面上的荷载效应组合值 S 应考虑作用效应的基本组合和偶然组合两种情况。

1. 基本组合

基本组合是指使用或施工阶段的永久作用与可变作用的效应组合。

当永久荷载对结构起不利作用时

$$S = 1.05 S_{G1k} + 1.20 S_{G2k} + 1.20 S_{Q1k} + 1.10 S_{Q2k} \tag{2-2}$$

当永久荷载对结构起有利作用时

$$S = 0.95 S_{G1k} + 0.95 S_{G2k} + 1.20 S_{Q1k} + 1.10 S_{Q2k} \tag{2-3}$$

式中　S——荷载效应组合设计值，即为截面内力设计值（M、N、V、T 等）；

　　S_{G1k}——自重、设备等变异性很小的永久荷载标准值产生的荷载效应；

　　S_{G2k}——土压力、淤沙压力及围岩压力等变异性稍大的永久荷载标准值产生的荷载效应；

　　S_{Q1k}——一般可变荷载标准值产生的荷载效应；

　　S_{Q2k}——可控制其不超出规定限值的可变荷载标准值产生的荷载效应。

2. 偶然组合

偶然组合是指偶然状况下永久作用、可变作用与一种偶然作用的效应组合。

$$S = 1.05S_{G1k} + 1.20S_{G2k} + 1.20S_{Q1k} + 1.10S_{Q2k} + 1.0S_{Ak} \qquad (2-4)$$

式中 S_{Ak}——偶然荷载标准值产生的荷载效应。

2.3.2 正常使用极限状态设计表达式

正常使用极限状态的验算是要保证结构构件在正常使用条件下，抗裂度、裂缝宽度和变形满足规范的相应要求。

由于正常使用极限状态的验算是在承载力已有保证的前提下进行的，正常使用极限状态设计的失效后果没有承载能力极限状态严重，所以，与承载力极限状态相比，其参数的保证率可适当降低，故按标准荷载效应的标准组合进行验算，荷载效应的标准组合是指永久荷载和可变荷载均采用标准值的组合。

正常使用极限状态的验算采用的设计表达式为

$$S_k(G_k, Q_k, f_k, a_k) \leqslant c \qquad (2-5)$$

式中 $S_k(\cdot)$——正常使用极限状态的荷载效应标准组合值函数，即为荷载标准组合作用下的变形、裂缝宽度或应力等；

c——结构构件达到正常使用要求所规定的变形、裂缝宽度或应力等的限值，按附表 5-1、附表 5-2 确定；

G_k、Q_k——永久荷载、可变荷载标准值，按现行《水工建筑物荷载设计规范》（DL 5077—1997）的规定取用；

f_k——材料强度标准值，按附表 2-1~附表 2-3 确定；

a_k——结构构件几何参数的标准值。

【例 2-1】 已知某 2 级水工建筑物中的单跨简支梁，计算跨度为 $l_0 = 6.0$m，截面尺寸为 $b \times h = 200$mm$\times 500$mm，承受上部结构作用的永久荷载标准值为 $g_k = 7.5$kN/m，可变荷载标准值为 $q_k = 12$kN/m，在进行承载能力极限状态设计时，试计算梁的跨中截面弯矩设计值。

解 （1）永久荷载产生的跨中弯矩标准值 M_{Gk} 包括梁的自重产生的弯矩和上部结构作用产生的弯矩。

自重沿跨度方向的线荷载标准值为

$$g_{k1} = 25 \times 0.2 \times 0.5 = 2.5 \text{ (kN/m)}$$

永久荷载产生的跨中弯矩标准值 M_{Gk} 为

$$M_{Gk} = \frac{1}{8}g_k l_0^2 + \frac{1}{8}g_{k1} l_0^2 = \frac{1}{8} \times 7.5 \times 6^2 + \frac{1}{8} \times 2.5 \times 6^2 = 45 \text{ (kN} \cdot \text{m)}$$

（2）可变荷载产生的跨中弯矩标准值 M_{Qk} 为

$$M_{Qk} = \frac{1}{8}q_k l_0^2 = \frac{1}{8} \times 12 \times 6^2 = 54 \text{ (kN} \cdot \text{m)}$$

（3）永久荷载对结构起不利作用，故梁的跨中截面弯矩设计值 M 按式（2-2）计算，得

$$M = 1.05M_{Gk} + 1.2M_{Qk} = 1.05 \times 45 + 1.20 \times 54 = 112.05 \text{ (kN} \cdot \text{m)}$$

按教学要求进行学习，重点掌握：结构的功能要求；极限状态的定义和分类；结构上的作用、作用效应、结构抗力；荷载的分类、荷载的标准值的概念及其确定方法；按承载力极限状态和按正常使用极限状态进行混凝土结构设计计算的方法。

主要内容如下：

（1）结构设计的目的是在现有的技术基础上，在保证结构安全的前提下，用最经济的手段，使得所设计的结构能够满足三个方面的功能要求：安全性、适用性和耐久性。

（2）结构的可靠性和结构的经济性常常是相互矛盾的，科学的设计方法就是在结构的可靠性与经济性之间选择一种最佳方案，使设计的结构既可靠又经济。

（3）结构的极限状态分为以下两大类：承载能力极限状态和正常使用极限状态。承载能力极限状态是关于安全性功能要求的，所以满足承载能力极限状态的要求，是结构设计的首要任务，所有结构构件均应进行承载力计算，必要时尚应进行结构的抗倾、抗滑、抗浮验算；对需要抗震设防的结构，尚应进行结构的抗震承载力计算。

正常使用极限状态是关于适用性和耐久性功能要求的，当结构或构件达到正常使用极限状态时，虽然会影响结构的使用性、耐久性或使人们的心理感觉无法承受，但一般不会造成生命财产的重大损失。所以正常使用极限状态设计的可靠度水平允许比承载能力极限状态的可靠度适当降低。对使用上需控制变形值的结构构件，应进行变形验算；对使用上要求进行裂缝控制的结构构件，应进行抗裂或裂缝宽度的验算。

结构设计的一般程序是先按承载力极限状态设计结构构件，然后再按正常使用极限状态进行验算。

（4）结构所处的环境类别有五类。

（5）作用按其随时间的变异性和出现的可能性不同，可分为三类：永久作用 G、可变作用 Q、偶然作用 A。作用效应是指在各种作用因素的作用下，在结构构件内所产生的内力和变形。结构抗力是指整个结构或构件承受内力和变形的能力。

（6）水工钢筋混凝土结构按承载能力极限状态设计时，应考虑作用效应的基本组合和偶然组合两种情况；在正常使用极限状态验算时，应按荷载标准值组合进行。

思 考 题

2-1　结构的功能要求主要包括哪几方面？

2-2　什么是结构的作用、作用效应、抗力？

2-3　什么是结构的极限状态？分为几类？

2-4　按随时间的变异性和出现的可能性不同，荷载分为几类？

习 题

2-1　某钢筋混凝土简支梁，计算跨度为 5.87m，截面尺寸 $b \times h = 200\text{mm} \times 500\text{mm}$，

永久荷载标准值为 6kN/m（不包括自重），活荷载标准值为 10kN/m，求该梁按承载能力极限状态设计时，跨中截面的弯矩设计值。

2-2　某钢筋混凝土简支梁，如图 2-1 所示，梁的跨长为 4.0m，承受的永久荷载标准值为：均布荷载 $g_k=5.2kN/m$（含自重），集中荷载 $G_k=15kN$；可变荷载标准值为 $q_k=6.7kN/m$，求该梁按承载能力极限状态设计时，跨中弯矩设计值。

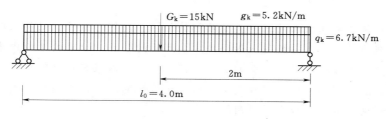

图 2-1　习题 2-2 图

2-3　某排灌站厂房，采用 1.5m×6m 的大型屋面板，卷材防水保温屋面，永久荷载标准值为 2.7kN/m² （包括自重），屋面活荷载标准值为 0.7kN/m²，屋面雪荷载标准值为 0.4kN/m²。板的计算跨度 $l_0=5.87m$，求该板按承载力极限状态时，跨中截面弯矩设计值。（注意：屋面活荷载和雪荷载不同时作用时取其大者。）

第3章 钢筋混凝土受弯构件
正截面承载力计算

教学要求：掌握梁正截面的三种典型破坏特征，单筋矩形截面、双筋矩形截面、T形截面正截面承载力计算，双筋梁的应用条件，T形梁的分类，受弯构件的构造规定。理解适筋梁受力过程中正截面应力、应变的变化规律，四个基本假定，混凝土受压区应力图形的简化，最大、最小配筋率的确定原则。了解界限破坏的概念，提高受弯构件抗弯能力的合理措施，T形梁在实际工程中的应用。

受弯构件是指在荷载作用下，以弯曲变形为主的构件，其内力主要有弯矩和剪力。在实际工程中，有大量的受弯构件，如水闸的底板，挡土墙的立板和底板，公路桥、工作桥以及水电厂房楼盖或屋盖的面板及纵、横梁等都是受弯构件。

受弯构件的破坏有两种可能：一是由弯矩引起的破坏，破坏截面垂直于梁纵轴线，称为正截面受弯破坏，必须配置足够数量的纵向钢筋来确保正截面的受弯承载力，这是本章将要讨论的问题；二是由弯矩和剪力共同作用而引起的破坏，破坏截面是倾斜的，称为斜截面破坏，这部分内容将在第四章介绍。

3.1 受弯构件正截面的一般构造规定

钢筋混凝土构件的截面尺寸与受力钢筋的数量是由计算决定的。但在构件设计中，还应满足许多构造上的要求，以照顾到施工的便利和某些在计算中无法考虑到的因素。一个完整的结构设计，不但要满足计算要求，还应满足构造要求。因此，构造措施同样是结构设计的重要组成部分。

不同的受力构件有不同的构造要求，下面介绍梁板的构造规定。

3.1.1 梁的一般构造要求

1. 梁的截面形式

常见梁的截面形式是矩形和T形截面。在装配式构件中，为了减轻自重及增大截面惯性矩，也采用I字形、箱形和槽形等截面（见图3-1）。板的截面有矩形实心板、空心板、槽形板等。

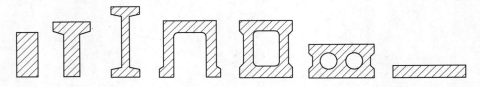

图3-1 梁、板的截面形式

2. 梁的截面尺寸

为了使构件截面尺寸有统一的标准，能够重复利用模板并便于施工，拟定截面尺寸时，通常要考虑以下一些规定。

梁的高度 h 通常可由跨度 l_0 决定，简支梁的高跨比 h/l_0 一般为 $1/8 \sim 1/12$。梁的宽度则可按高宽比 h/b 来确定，梁的高宽比一般为 $2 \sim 3.5$。

梁高 h 常取 250mm、300mm、350mm、…、800mm，以 50mm 的模数递增；800mm 以上则可以 100mm 的模数递增。

梁的宽度 b 常取 120 mm、150 mm、180 mm、200 mm、220 mm、250 mm，250 mm 以上，以 50mm 的模数递增。

3. 混凝土保护层

钢筋外边缘至混凝土边缘的最小距离称为混凝土保护层，其作用是防止钢筋不受空气的氧化和其他侵蚀性介质的侵蚀，并保证钢筋和混凝土之间有足够的黏结力（见图 3-2）。受力钢筋的混凝土保护层最小厚度见附表 4-1。

4. 梁内纵向受力钢筋

纵向受力钢筋的作用主要是用来承受由弯矩在受拉区产生的拉力，有时根据需要纵向受力钢筋也布置在受压区，帮助混凝土承受有弯矩产生的压力。为保证钢筋骨架有较好的刚度并便于施工，梁内纵向受力钢筋的直径不能太

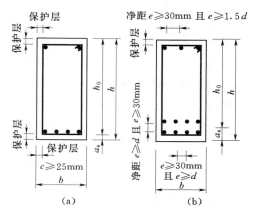

图 3-2　梁内钢筋保护层和净距

细；同时为了避免受拉区混凝土产生过宽的裂缝，直径也不宜太粗，通常可选用 $10 \sim 28mm$ 的钢筋，钢筋的常用直径一般为：12mm、14mm、16mm、18mm、20mm、22mm、25mm、28mm。

同一梁中，同区的受力钢筋直径最好相同，为了选配钢筋方便和节约钢材，有时也可选用两种不同直径的钢筋，此时应使两种直径相差 2mm 以上，以便施工时容易识别，但也不宜超过 $4 \sim 6mm$。

梁内纵向受力钢筋的根数至少为 2 根，跨中截面受力钢筋的根数一般不少于 $3 \sim 4$ 根。同时，梁内受力钢筋的根数也不宜太多，否则会增加浇筑混凝土的难度。

为了使混凝土和钢筋有足够的黏结力，并且为了避免钢筋太密而影响混凝土的浇筑，应该保持相邻两根钢筋之间有一定的距离。规范规定，梁内纵向钢筋净距不得小于钢筋直径 d，同时不得小于 30mm 并且不得小于最大骨料粒径的 1.5 倍。

纵向受力钢筋尽可能排成一排，当根数较多时也可排成两排乃至三排，但应注意使钢筋上下对齐，以避免影响混凝土浇筑。

3.1.2 板的一般构造要求

1. 板的截面形式

一般采用实心矩形，有时也采用空心矩形。

2. 板的厚度

在水工建筑中板的厚度变化范围很大，薄的可为 100mm 左右，厚的可达几米。薄板厚度以 10mm 递增，板厚在 250mm 以上者可以 50mm 为模数递增。

3. 板内受力钢筋

一般厚度的板，其受力钢筋直径常用 6mm、8mm、10mm、12mm；厚板受力钢筋直径可用 10mm～25mm。

为了传力均匀及避免混凝土局部破坏，板中受力钢筋间距不能太大。当 $h \leqslant 200mm$ 时，不应大于 200mm；当 $200mm < h \leqslant 1500mm$ 时，不应大于 250mm；当 $h > 1500mm$ 时，不应大于 300mm。为便于施工，板中受力钢筋也不能太密，间距不应小于 70mm。

4. 分布钢筋

在板中垂直于受力钢筋还要布置分布钢筋。其作用是固定受力钢筋的位置，将板面荷载均匀地传递给受力筋，并且抵抗由温度变化和混凝土收缩在垂直于板的跨度方向所产生的拉应力。每米板宽内分布钢筋的截面面积不少于受力钢筋面积的 15%（集中荷载时为 25%）；在一般厚度的板中，分布钢筋的直径多用 6～8mm，间距不宜大于 250mm；当集中荷载较大时，分布钢筋的间距不宜大于 200mm；在厚板中分布钢筋的直径可用 10～16mm，间距可为 200～400mm；分布钢筋可采用光面钢筋，并布置在受力钢筋的内侧。

3.2　受弯构件正截面破坏形态

钢筋混凝土构件的计算理论是建立在试验基础上的。大量试验结果表明，受弯构件正截面的破坏特征取决于配筋率、混凝土的强度等级、截面形式等因素。但以配筋率对构件破坏特征的影响最为明显，在同截面、同跨度和同样材料的梁，由于配筋率的不同，其破坏形态也将发生本质的变化。受弯构件的截面配筋率是指受拉钢筋面积与正截面有效面积的百分比，用 ρ 来表示，即

$$\rho = \frac{A_s}{bh_0}$$

式中　A_s——纵向受拉钢筋的截面面积；

　　　　b——梁的截面宽度；

　　　　h_0——梁的截面有效高度。

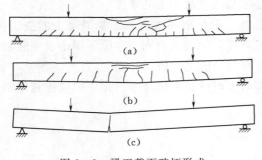

图 3-3　梁正截面破坏形式
(a) 超筋破坏；(b) 适筋破坏；(c) 少筋破坏

根据配筋率 ρ 的不同，一般受弯构件正截面出现超筋、适筋、少筋三种破坏形态。

3.2.1　超筋破坏

当构件的配筋太多，即 ρ 太大时，构件则可能发生超筋破坏。其特征是受拉钢筋尚未达到屈服强度，受压区混凝土压应变达到极限压应变而被压碎，构件破坏。破坏前裂缝开展不宽，梁挠度不大［见图 3-3 (a)］，无明显预兆，破坏突然，属脆性破坏。

这种梁配筋量虽多，但材料强度未得到充分发挥，实际工程设计中不允许采用超筋梁。

3.2.2 适筋破坏

当构件配筋量适中时，试验表明，梁的受力从加载到破坏，正截面的应力不断变化，整个过程经历了 3 个阶段。

第Ⅰ阶段（未裂阶段）：如图 3-4（a）所示，在刚开始加载时，荷载（或者说截面上弯矩）很小，截面上混凝土和钢筋的应力也都很低，材料处于弹性状态，受拉区和受压区混凝土应力分布都是三角形。受拉区混凝土未开裂，混凝土和钢筋共同承担拉力。随着荷载的增加，受拉区混凝土由于塑性变形的发展，其拉应力由三角形直线分布逐渐变为呈曲线形分布，直到受拉混凝土快要出现裂缝前，几乎整个受拉区混凝土的应力都能达到混凝土抗拉强度 f_t。而受压区混凝土的变形一直呈现弹性，压应力分布仍然接近三角形，混凝土的压应力远远小于它的抗压强度。此时，受拉区混凝土还未开裂，混凝土和钢筋共同承担拉力，钢筋的应力很低，一般只有 $20\sim30 \text{N/mm}^2$，整个阶段构件未出现裂缝，称为未裂阶段，此阶段末是抗裂计算的依据。

第Ⅱ阶段（裂缝阶段）：如图 3-4（b）所示，在受拉区混凝土即将出现裂缝时，随着荷载的稍微增加，拉区边缘混凝土马上开裂，即进入第二阶段。由于裂缝截面混凝土退出工作，拉力基本上全由钢筋承担，因而钢筋的拉应力会突然增高，不过钢筋的应力还小于屈服强度，并且随着荷载的增加而继续增大，中和轴的位置也逐渐向上升高。同时受压区的混凝土已呈现一定的塑性特征，混凝土的压应力由三角形变为平缓的曲线形。此阶段是进行变形、裂缝开展宽度验算的依据。

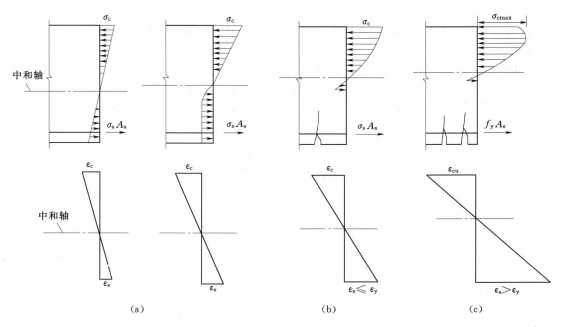

图 3-4 梁的应力—应变阶段

第Ⅲ阶段（破坏阶段）：如图 3-4（c）所示，荷载再继续增加，当钢筋应力达到屈服时，即可认为开始进入破坏阶段。此阶段钢筋应力不变而应变迅速增加，裂缝快速向上开展，迫使中和轴迅速上移，压区减小，混凝土压应力增大，直到受压区混凝土发生纵向水平裂缝被压碎，梁告破坏。此阶段是受弯构件正截面承载力计算的依据。

适筋破坏特征是钢筋先屈服，然后压区混凝土应变达到极限压应变被压碎，构件即告破坏 [见图 3-3（b）]。整个过程产生很大的塑性变形，引起了较大的裂缝，有明显预兆，属塑性破坏。

3.2.3　少筋破坏

当梁内配筋过少（ρ 很小）时，则可能发生少筋破坏。其特征是梁一旦开裂，裂缝截面混凝土即退出工作，拉力转由钢筋承担，从而使钢筋应力突增，并很快达到屈服强度，进入强化阶段，导致很大的裂缝和变形使构件破坏，如图 3-3（c）所示。虽然受压区混凝土还未压碎，但对于一般的板、梁实用上已不能使用。少筋梁破坏是突然的，属脆性破坏，其承载力很低，取决于混凝土抗拉强度，工程设计中应避免设计成少筋梁。

综上所述，受弯构件正截面的破坏特征，随配筋量的不同而变化，其规律是：

（1）配筋量太少时，破坏弯矩接近于混凝土开裂时弯矩，大小取决于混凝土的抗拉强度及截面大小。

（2）配筋量过多时，配筋不能充分发挥作用，破坏弯矩取决于混凝土的抗压强度及截面尺寸大小，破坏呈脆性。

（3）合理的配筋量应在这两个限度之间，避免发生超筋和少筋的破坏情况。因此，在正截面受弯承载力计算时，取用适筋梁的破坏特征作为计算公式推导的依据。

3.3　单筋矩形截面受弯构件正截面承载力计算

矩形截面通常分为单筋矩形截面和双筋矩形截面两种形式。仅在受拉区配置纵向受力钢筋的截面称为单筋矩形截面如图 3-5（a）所示；受拉区和受压区都配置纵向受力钢筋的截面称为双筋截面如图 3-5（b）所示。

3.3.1　基本假定

（1）平面假定：梁受力变形后，截面仍保持平面。

（2）不考虑受拉区混凝土参与工作，拉力全部由钢筋承担。

（3）受压区混凝土的应力应变关系采用理想化的应力应变曲线（见图 3-6）。

当 $\varepsilon_c \leqslant 0.002$ 时

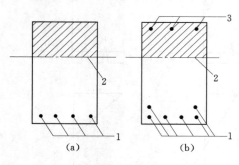

图 3-5　截面配筋形式

(a) 单筋截面；(b) 双筋截面

1—受拉钢筋；2—中和轴；3—受压钢筋

$$\sigma_c = f_c \left[1 - \left(1 - \frac{\varepsilon_c}{0.002} \right)^2 \right]$$

当 $0.002 < \varepsilon_c \leqslant \varepsilon_{cu}$ 时

$$\sigma_c = f_c$$

式中　ε_c——混凝土压应变；

σ_c——混凝土压应变为 ε_c 时的混凝土应力，N/mm^2；

f_c——混凝土轴心抗压强度设计值，N/mm^2，按附表 2-4 确定；

ε_{cu}——正截面的混凝土极限压应变，当处于非均匀受压时，取为 0.0033；当处于轴心受压时，取为 0.002。

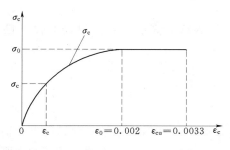

图 3-6　混凝土的 σ_c—ε_c 设计曲线

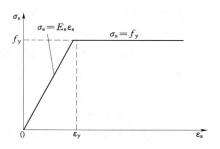

图 3-7　钢筋的 σ_s—ε_s 设计曲线

（4）对有明显屈服点的钢筋的应力应变曲线简化为理想的弹塑性曲线（见图 3-7）。纵向钢筋的应力等于钢筋应变与其弹性模量的乘积，但其绝对值不应大于相应的强度设计值。

3.3.2　基本公式

1. 计算简图

受弯构件正截面承载力的计算，采用的是适筋梁第三阶段末的应力图形。经基本假定和等效矩形应力图形的简化，可得其承载力计算简图如图 3-8 所示。

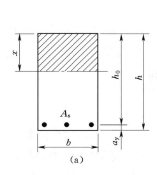

(a)

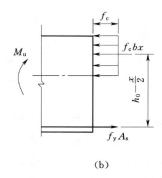

(b)

图 3-8　单筋矩形截面受弯构件正截面承载力计算图形

2. 基本公式

根据计算简图，由平衡条件可得

$$\sum F_x = 0 \quad f_c b x = f_y A_s \tag{3-1}$$

$$\sum M_{As} = 0 \quad M_u = f_c b x \left(h_0 - \frac{x}{2} \right) \tag{3-2}$$

按承载能力极限状态的要求可得

$$KM \leqslant M_u = f_c bx \left(h_0 - \frac{x}{2} \right) \qquad (3-3)$$

以上式中　f_c——混凝土轴心抗压强度设计值，按附表 2-4 取用；

　　　　　b——矩形截面宽度；

　　　　　x——混凝土受压区计算高度；

　　　　　f_y——钢筋抗拉强度设计值，按附表 2-6 取用；

　　　　　A_s——受拉区纵向钢筋截面面积；

　　　　　h_0——截面有效高度，$h_0 = h - a_s$，h 为截面高度，a_s 为纵向受拉钢筋合力点至截面受拉边缘的距离；

　　　　　K——承载力安全系数，按附表 1-1 取用；

　　　　　M——弯矩设计值；

　　　　　M_u——截面极限弯矩值。

a_s 值可由混凝土保护层最小厚度 c（查附表 4-1）和钢筋直径 d 计算得出。钢筋单排布置时，$a_s = c + d/2$；钢筋双排布置时，$a_s = c + d + e/2$，其中 e 为两排钢筋的净距。

为了计算简便起见，可将式（3-1）及式（3-3）改写。

将 $\xi = x/h_0$（即 $x = \xi h_0$）代入式（3-1）、式（3-3），并令

$$\alpha_s = \xi(1 - 0.5\xi) \qquad (3-4)$$

则可得

$$KM \leqslant M_u = \alpha_s f_c bh_0^2 \qquad (3-5)$$

$$f_c bh_0 \xi = f_y A_s \qquad (3-6)$$

式中　ξ——受压区相对高度。

3. 适用条件

式（3-1）、式（3-3）和式（3-5）、式（3-6）仅适用于适筋构件，不适用于超筋构件和少筋构件。因此，为保证构件是适筋破坏，应满足下列条件：

$$\xi \leqslant 0.85\xi_b \qquad (3-7)$$

$$\rho \geqslant \rho_{min} \qquad (3-8)$$

式中　ρ——受拉区纵向受拉钢筋配筋率，$\rho = A_s/bh_0$；

　　　ρ_{min}——受弯构件纵向受拉钢筋最小配筋率，一般梁、板可按附表 4-3 取用；

　　　ξ_b——相对界限受压区计算高度，是适筋破坏与超筋破坏相对受压区高度的界限值。

ξ_b 对应于适筋与超筋之间的界限破坏，界限破坏的特征是受拉钢筋的应力达到屈服的同时，受压区混凝土边缘的压应变达到极限压应变而破坏，此时的相对受压区高度即为 ξ_b。ξ_b 按下列公式计算：

$$\xi_b = \frac{x_b}{h_0} = \frac{0.8}{1 + \dfrac{f_y}{0.0033 E_s}}$$

常用钢筋的 ξ_b 值见表 3-1。

表 3-1 常用钢筋的 ξ_b 值、α_{sb} 值及 α_{smax} 值

钢筋级别	HPB235 级	HRB335 级	HRB400 级 RRB400 级
ξ_b	0.614	0.55	0.518
$\alpha_{sb}=\xi_b(1-0.5\xi_b)$	0.425	0.399	0.384
$0.85\xi_b$	0.522	0.468	0.440
$\alpha_{smax}=0.85\xi_b(1-0.5\times0.85\xi_b)$	0.386	0.358	0.343

式（3-7）是为了防止配筋过多而发生超筋破坏，由于当 ξ 接近 ξ_b 这一临界值时，已经是一种无预警的脆性破坏，故规范规定 $x\leqslant0.85\xi_b h_0$；式（3-8）是为防止配筋过少而发生少筋破坏。

若将 $x=0.85\xi_b h_0$ 代入式（3-3），可得单筋矩形截面梁的极限弯矩最大值 M_{umax} 为

$$M_{umax}=f_c bh_0^2 0.85\xi_b(1-0.5\times0.85\xi_b)=\alpha_{smax}f_c bh_0^2 \tag{3-9}$$

式中，α_{smax} 是对应于 $\xi=0.8\xi_b$ 的。当 $\xi=0.8\xi_b$ 时，$\alpha_s=\alpha_{smax}=0.85\xi_b(1-0.5\times0.85\xi_b)$。常用钢筋 α_{smax} 的值见表 3-1。

3.3.3 实用设计计算

受弯构件正截面承载力计算，按已知条件分为截面设计和承载力校核两类。

1. 截面设计

截面设计任务是根据建筑物的使用要求、外荷载的大小，选用材料，拟定构件的截面尺寸 b、h，计算受拉钢筋面积。设计计算步骤如下：

（1）选用材料。根据使用要求，正确选用钢筋和混凝土材料。

（2）截面尺寸拟定。截面尺寸可凭设计经验或参考类似的结构而定，但应满足构造要求。在设计中，截面尺寸的选择可能有多种，截面尺寸选得大，配筋率 ρ 就小，截面尺寸选得小，ρ 就大。从经济方面考虑，截面尺寸的选择，应使求得的配筋率 ρ 处在常用配筋率范围之内。对于梁和板，常用配筋率范围如下：

板　　　　　　　$0.4\%\sim0.8\%$；

矩形截面梁　　　$0.6\%\sim1.5\%$；

T 形截面梁　　　$0.9\%\sim1.8\%$（相对于梁肋）。

（3）内力计算。首先做出板或梁的计算简图，一般在计算简图中应反映出支座的情况、荷载大小

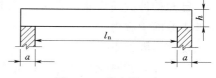

图 3-9　简支梁、板

和计算跨度。对于图 3-9 简支板、梁的计算跨度 l_0 可取下列各 l_0 值的较小者。

实心板　　　　　　　　　　　　$l_0=l_n+a$

$$l_0=l_n+h$$

$$l_0=1.1l_n$$

空心板和简支梁　　　　　　　　$l_0=l_n+a$

$$l_0=1.05l_n$$

式中　l_n——板或梁的净跨度；

　　　a——板或梁的支承宽度；

h——板的厚度。

然后按照力学的方法计算荷载产生的内力 M。注意考虑荷载（永久荷载和可变荷载）的组合问题。

（4）配筋计算。实用的配筋计算主要有两种方法。

方法一，利用系数求解，步骤如下：

$$\alpha_s = \frac{KM}{f_c b h_0^2}$$

$$\xi = 1 - \sqrt{1 - 2\alpha_s} \leqslant 0.85\xi_b$$

$$\rho = \xi \frac{f_c}{f_y} \geqslant \rho_{min}$$

$$A_s = \rho b h_0$$

方法二，利用基本公式直接解方程，步骤如下：

$$x = h_0 - \sqrt{h_0^2 - \frac{2KM}{f_c b}} \leqslant 0.85\xi_b h_0$$

$$A_s = \frac{f_c b x}{f_y}$$

$$\rho = \frac{A_s}{b h_0} \geqslant \rho_{min}$$

在计算过程中，当出现 $\xi > 0.85\xi_b$（或 $x > 0.85\xi_b h_0$）时，应加大截面尺寸，或提高混凝土的强度等级，或改用双筋矩形截面；当出现 $\rho < \rho_{min}$ 时，取 $A_s = \rho_{min} b h$ 或减小截面尺寸重新计算。

（5）选配钢筋，画截面配筋图。

注意：选择钢筋直径、根数时，要求实际选配的钢筋截面面积，一般应等于或略大于计算所需的钢筋截面面积；若小于计算截面面积，则相对差值应不超过5％。

2. 承载力复核

已知构件截面尺寸（b、h），受拉钢筋截面面积 A_s，材料设计强度 f_c、f_y，要求复核构件正截面承载力。

复核步骤如下：

（1）计算相对受压区计算高度 ξ。

$$\xi = \frac{f_y A_s}{f_c b h_0}$$

（2）计算 M_u。

当 $\xi \leqslant 0.85\xi_b$ 时

$$M_u = \xi(1 - 0.5\xi) f_c b h_0^2$$

当 $\xi > 0.85\xi_b$ 时

$$M_u = 0.85\xi_b(1 - 0.5 \times 0.85\xi_b) f_c b h_0^2 = \alpha_{smax} f_c b h_0^2$$

（3）验算条件：按承载能力极限状态计算的要求应满足 $KM \leqslant M_u$，否则不满足要求。

【例3-1】 某3级水工建筑物的简支梁，处于二级环境条件，梁的计算跨度 $l_0 = 6m$，截面尺寸为 $b \times h = 200mm \times 500mm$，承受均布永久荷载 $g_k = 8kN/m$（包括自重），均布

可变荷载 $q_k = 9kN/m$，采用 C20 混凝土，HRB335 级钢筋，试计算该截面所需的钢筋截面面积。

解 （1）基本资料。C20 混凝土，$f_c = 9.6N/mm^2$；HRB335 级钢筋，$f_y = 300N/mm^2$；3 级建筑物基本组合，承载力安全系数 $K = 1.2$。

（2）计算跨中弯矩设计值 M。

$$M_{Gk} = \frac{1}{8} g_k l_0^2 = \frac{1}{8} \times 8 \times 6^2 = 36 \ (kN \cdot m)$$

$$M_{Qk} = \frac{1}{8} q_k l_0^2 = \frac{1}{8} \times 9 \times 6^2 = 40.5 \ (kN \cdot m)$$

$$M = 1.05 M_{Gk} + 1.2 M_{Qk} = 1.05 \times 36 + 1.2 \times 40.5 = 86.4 \ (kN \cdot m)$$

（3）配筋计算。保护层（二级环境条件）取 $c = 35mm$，估计钢筋排单排，取 $a_s = 45mm$，则截面的有效高度 $h_0 = 500 - 45 = 455 \ (mm)$。

方法一：

$$\alpha_s = \frac{KM}{f_c b h_0^2} = \frac{1.2 \times 86.4 \times 10^6}{9.6 \times 200 \times 455^2} = 0.261$$

$$\xi = 1 - \sqrt{1 - 2\alpha_s} = 1 - \sqrt{1 - 2 \times 0.261} = 0.308 < 0.85 \xi_b = 0.468$$

$$\rho = \xi \frac{f_c}{f_y} = 0.308 \times \frac{9.6}{300} = 0.987\% > \rho_{min} = 0.2\%$$

$$A_s = \rho b h_0 = 0.987\% \times 200 \times 455 = 898 \ (mm^2)$$

方法二：

$$x = h_0 - \sqrt{h_0^2 - \frac{2KM}{f_c b}}$$

$$= 455 - \sqrt{455^2 - \frac{2 \times 1.2 \times 86.4 \times 10^6}{9.6 \times 200}} = 140.3 \ (mm) \leqslant 0.85 \xi_b h_0$$

$$= 0.468 \times 455 = 212.9 \ (mm)$$

$$A_s = \frac{f_c b x}{f_y} = \frac{9.6 \times 200 \times 140.3}{300} = 898 \ (mm^2)$$

$$\rho = \frac{A_s}{b h_0} = \frac{898}{200 \times 455} = 0.987\% \geqslant \rho_{min} = 0.20\%$$

选配 $3 \Phi 20$（$A_s = 942mm^2$），截面配筋如图 3-10 所示。

【例 3-2】 如图 3-11（a）所示宽浅式渡槽（3 级建筑物），水深 $H = 2.5m$，立板厚度 $h = 300mm$，水面宽度 $B = 2.8m$。采用 C25 混凝土，HPB235 级钢筋。试计算槽身立板的钢筋。

解 （1）基本资料。C25 混凝土，$f_c = 11.9N/mm^2$；HPB235 级钢筋，$f_y = 210N/mm^2$；3 级建筑物基本组合，结构承载力安全系数 $K = 1.2$。

（2）内力计算。渡槽立板与底板整体浇筑，可将立

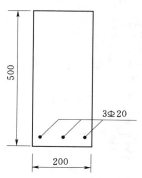

图 3-10 ［例 3-1］截面配筋图（单位：mm）

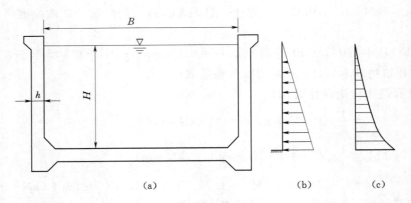

图 3-11 渡槽配筋计算（单位：mm）

（a）渡槽横截面图；（b）计算简图；（c）内力 M 图

板简化为固定在槽底板上的悬臂板，承受三角形的分布水压力作用。取单宽 1m 的板计算，即 $b = 1000\text{mm}$。

槽内水位以满槽计算，故水压力为可控制的可变荷载。

所以立板底面最大弯矩设计值为

$$M = 1.10 \times \frac{1}{6}\gamma H^3 b = 1.10 \times \frac{1}{6} \times 10 \times 2.5^3 \times 1 = 28.646 \ (\text{kN} \cdot \text{m})$$

式中，γ 为水的容重，$\gamma = 10\text{kN/m}^3$。

（3）配筋计算。渡槽的工作环境处于露天，长期通水，属于二级环境条件，采用保护层 $c = 35\text{mm}$，$h_0 = h - c - d/2 = 300 - 35 - 10/2 = 260$ （mm）。

$$\alpha_s = \frac{KM}{f_c b h_0^2} = \frac{1.2 \times 28.646 \times 10^6}{11.9 \times 1000 \times 260^2} = 0.043$$

$$\xi = 1 - \sqrt{1 - 2\alpha_s} = 1 - \sqrt{1 - 2 \times 0.043} = 0.044 < 0.85\xi_b = 0.522$$

$$\rho = \xi \frac{f_c}{f_y} = 0.044 \times \frac{11.9}{210} = 0.248\% > \rho_{\min}$$

$$A_s = \rho b h_0 = 0.248\% \times 1000 \times 260 = 644 \ (\text{mm}^2)$$

选配 $\Phi 8/10@100$（$A_s = 644\text{mm}^2$）。

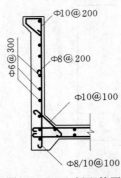

图 3-12 立板配筋图（单位：mm）

上述计算结果所选配的钢筋数量，是渡槽立板下部的钢筋。由于立板受水压力作用所产生的弯矩，随渡槽水深的减少而降低，因此，立板所需要的钢筋也逐渐减少。如果将立板下部的钢筋全部直通到顶部，显然是不经济的。本应按弯矩图的要求分几次切断钢筋，但考虑立板不高，为节省钢筋，便于施工，只在立板高度一半处将钢筋切断一次，余下的钢筋直通到立板顶部，截断的钢筋应保证锚固长度要求。

在受力筋的内侧，垂直于受力筋配置 $\Phi 6@250$ 的分布筋。在转角处加设 250mm×250mm 的贴角，沿其表面布置 $\Phi 10@100$ 的构造钢筋，具体布置见图 3-12。

【例 3-3】 图 3-13 为某水闸（3 级水工建筑物）底板的配筋图。采用 C20 混凝土，HPB235 级钢筋；该底板跨中截面每米板宽承受设计弯矩 $M = 750 \text{kN} \cdot \text{m}$。试复核此闸底板正截面受弯承载力。

解 C20 混凝土：$f_c = 9.6 \text{N/mm}^2$；HPB235 级钢筋：$f_y = 210 \text{N/mm}^2$；受力钢筋 $\Phi 20@100$：$A_s = 3142 \text{mm}^2$；3 级水工建筑物，承载力安全系数 $K = 1.2$。

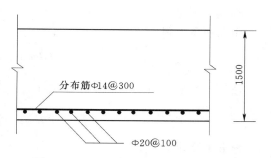

图 3-13 闸底板配筋图（单位：mm）

底板混凝土保护层厚度 $c = 40 \text{mm}$，则 $a_s = c + d/2 = 40 + 20/2 = 50$ （mm），$h_0 = h - a_s = 1500 - 50 = 1450$ （mm）。闸底为整体现浇板，取 $b = 1000 \text{mm}$。

$$\rho = \frac{A_s}{bh_0} = \frac{3142}{1000 \times 1450} = 0.217\% > \rho_{min} = 0.2\%$$

$$\xi = \rho \frac{f_y}{f_c} = 0.217\% \times \frac{210}{9.6} = 0.047 < 0.85\xi_b = 0.522$$

$$M_u = f_c bh_0^2 \xi(1 - 0.5\xi) = 9.6 \times 1000 \times 1450^2 \times 0.047 \times (1 - 0.5 \times 0.047) \times 10^{-6}$$
$$= 926 \text{ （kN} \cdot \text{m）}$$

$$KM = 1.2 \times 750 = 900 \text{ （kN} \cdot \text{m）} < M_u = 926 \text{ （kN} \cdot \text{m）}$$

满足要求。

3.4 双筋矩形截面受弯构件正截面承载力计算

3.4.1 双筋截面的适用情况

双筋截面适用于下列情况：

（1）当梁承受弯矩较大，即单筋截面时 $KM > M_{umax}$，且截面尺寸及混凝土强度等级受到限制不宜改变时。

（2）在不同的荷载组合下，构件可能承受异号弯矩的作用时。

（3）结构或构件因构造需要，在截面受压区已预先配置了一定数量的钢筋时。

（4）在抗震地区，一般宜配置受压钢筋。

双筋截面梁可以有效地提高构件的承载力，延性好，但耗钢量大，不经济，施工麻烦，设计时一般慎用。

3.4.2 基本公式

1. 计算简图

双筋矩形截面正截面承载力计算简图见图 3-14。

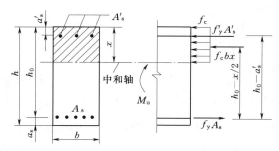

图 3-14 双筋矩形截面计算应力图

2. 基本公式

由平衡条件得

$$\sum F_x = 0 \qquad f_c bx + f'_y A'_s = f_y A_s \tag{3-10}$$

$$\sum M_{As} = 0 \qquad M_u = f_c bx \left(h_0 - \frac{x}{2} \right) + f'_y A'_s (h_0 - a'_s)$$

$$= \alpha_s f_c bh_0^2 + f'_y A'_s (h_0 - a'_s) \tag{3-11}$$

承载力要求

$$KM \leqslant M_u = \alpha_s f_c bh_0^2 + f'_y A'_s (h_0 - a'_s) \tag{3-12}$$

3. 适用条件

（1）$\xi \leqslant 0.85\xi_b$ 或 $x \leqslant 0.85\xi_b h_0$，防止发生超筋破坏。

（2）$x \geqslant 2a'_s$，保证受压钢筋应力达到抗压强度。

对于双筋截面受拉钢筋一般均能满足最小配筋率的要求，可不进行验算。

4. 补充公式

当 $x < 2a'_s$ 时，取 $x = 2a'_s$，即假定受压钢筋合力点与混凝土压应力的合力点重合。

$$\sum M_{As'} = 0 \qquad KM \leqslant M_u = f_y A_s (h_0 - a'_s) \tag{3-13}$$

3.4.3　实用设计计算

受弯构件正截面承载力计算，按已知条件分为截面设计和承载力校核两类。

1. 截面设计

双筋截面的设计一般有两种情况。

第一种情况：已知弯矩设计值 M、截面尺寸 $b \times h$、混凝土和钢筋的强度等级，求受拉钢筋和受压钢筋的截面面积 A_s、A'_s。计算步骤如下：

（1）先验算是否需配置受压钢筋。

$$\alpha_s = \frac{KM}{f_c bh_0^2}$$

当 $\alpha_s > \alpha_{smax}$ 时，按双筋矩形截面进行配筋计算；当 $\alpha_s \leqslant \alpha_{smax}$ 时，按单筋矩形截面进行配筋计算。

（2）$\alpha_s > \alpha_{smax}$ 时，为了使总用钢量（$A_s + A'_s$）最小，以达到经济的效果，应充分利用受压区混凝土抗压，故取 $\xi = 0.85\xi_b$，即 $\alpha_s = \alpha_{smax}$。

则按式（3-12）和式（3-10）求钢筋面积 A'_s、A_s：

$$A'_s = \frac{KM - \alpha_{smax} f_c bh_0^2}{f'_y (h_0 - a'_s)}$$

$$A_s = \frac{1}{f_y} (0.85\xi_b f_c bh_0 + f'_y A'_s)$$

第二种情况：已知弯矩设计值 M、截面尺寸 $b \times h$、混凝土和钢筋的强度等级、受压钢筋截面面积 A'_s，求受拉钢筋的截面面积 A_s。计算步骤如下：

（1）计算 x。计算 x 的方法有两种。

方法一：

$$\alpha_s = \frac{KM - f_y' A_s'(h_0 - a_s')}{f_c b h_0^2}$$

$$\xi = 1 - \sqrt{1 - 2\alpha_s} \leqslant 0.85\xi_b$$

$$x = \xi h_0$$

方法二：

$$x = h_0 - \sqrt{h_0^2 - \frac{2[KM - f_y' A_s'(h_0 - a_s')]}{f_c b}}$$

（2）根据 x 的范围，计算 A_s。

若 $x > 0.85\xi_b h_0$，说明已配置受压钢筋 A_s' 数量不足，应增加其数量，此时按第一种情况重新计算 A_s' 和 A_s。

若 $2a_s' \leqslant x \leqslant 0.85\xi_b$，则

$$A_s = \frac{f_c b x + f_y' A_s'}{f_y}$$

若 $x < 2a_s'$，则

$$A_s = \frac{KM}{f_y(h_0 - a_s')}$$

2. 承载力校核

已知截面尺寸 b 和 h、材料的强度等级、受压钢筋和受拉钢筋截面面积 A_s'、A_s，校核正截面受弯承载力。

校核步骤如下：

（1）计算受压区高度 x。

$$x = \frac{f_y A_s - f_y' A_s'}{f_c b}$$

（2）计算结构抗力 M_u。

当 $x > 0.85\xi_b h_0$ 时，取 $\xi = 0.85\xi_b$，即 $\alpha_s = \alpha_{smax}$，此时

$$M_u = \alpha_{smax} f_c b h_0^2 + f_y' A_s'(h_0 - a_s')$$

当 $2a_s' \leqslant x \leqslant 0.85\xi_b h_0$ 时

$$M_u = f_c b x \left(h_0 - \frac{x}{2}\right) + f_y' A_s'(h_0 - a_s')$$

当 $x < 2a_s'$ 时

$$M_u = A_s f_y(h_0 - a_s')$$

（3）复核条件。

$$KM \leqslant M_u \quad 满足要求$$

$$KM > M_u \quad 不满足要求$$

【例 3-4】 已知某水闸属 3 级建筑物，其工作桥上的纵梁为矩形截面简支梁，截面尺寸 $b \times h = 250\text{mm} \times 500\text{mm}$，计算跨度 $l_0 = 6\text{m}$，使用期间梁跨中截面承受最大设计弯矩

$M = 180\mathrm{kN \cdot m}$，采用 C20 混凝土，HRB335 级钢筋，试配置纵向钢筋。

解 （1）基本资料。$f_\mathrm{c} = 9.6\mathrm{N/mm^2}$，$f_\mathrm{y} = 300\mathrm{N/mm^2}$，$f_\mathrm{y}' = 300\mathrm{N/mm^2}$，$K = 1.2$。

（2）验算是否需要配双筋。因弯矩较大，估计受拉钢筋要排成两排，取 $a_\mathrm{s} = 70\mathrm{mm}$，则 $h_0 = h - a_\mathrm{s} = 500 - 70 = 430$（mm）。

$$\alpha_\mathrm{s} = \frac{KM}{f_\mathrm{c}bh_0^2} = \frac{1.2 \times 180 \times 10^6}{9.6 \times 250 \times 430^2} = 0.487 > \alpha_\mathrm{smax} = 0.358$$

因 $\alpha_\mathrm{s} > \alpha_\mathrm{smax}$，即 $\xi > 0.85\xi_\mathrm{b}$，故须按双筋截面配筋。

（3）计算受压钢筋截面面积 A_s'。为了充分利用混凝土的抗压强度，取 $\alpha_\mathrm{s} = \alpha_\mathrm{smax}$，即 $\xi = 0.85\xi_\mathrm{b} = 0.468$，$\alpha_\mathrm{smax} = 0.358$。受压钢筋排为单排，取 $a_\mathrm{s}' = 45\mathrm{mm}$。

$$A_\mathrm{s}' = \frac{KM - \alpha_\mathrm{smax}f_\mathrm{c}bh_0^2}{f_\mathrm{y}'(h_0 - a_\mathrm{s}')} = \frac{1.2 \times 180 \times 10^6 - 0.358 \times 9.6 \times 250 \times 430^2}{300 \times (430 - 45)} = 495 \ (\mathrm{mm^2})$$

（4）计算受拉钢筋截面面积 A_s。

$$A_\mathrm{s} = \frac{1}{f_\mathrm{y}}(0.85\xi_\mathrm{b}f_\mathrm{c}bh_0 + f_\mathrm{y}'A_\mathrm{s}') = \frac{0.468 \times 9.6 \times 250 \times 430 + 300 \times 495}{300} = 2103 \ (\mathrm{mm^2})$$

（5）钢筋配置。受拉钢筋选配 4Φ22 + 2Φ20（$A_\mathrm{s} = 2149\mathrm{mm^2}$），受压钢筋选配 2$\Phi$18（$A_\mathrm{s}' = 509\mathrm{mm^2}$），截面配筋图见图 3-15。

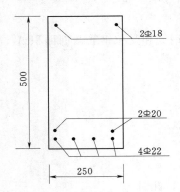

图 3-15 截面配筋图（单位：mm）

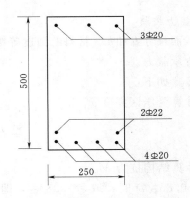

图 3-16 截面配筋图（单位：mm）

【例 3-5】 ［例 3-4］简支梁，若在受压区已配置受压钢筋 3Φ20（$A_\mathrm{s}' = 942\mathrm{mm^2}$），试求受拉钢筋截面面积 A_s。

解 由 ［例 3-4］ 知 $a_\mathrm{s}' = 45\mathrm{mm}$，$h_0 = 430\mathrm{mm}$。

$$\alpha_\mathrm{s} = \frac{KM - f_\mathrm{y}'A_\mathrm{s}'(h_0 - a_\mathrm{s}')}{f_\mathrm{c}bh_0^2} = \frac{1.2 \times 180 \times 10^6 - 300 \times 942 \times (430 - 45)}{9.6 \times 250 \times 430^2} = 0.242$$

$$\xi = 1 - \sqrt{1 - 2\alpha_\mathrm{s}} = 1 - \sqrt{1 - 2 \times 0.242} = 0.281 < 0.85\xi_\mathrm{b} = 0.468$$

$$x = \xi h_0 = 0.281 \times 430 = 120.8\mathrm{mm} > 2a_\mathrm{s}' = 2 \times 45 = 90 \ (\mathrm{mm})$$

$$A_\mathrm{s} = \frac{f_\mathrm{c}bx + f_\mathrm{y}'A_\mathrm{s}'}{f_\mathrm{y}} = \frac{9.6 \times 250 \times 120.8 + 300 \times 941}{300} = 1907 \ (\mathrm{mm^2})$$

选配钢筋：4Φ20 + 2Φ22（$A_\mathrm{s} = 2016\mathrm{mm^2}$），如图 3-16 所示。

3.5　T形截面受弯构件正截面承载力计算

3.5.1　概述

矩形截面受弯构件，具有构造简单，施工方便等优点，但在受弯构件正截面承载力计算中，受拉区混凝土开裂不参加工作，未能发挥作用。如果在保证受拉钢筋布置和截面受剪承载力的前提下，将受拉区混凝土去掉一部分，并将纵向受拉钢筋布置的集中一些，就形成了T形截面，如图3-17所示。这样并不降低构件的受弯承载力，却能节省混凝土，减轻自重。

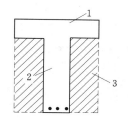

图3-17　T形截面
1—翼缘；2—梁肋；3—去掉混凝土

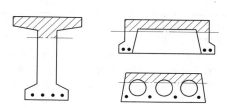

图3-18　T形截面的几种形式

T形梁由梁肋和位于受压区的翼缘两部分组成。若翼缘位于受压区，则按T形截面梁计算；若翼缘位于受拉区，受拉后翼缘混凝土开裂不受力，压区为矩形，则按矩形截面梁计算。实际上，I字形、Π形、空心形等截面（见图3-18）它们的受压区与T形截面相同，均可按T形截面计算。

T形截面受压区很大，混凝土足够承担压力，一般不需加受压钢筋，故多数是单筋截面。

根据试验和理论分析可知，T形截面受力后，压应力沿翼缘宽度的分布是不均匀的，压应力由梁肋中部向两边逐渐减小，如图3-19所示。实际计算时，为了方便起见，假定翼缘一定宽度范围内，承受均匀压应力，这个范围内的翼缘宽度称为翼缘计算宽度，用b_f'表示，这个范围以外的翼缘则认为不参加工作。

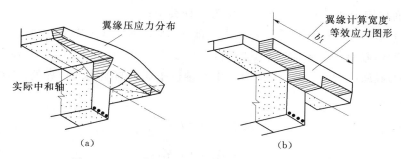

图3-19　T形梁受压区实际应力和计算应力图形

翼缘计算宽度b_f'与梁的工作情况（整体肋形梁或独立梁）、梁的计算跨度l_0、翼缘高

度 h'_f 等因素有关。规范中规定的翼缘计算宽度 b'_f 见表 3 - 2（表中符号见图 3 - 20），计算时，取表中各项的最小值。

表 3 - 2　　　　　　　　T 形及倒 L 形截面受弯构件翼缘计算宽度

项次	考虑情况		T 形截面		倒 L 形截面
			肋形梁（板）	独立梁	肋形梁（板）
1	按计算跨度 l_0 考虑		$l_0/3$	$l_0/3$	$l_0/6$
2	按梁（肋）净距 s_n 考虑		$b+s_n$	—	$b+s_n/2$
3	按翼缘高度 h'_f 考虑	$h'_f/h_0 \geqslant 0.1$	—	$b+12h'_f$	—
		$0.05 \leqslant h'_f/h_0 < 0.1$	$b+12h'_f$	$b+6h'_f$	$b+5h'_f$
		$h'_f/h_0 < 0.05$	$b+12h'_f$	b	$b+5h'_f$

注　1. 表中 b 为梁的腹板宽度。
　　2. 如肋形梁在梁跨内设有间距小于纵肋间距的横肋时，则可不遵守表中项次 3 的规定。
　　3. 对于加腋的 T 形和倒 L 形截面，当受压区加腋的高度 $h_h \geqslant h'_f$，且加腋的宽度 $b_h \leqslant 3h_h$ 时，则其翼缘计算宽度可按表中项次 3 的规定分别增加 $2b_h$（T 形截面）和 b_h（倒 L 形截面）。
　　4. 独立梁受压区的翼缘板，在荷载作用下若可能产生沿纵肋方向的裂缝时，则计算宽度取用肋宽 b。

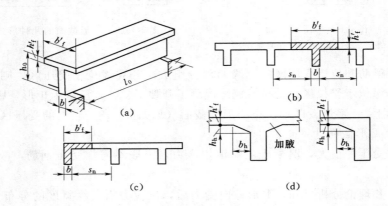

图 3 - 20　梁翼缘计算宽度

3.5.2　基本公式及适用条件

1. T 形截面的计算类型和判别

T 形截面梁按中和轴所在位置不同分为两种类型：

第一类 T 形截面，中和轴位于翼缘内，即 $x \leqslant h'_f$，如图 3 - 21（a）所示。

第二类 T 形截面，中和轴位于梁肋内，即 $x > h'_f$，如图 3 - 22（a）所示。

两类 T 形截面的判别：当 $x = h'_f$ 时，中和轴位于翼缘与梁肋的分界处，为两类 T 形截面的分界，故

$$KM \leqslant f_c b'_f h'_f \left(h_0 - \frac{h'_f}{2} \right) \tag{3-14}$$

或

$$f_y A_s \leqslant f_c b'_f h'_f \tag{3-15}$$

时，属第一类 T 形截面（$x \leqslant h'_f$）；否则属第二类 T 形截面（$x > h'_f$）。截面设计时用式（3 - 14）来判别，承载力复核时用式（3 - 15）来判别。

2. 第一类 T 形截面

因 $x \leqslant h_f'$，中和轴位于翼缘内，混凝土受压区形状为矩形，故按 $b_f' \times h$ 的单筋矩形截面计算。计算简图如图 3-21（b）所示。

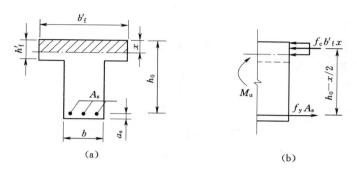

（a）　　　　　　　　　　　（b）

图 3-21　第一类 T 形截面计算应力图

由平衡条件得

$\sum F_x = 0$ $\qquad f_y A_s = f_c b_f' x$ $\qquad\qquad$ (3-16)

$\sum M_{As} = 0$ $\qquad KM \leqslant M_u = f_c b_f' x \left(h_0 - \dfrac{x}{2} \right)$ $\qquad$ (3-17)

适用条件：$\rho = \dfrac{A_s}{bh_0} \geqslant \rho_{min}$，式中 b 采用肋宽；$x \leqslant 0.85 \xi_b h_0$，此条件一般均能满足，可不必验算。

3. 第二类 T 形截面

因 $x > h_f'$，中和轴通过肋部，压区为 T 形，其应力图形如图 3-22（b）所示。

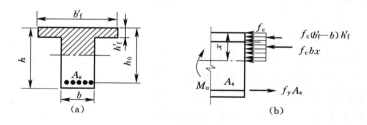

（a）　　　　　　　　　　　（b）

图 3-22　第二类 T 形截面计算应力图

由平衡条件得

$\sum F_x = 0$ $\qquad f_y A_s = f_c bx + f_c (b_f' - b) h_f'$ $\qquad\qquad$ (3-18)

$\sum M_{As} = 0$ $\quad KM \leqslant M_u = f_c bx \left(h_0 - \dfrac{x}{2} \right) + f_c (b_f' - b) h_f' \left(h_0 - \dfrac{h_f'}{2} \right)$ $\quad$ (3-19)

适用条件：$x \leqslant 0.85 \xi_b h_0$，防止出现超筋；$\rho \geqslant \rho_{min}$，一般都能满足，故不必验算。

3.5.3　实用设计计算

受弯构件正截面承载力计算，按已知条件分为截面设计和承载力校核两类。

1. 截面设计

T 形截面设计，一般是先按构造或参考同类结构拟定截面尺寸，选择材料，然后计算

受拉钢筋截面面积 A_s，其步骤如下：

（1）判别 T 形截面类型。若 $KM \leqslant f_c b'_f h'_f \left(h_0 - \dfrac{h'_f}{2} \right)$，为第一类 T 形截面，否则为第二类 T 形截面。

（2）配筋计算。

第一类 T 形截面，按 $b'_f \times h$ 的单筋矩形截面计算。

第二类 T 形截面计算如下：

1）计算 x。

方法一：

$$\alpha_s = \frac{KM - f_c(b'_f - b)h'_f \left(h_0 - \dfrac{h'_f}{2} \right)}{f_c b h_0^2}$$

$$\xi = 1 - \sqrt{1 - 2\alpha_s}$$

$$x = \xi h_0$$

方法二：

$$x = h_0 - \sqrt{h_0^2 - \frac{2\left[KM - f_c(b'_f - b)h'_f (h_0 - \dfrac{h'_f}{2}) \right]}{f_c b}}$$

2）验算 x，并计算 A_s。

当 $x > 0.85\xi_b h_0$ 时，应增大截面，或提高混凝土强度等级；

当 $x \leqslant 0.85\xi_b h_0$ 时，$A_s = \dfrac{f_c b x + f_c (b'_f - b) h'_f}{f_y}$。

3）选配钢筋，画配筋图。

2. 承载力复核

（1）判别 T 形截面类型。

若 $f_y A_s \leqslant f_c b'_f h'_f$，则为第一类 T 形截面。

若 $f_y A_s > f_c b'_f h'_f$，则为第二类 T 形截面。

（2）计算结构抗力 M_u。

若为第一类 T 形截面，按 $b'_f \times h$ 单筋矩形截面进行复核。

若为第二类 T 形截面，按以下步骤计算：

1）计算 x：

$$x = \frac{f_y A_s - f_c(b'_f - b)h'_f}{f_c b}$$

2）计算 M_u：

当 $x > 0.85\xi_b h_0$ 时，取 $x = 0.85\xi_b h_0$

$$M_u = \alpha_{s\max} f_c b h_0^2 + f_c(b'_f - b)h'_f \left(h_0 - \dfrac{h'_f}{2} \right)$$

当 $x \leqslant 0.85\xi_b h_0$ 时

$$M_u = f_c b x \left(h_0 - \frac{x}{2} \right) + f_c(b'_f - b)h'_f \left(h_0 - \dfrac{h'_f}{2} \right)$$

（3）复核承载力。

当 $KM \leqslant M_u$ 时，满足承载力要求。

当 $KM > M_u$ 时，不满足承载力要求。

【例 3-6】 某水闸（3 级水工建筑物）工作桥，由两根 T 形截面梁组成，T 梁上支承绳鼓式启闭机，在正常运行期间，经简化后其中一根 T 形梁计算简图和截面尺寸如图 3-23 所示，承受荷载标准值 $G_k = 30$ kN，$Q_k = 65.35$ kN，$g_k = 7.5$ kN/m，$q_k = 3$ kN/m，计算跨度 $l_0 = 8.4$ m。采用 C25 混凝土，HRB335 级钢筋。试计算该 T 形梁跨中截面所需的钢筋截面面积。

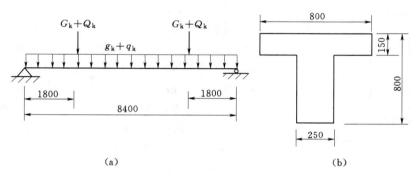

图 3-23　计算简图和截面形式（单位：mm）

解　（1）基本资料。$f_c = 11.9$ N/mm²，$f_y = 300$ N/mm²，$K = 1.2$。

（2）内力计算。跨中截面最大弯矩值为

$$M = 1.05 \times \left(\frac{1}{8} g_k l_0^2 + G_k a \right) + 1.2 \times \left(\frac{1}{8} q_k l_0^2 + Q_k a \right)$$

$$= 1.05 \times \left(\frac{1}{8} \times 7.5 \times 8.4^2 + 30 \times 1.8 \right) + 1.2 \times \left(\frac{1}{8} \times 3 \times 8.4^2 + 65.35 \times 1.8 \right)$$

$$= 299.07 \ (\text{kN} \cdot \text{m})$$

（3）确定翼缘计算宽度 b'_f。估计排单排，取 $a_s = 50$ mm，$h_0 = h - a_s = 800 - 50 = 750$ （mm）。按表 3-2 得：

1）按跨度

$$b'_f = l_0 / 3 = 8400 / 3 = 2800 \ (\text{mm})$$

2）按翼缘相对高度。由于 $h'_f = 150$ mm，$h'_f / h_0 = 150 / 750 = 0.2 > 0.1$，则

$$b'_f = b + 12h'_f = 250 + 12 \times 150 = 2050 \ (\text{mm})$$

3）实际的翼缘宽度为 800mm。

取上述三种情况的较小值，即 $b'_f = 800$ mm。

（4）鉴别 T 形梁的类型。

$$KM = 1.2 \times 299.07 = 358.884 \ (\text{kN} \cdot \text{m})$$

$f_c b'_f h'_f (h_0 - h'_f / 2) = 11.9 \times 800 \times 150 \times (750 - 150 / 2) \times 10^{-6} = 964 \ (\text{kN} \cdot \text{m}) > KM$

属第一类 T 形梁（$x \leqslant h'_f$），按 $b'_f \times h$ 的单筋矩形截面梁计算。

（5）配筋计算。

$$\alpha_s = \frac{KM}{f_c b'_f h_0^2} = \frac{358.884 \times 10^6}{11.9 \times 800 \times 750^2} = 0.067$$

$$\xi = 1 - \sqrt{1 - 2\alpha_s} = 1 - \sqrt{1 - 2 \times 0.067} = 0.069 < 0.85\xi_b = 0.468$$

$$A_s = \frac{f_c \xi b'_f h_0}{f_y} = \frac{11.9 \times 0.069 \times 800 \times 750}{300} = 1652 \ (mm^2)$$

$$\rho = \frac{A_s}{bh_0} = \frac{1652}{250 \times 750} = 0.88\% > \rho_{min} = 0.15\%$$

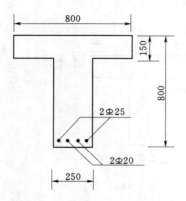

图 3-24　[例 3-6] 横截面配筋图（单位：mm）

选配钢筋 $2 \Phi 20 + 2 \Phi 25$（$A_s = 1610mm^2$），配筋如图 3-24 所示。

【例 3-7】 已知 2 级建筑物中的吊车梁，计算跨度 $l_0 = 6m$，在使用阶段，跨中截面承受弯矩设计值 $M = 208kN \cdot m$，梁截面尺寸如图 3-25（a）所示，$b = 200mm$，$h = 550mm$，$b'_f = 400mm$，$h'_f = 100mm$，采用 C25 混凝土，HRB335 级钢筋，试求纵向受力钢筋截面面积。

解 （1）基本资料。$f_c = 11.9N/mm^2$，$f_y = 300N/mm^2$，$K = 1.2$。

（2）确定翼缘的计算宽度。吊车梁为独立 T 形梁，估计排双排，取 $a_s = 70mm$。

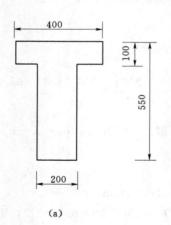

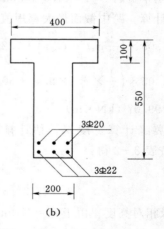

（a）　　　　　　　　　　（b）

图 3-25　[例 3-7] 计算图（单位：mm）
（a）截面图；（b）配筋图

$$h_0 = h - a_s = 550 - 70 = 480 \ (mm)$$

$$h'_f / h_0 = 100/480 = 0.208 > 0.1$$

$$b + 12h'_f = 200 + 12 \times 100 = 1400 \ (mm)$$

$$l_0 / 3 = 6000/3 = 2000 \ (mm)$$

翼缘的实际宽度为 400mm，取上述的较小值，故 $b'_f = 400mm$。

（3）鉴别 T 形梁类型。

$$KM = 1.2 \times 208 = 249.6 \ (kN \cdot m)$$

$$f_c b_f' h_f'(h_0 - h_f'/2) = 11.9 \times 400 \times 100 \times (480 - 100/2) \times 10^{-6} = 204.68 \ (kN \cdot m)$$

$$KM > f_c b_f' h_f'(h_0 - h_f'/2)$$

该梁属于第二类 T 形梁（$x > h_f'$）。

（4）配筋计算。

$$\alpha_s = \frac{KM - f_c(b_f' - b)h_f'\left(h_0 - \dfrac{h_f'}{2}\right)}{f_c b h_0^2}$$

$$= \frac{1.2 \times 208 \times 10^6 - 11.9 \times (400 - 200) \times 100 \times \left(480 - \dfrac{100}{2}\right)}{11.9 \times 200 \times 480^2}$$

$$= 0.269$$

$$\xi = 1 - \sqrt{1 - 2\alpha_s} = 1 - \sqrt{1 - 2 \times 0.269} = 0.320 < 0.85\xi_b = 0.468$$

$$A_s = \frac{f_c b \xi h_0 + f_c(b_f' - b)h_f'}{f_y}$$

$$= \frac{11.9 \times 200 \times 0.320 \times 480 + 11.9 \times (400 - 200) \times 100}{300}$$

$$= 2012 \ (mm^2)$$

选配受拉钢筋 3Φ22＋3Φ20（$A_s = 2082 mm^2$），配筋见图 3-25（b）。

学 习 指 导

（1）钢筋混凝土受弯构件正截面根据配筋率不同，有超筋、少筋和适筋三种破坏形态，其中超筋和少筋破坏在工程设计中不能采用，设计计算以适筋梁为依据。

（2）适筋梁破坏经历了三个阶段，第Ⅰ阶段为未裂阶段，本阶段末的应力状态为正常使用极限状态抗裂计算的依据；第Ⅱ阶段为裂缝阶段，是一般钢筋混凝土构件的使用阶段，是裂缝宽度和变形计算的依据；第Ⅲ阶段为破坏阶段，本阶段末的应力状态是受弯构件正截面承载力计算的依据。

（3）正截面受弯承载力计算采用了四个基本假定，并将混凝土的压应力图形简化为等效矩形应力图形来代替，见图 3-8。

（4）本章重点讲述了受弯构件单筋矩形截面、双筋矩形截面、T 形截面三种正截面的承载力计算公式、公式适用条件、计算方法及承载力计算步骤，它是学好本课程的重要内容之一。

（5）受弯构件正截面的承载力计算包括截面设计和承载力复核两部分内容。截面设计和承载力复核虽然都是运用基本公式进行计算，但是运用公式的顺序不同。截面设计一般是先从力矩平衡方程入手计算 x，然后代入力平衡方程计算出钢筋截面积 A_s；而承载力复核一般是先从力平衡方程入手计算 x，根据 x 的范围，代入力矩方程求得结构抗力。

思 考 题

3-1　受弯构件中适筋梁从加载到破坏经历哪几个阶段？各阶段的主要特征是什么？每个阶段是哪种极限状态的计算依据？

3-2　钢筋混凝土受弯构件正截面破坏有几种形态？破坏特征有何区别？哪种属正常破坏；哪种属非正常破坏？在实际工程中为什么要设计成适筋梁？

3-3　什么叫配筋率？梁的 ρ_{max} 及 ρ_{min} 是怎样规定的？配筋量对梁的正截面有何影响？

3-4　梁、板的截面形式常用哪几种？截面尺寸应满足什么要求，如何确定？

3-5　混凝土保护层的作用是什么？梁和板的混凝土保护层厚度如何确定？梁中纵向受力钢筋之间的净距最小为多少？

3-6　板中受力钢筋的直径及间距如何决定？板中为什么要设置分布筋？对分布钢筋有何要求？

3-7　什么叫受压区相对高度 ξ？ξ 与 α_s 的关系是怎样的？写出引入参数后的基本公式表达式。

3-8　什么叫截面界限相对受压区高度 ξ_b？

3-9　受弯构件正截面承载力计算采用了哪些基本假定？

3-10　试画出单筋矩形截面的计算应力图形，并写出基本公式及公式的适用条件。

3-11　什么情况下可采用双筋梁？其计算应力图形如何确定？由计算应力图形推导出基本公式。

3-12　为什么在双筋矩形截面承载力计算基本公式中，必须满足 $x \leqslant 0.85\xi_b h_0$ 与 $x \geqslant 2a'_s$ 的条件？

3-13　当 $x \geqslant 2a'_s$ 这一适用条件得不到满足时应如何处理？为什么受压区高度 x 越小，受压钢筋强度越低？

3-14　双筋截面设计时，怎样才能使得用钢量最少？如果已知 A'_s 求 A_s，能否使用 $\xi = 0.85\xi_b$ 的条件？

3-15　T 形截面是如何组成的，应用 T 形截面有何优越性？

3-16　T 形截面梁的翼板计算宽度 b'_f 是怎样确定的？

3-17　如何鉴别两类 T 形截面梁？试画出两类 T 形梁的计算应力图形。

习 题

3-1　某 3 级水工建筑物中的钢筋混凝土矩形截面梁，截面尺寸 $b \times h = 200\text{mm} \times 500\text{mm}$，采用 C20 混凝土，HRB335 级钢筋，弯矩设计值 $M = 100\text{kN} \cdot \text{m}$，该梁处于一类环境。试计算 A_s 并绘制配筋图。

3-2　有一钢筋混凝土整体式板，属于 3 级建筑物，每米板宽上承受的弯矩设计值 $M = 8\text{kN} \cdot \text{m}$，混凝土强度等级 C20，HPB235 级钢筋，设计该板截面（求 h 及 A_s），并绘出配筋图。

3-3　已知钢筋混凝土简支梁，3 级建筑物，其截面尺寸 $b \times h = 250\text{mm} \times 550\text{mm}$，计算跨度 $l_0 = 6\text{m}$，梁上承受均布荷载：永久荷载标准值 $g_k = 5.5\text{kN/m}$（不包括自重），人群荷载标准值 $q_k = 18\text{kN/m}$，如混凝土强度等级采用 C25，钢筋选用 HRB335 级，试配置梁的纵向受力钢筋。

3-4　某闸门启闭机支承梁，属于 4 级建筑物。闸门用螺杆启闭机启闭，启闭机支承在两根纵梁上（如图 3-26 所示），闸门提升时启门力为 60kN，起闭机及机墩重 6kN。梁的截面尺寸 $b \times h = 200\text{mm} \times 450\text{mm}$，每根梁上的人群荷载为 1.2kN/m，混凝土采用 C20，钢筋 HPB235 级，试对其中一根纵梁配置纵向受力钢筋。（提示：启门力和启闭机及机墩重量由两根纵梁承受）

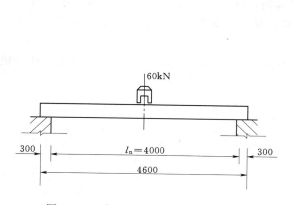

图 3-26　启闭机支承梁（单位：mm）

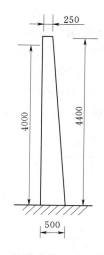

图 3-27　悬臂式挡水墙（单位：mm）

3-5　如图 3-27 所示，钢筋混凝土悬臂式挡水墙，系 3 级建筑物。墙高 4.4m，承受 4m 水压力，墙顶厚 250mm，墙底厚 500mm，采用 C20 混凝土，HPB235 级钢筋，试设计该挡水墙（不计自重）。取 $a_s = 40\text{mm}$。

3-6　矩形截面梁，属于 3 级建筑物，截面尺寸 $b \times h = 250\text{mm} \times 550\text{mm}$，配有单排受拉钢筋 4Φ20（$A_s = 1256\text{mm}^2$），混凝土级别为 C20，钢筋为 HRB335 级，试求该梁能承受的最大弯矩设计值？

3-7　如图 3-28 所示，钢筋混凝土矩形截面简支梁，属于 3 级建筑物，截面尺寸 $b \times h = 200\text{mm} \times 450\text{mm}$，承受均布活荷载标准值 $q_k = 20\text{kN/m}$，恒载标准值 $g_k = 2.25\text{kN/m}$（不包括自重），采用混凝土 C20，梁内配有 3Φ20 的 HRB335 级钢筋，试验算梁的正截面是否安全？

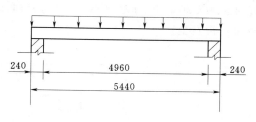

图 3-28　简支梁计算简图（单位：mm）

3-8　某钢筋混凝土闸门横梁为 2 级建筑物，截面尺寸限制为 $b \times h = 250\text{mm} \times 500\text{mm}$，在水压力作用下，跨中最大弯矩设计值为 200kN·m，若梁的混凝土为 C20，

HRB335 级钢筋，试配置该梁的纵向受力钢筋。（取 $a_s=70\ mm$）

3—9　条件如题 3—8，但受压区已配置 2Φ22 的受压钢筋，试配置纵向受拉钢筋。

3—10　条件如题 3—8，但受压区已配置 3Φ25 的受压钢筋，试配置纵向受拉钢筋。

3—11　某闸门为 4 级建筑物，承受双向水头作用（有时闸门内侧水位高，有时闸门外侧水位高），其中闸门某横梁承受正弯矩设计值 $M=420kN\cdot m$，负弯矩设计值 $M=154kN\cdot m$，梁的截面尺寸 $b\times h=250mm\times600mm$，采用 C30 混凝土，HRB335 级钢筋。试计算梁的钢筋截面积。

3—12　某水电站厂房（1 级建筑物）的矩形截面简支梁，$b\times h=250mm\times600mm$，计算跨度 $l_0=6m$，原设计中，该梁已配置受拉钢筋 6Φ22（两排）及受压钢筋 3Φ20，混凝土等级为 C25，钢筋为 HRB335 级。现因检修设备，需临时在跨中承受一集中力 $Q_k=85kN$，同时承受梁与铺板传来的自重 $g_k=12kN/m$，试校核是否安全？

3—13　某 T 形截面梁，属于 3 级建筑物，计算跨度 $l_0=6.3m$，截面尺寸如图 3—29 所示，混凝土强度等级 C20，钢筋用 HRB335 级，当作用在截面上的设计弯矩 $M=365kN\cdot m$ 时，试计算受拉钢筋的截面积。

3—14　题 3—13 中 T 形截面梁，如弯矩 $M=430kN\cdot m$，试计算受拉钢筋的截面积。

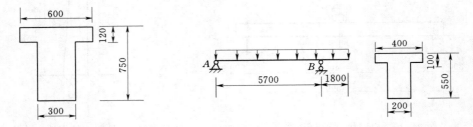

图 3—29　T 形梁截面（单位：mm）　　图 3—30　外伸梁计算简图及横截面（单位：mm）

3—15　某 T 形截面外伸梁（3 级建筑物），计算简图及截面尺寸如图 3—30 所示，混凝土强度等级为 C20，钢筋 HRB335 级。梁上承受均布荷载：恒载 $g_k=15kN/m$，活载 $q_k=20.5kN/m$，试计算 AB 跨内最大正弯矩截面及 B 支座最大负弯矩截面的纵向受拉钢筋截面积并绘制配筋图。

3—16　某现浇肋形梁属 3 级建筑物，计算跨度 $l_0=5m$，截面及配筋如图 3—31 所示，混凝土为 C20，钢筋为 HRB335 级。当面板上作用有 $3kN/m^2$ 的活荷载时，试验算梁的正截面是否安全？

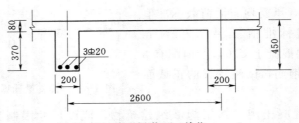

图 3—31　肋形梁截面（单位：mm）

第4章 钢筋混凝土受弯构件斜截面承载力计算

教学要求：了解梁沿斜截面发生的主要破坏形态，以及影响斜截面受剪承载力的主要因素。

重点掌握斜截面受剪承载力的计算公式和计算步骤，以及防止斜压破坏和斜拉破坏的发生而采取的构造措施。

斜截面承载力包括斜截面受剪承载力和斜截面受弯承载力两方面。要求掌握承载力计算和相应的构造措施。根据梁的钢筋布置掌握抵抗弯矩图、配筋图、钢筋表的绘制。了解钢筋骨架的构造。

作业要求：熟练掌握受弯构件斜截面受剪承载力计算公式及计算步骤，能正确地绘制抵抗弯矩图及配筋图。

钢筋混凝土受弯构件主要有两种内力，弯矩和剪力。如图4-1所示的矩形截面简支梁，在对称集中荷载作用下，当忽略梁的自重时，除在纯弯区段 CD 仅有弯矩作用外，在支座附近的 AC 和 DB 区段内有弯矩和剪力的共同作用。构件在跨中正截面抗弯承载力有保证的情况下，有可能在剪力和弯矩的联合作用下，在支座附近区段发生斜截面破坏（或称为剪切破坏），在设计时必须进行斜截面承载力计算。

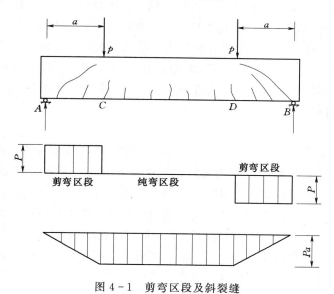

图4-1 剪弯区段及斜裂缝

为了防止发生斜截面破坏，设计时应保证梁有足够的截面尺寸，并配置适量的箍筋和弯起钢筋。箍筋和弯起钢筋通常称腹筋。腹筋与纵向钢筋组成构件的钢筋骨架，与混凝土共同承受截面的弯矩和剪力，防止截面破坏，如图 4-2 所示。工程实际中的梁多为有腹筋梁，本章主要学习有腹筋梁斜截面方面的问题。

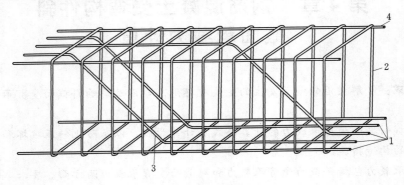

图 4-2　梁的钢筋骨架

1—纵筋；2—箍筋；3—弯起钢筋；4—架立筋

4.1　斜截面的破坏形态

4.1.1　有腹筋梁斜截面受剪破坏形态

有腹筋梁斜截面受剪破坏形态主要与剪跨比（$\lambda = a/h_0$）和腹筋用量等因素有关。试验表明，斜截面破坏的主要形态有斜拉破坏、剪压破坏及斜压破坏三种。

1. 斜拉破坏

当梁的剪跨比 λ 较大（一般 $\lambda > 3$，均布荷载下为跨高比 $l_0/h > 9$）且腹筋数量配得过少时，随着荷载的增加，梁一旦出现斜裂缝，很快形成一条主要斜裂缝，并迅速向受压边缘发展，直至将整个截面裂通，使构件劈裂为两部分而破坏，通常伴随产生沿纵筋的撕裂裂缝，如图 4-3（a）所示。整个破坏过程急速而突然，破坏荷载与出现斜裂缝时的荷载相当接近，破坏前梁的变形很小，并且往往只有一条斜裂缝，这种破坏是拱体混凝土被拉坏。破坏具有明显的脆性。

2. 剪压破坏

当梁的剪跨比 λ 适中（一般 $1 < \lambda \leqslant 3$，均布荷载下为跨高比 $3 < l_0/h \leqslant 9$），同时腹筋配置数量适当时，随着荷载的增加，首先在受拉区出现一些垂直裂缝和几条细微的斜裂缝。当荷载增加到一定程度时，多条斜裂缝中的一条形成主要斜裂缝，该主要斜裂缝向斜上方伸展，使受压区高度逐渐减小，直到斜裂缝顶端的混凝土在剪应力和压应力共同作用下被压碎而破坏，如图 4-3（b）所示。其破坏原因是由于余留截面上混凝土的斜向压应力超过了混凝土在压力和剪力共同作用下的抗压强度。剪压破坏的破坏过程比斜拉破坏缓慢些，腹筋能得到充分利用，因此在设计中应把构件斜截面破坏控制在剪压破坏形态。

3. 斜压破坏

当梁的剪跨比 λ 较小（一般 $\lambda \leqslant 1$，均布荷载下为跨高比 $l_0/h \leqslant 3$）、腹筋配置过多或者是 T 形和 I 形梁的腹板宽度较窄，这时常发生斜压破坏。其破坏过程是：首先在荷载作用点与支座间梁的腹部出现若干条平行的斜裂缝（即腹剪型斜裂缝）；随着荷载的增加，梁腹被这些斜裂缝分割为若干斜向"短柱"，最后因混凝土柱被压碎而破坏，如图 4-3（c）所示。这实际上是拱体混凝土被压坏。其破坏原因是由于斜向压应力超过了混凝土的抗压强度。斜压破坏的破坏荷载很高，但变形很小，没有预兆，且腹筋达不到屈服，类似于正截面的超筋破坏，设计中也应当避免。

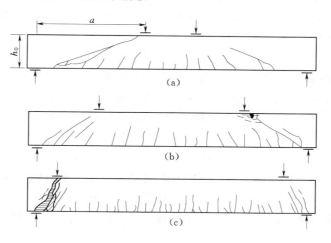

图 4-3　斜截面的破坏形态
(a) 斜拉破坏；(b) 剪压破坏；(c) 斜压破坏

4.1.2　影响有腹筋梁斜截面抗剪承载力的主要因素

上述三种斜截面破坏形态与构件斜截面承载力有密切关系，因此，凡影响破坏形态的因素也就影响构件的斜截面承载力。其主要影响因素如下。

1. 剪跨比 λ

剪跨比反映了梁中弯矩和剪力的相对大小。截面的弯矩 M 与剪力 V 和有效高度 h_0 乘积的比值称为广义剪跨比，即

$$\lambda = \frac{M}{Vh_0} \tag{4-1}$$

对承受集中荷载的梁（见图 4-1），集中荷载作用点到支座之间的距离 a，称为剪跨，这时梁的剪跨比可表示为

$$\lambda = \frac{M}{Vh_0} = \frac{Pa}{Ph_0} = \frac{a}{h_0} \tag{4-2}$$

试验研究表明，剪跨比对梁的斜裂缝发生和发展状况、破坏形态及斜截面承载力影响很大。对梁顶直接施加集中荷载的梁，剪跨比 λ 是影响受剪承载力的主要因素。当 $\lambda > 3$ 时，常为斜拉破坏；当 $\lambda \leqslant 1$ 时，可能发生斜压破坏；当 $1 < \lambda \leqslant 3$ 时，一般发生剪压破坏。

2. 混凝土强度

从斜截面剪切破坏的几种主要形态可知，斜拉破坏主要取决于混凝土的抗拉强度，剪压破坏和斜压破坏则主要取决于混凝土的抗压强度。因此，在剪跨比和其他条件相同时，斜截面受剪承载力随混凝土强度的提高而增大。试验分析表明，构件斜截面承载力随混凝

土强度的提高而提高，并接近线性关系。

3. 腹筋

斜裂缝出现之前，钢筋和混凝土一样变形很小，所以腹筋的应力很低，对阻止斜裂缝开裂的作用甚微。斜裂缝出现后，与斜裂缝相交的腹筋，不仅可以直接承受部分剪力，还能阻止斜裂缝开展过宽，延缓斜裂缝的开展，提高斜截面上骨料的咬合力及混凝土的受剪承载力。另外，箍筋可限制纵筋的竖向位移，能有效阻止混凝土沿纵向的撕裂，从而提高纵筋在抗剪中的销栓作用。

4. 纵筋配筋率 ρ

在其他条件相同时，纵向钢筋配筋率越大，斜截面承载力也越大。这是因为，纵筋配筋率越大则破坏时的剪压区高度越大，从而提高了混凝土的抗剪能力；同时，纵筋可以抑制斜裂缝的开展，增大斜裂面间的骨料咬合作用；纵筋本身的横截面也能承受少量剪力（即销栓力）。

5. 其他因素

除了上述几个主要影响因素外，影响有腹筋梁斜截面承载力的因素还有截面形式、预应力和梁的形式等。例如：试验表明，受压区翼缘的存在对提高斜截面承载力有一定的作用。因此，T 形截面梁的抗剪承载力与矩形截面梁相比，斜截面承载能力要高一些，一般要高 10%～30%。

4.2　有腹筋梁斜截面受剪承载力计算

4.2.1　有腹筋梁斜截面受剪承载力计算公式

斜截面受剪承载力设计，是以剪压破坏特征来建立计算公式的。配置适量腹筋（箍筋和弯起钢筋）的简支梁，在主要斜裂缝 AB 出现（临界破坏）时，取 AB 到支座的一段梁作为脱离体，与斜裂缝相交的腹筋（箍筋和弯起钢筋）均可屈服，余留截面混凝土的应力也达到抗压极限强度，斜截面的内力如图 4-4 所示。

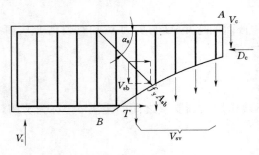

图 4-4　斜截面承载力的组成

根据承载力极限状态设计原则和脱离体竖向力的平衡条件可得

$$KV \leqslant V_u = V_c + V_{sv} + V_{sb} \qquad (4-3)$$

式中　V——斜截面的剪力设计值；

　　　K——钢筋混凝土的承载力安全系数；

　　　V_c——混凝土的受剪承载力；

　　　V_{sv}——箍筋的受剪承载力；

　　　V_{sb}——弯起钢筋的受剪承载力，大小等于 $f_y A_{sb}$ 在竖直方向的分力。

对于承受一般荷载的矩形、T 形和 I 形截面受弯构件，V_c、V_{sv} 和 V_{sb} 分别用下列各式计算：

$$V_c = 0.7 f_t b h_0 \qquad (4-4)$$

$$V_{sv} = 1.25 f_{yv} \frac{A_{sv}}{s} h_0 \qquad (4-5)$$

$$V_{sb} = f_y A_{sb} \sin\alpha_s \qquad (4-6)$$

式中 A_{sb}——同一弯起平面内弯起钢筋的截面面积；

α_s——斜截面上弯起钢筋与构件纵向轴线的夹角。

对于承受以集中荷载为主的独立梁（包括有多种荷载作用，且集中荷载对支座截面或节点边缘所产生的剪力值占总剪力值的 75% 以上的情况），V_c 和 V_{sv} 分别用下列各式计算：

$$V_c = 0.5 f_t b h_0 \qquad (4-7)$$

$$V_{sv} = f_{yv} \frac{A_{sv}}{s} h_0 \qquad (4-8)$$

式中 f_t——混凝土轴心抗压强度设计值；

b——矩形截面的宽度或 T 形、I 形截面的腹板宽度；

h_0——截面有效高度；

f_{yv}——箍筋抗拉强度设计值，可按附表 2-6 采用，但取值不应大于 300N/mm^2。

在设计中一般是先配箍筋，必要时再配置弯起钢筋。因此，受剪承载力计算公式又可分为两种情况。

1. 仅配置箍筋时，梁的受剪承载力计算公式

若梁中不配置弯起钢筋仅配箍筋时，梁的受剪最大承载力 V_u 是由混凝土的受剪承载力 V_c 和箍筋的受剪承载力 V_{sv} 两部分组成，并用 V_{cs} 表示，即 $V_u = V_{cs} = V_c + V_{sv}$。

（1）对承受一般荷载的矩形、T 形和 I 形截面受弯构件，梁的受剪承载力计算公式为

$$KV \leqslant V_{cs} = 0.7 f_t b h_0 + 1.25 f_{yv} \frac{A_{sv}}{s} h_0 \qquad (4-9)$$

（2）对于承受以集中荷载为主的独立梁，梁的受剪承载力计算公式为

$$KV \leqslant V_{cs} = 0.5 f_t b h_0 + f_{yv} \frac{A_{sv}}{s} h_0 \qquad (4-10)$$

2. 同时配置箍筋和弯筋时，梁的受剪承载力计算公式

$$KV \leqslant V_u = V_c + V_{sv} + V_{sb} = V_{cs} + V_{sb} = V_{cs} + f_y A_{sb} \sin\alpha_s \qquad (4-11)$$

4.2.2 计算公式的适用条件

斜截面受剪承载力计算公式，是根据有腹筋梁的剪压破坏特征建立的，因此这些公式有一定的适用条件，必须防止发生斜压破坏和斜拉破坏。

1. 防止斜压破坏的条件

当梁截面尺寸过小，配置的腹筋过多，剪力较大时，梁可能发生斜压破坏，这种破坏形态的构件受剪承载力主要取决于混凝土的抗压强度及构件的截面尺寸，腹筋的应力达不到屈服强度而不能充分发挥作用。设计时为了避免发生斜压破坏，规范规定矩形、T 形和 I 形截面受弯构件，受剪截面需符合下列要求：

当 $h_w/b \leqslant 4.0$ 时

$$KV \leqslant 0.25 f_c b h_0 \qquad (4-12)$$

当 $h_w/b \geqslant 6.0$ 时

$$KV \leqslant 0.2 f_c b h_0 \qquad (4-13)$$

当 $4.0 < h_w/b < 6.0$ 时，按直线内插法取用。

式中　V——构件斜截面上的最大剪力设计值；

　　　K——承载力安全系数，按附表 1-1 采用；

　　　b——矩形截面的宽度，T 形截面或 I 形截面的腹板宽度；

　　　h_w——截面的腹板高度，矩形截面取有效高度，T 形截面取有效高度减去翼缘高度，I 形截面取腹板净高。

对截面高度较大，控制裂缝开展宽度要求较严的水工结构构件（例如混凝土渡槽槽身），即使 $h_w/b < 6.0$，其截面仍应符合式（4-13）的要求。对 T 形或 I 形截面的简支受弯构件，当有实践经验时，式（4-12）中的系数 0.25 可改为 0.3。若式（4-12）或式（4-13）不能满足时，应加大截面尺寸或提高混凝土强度等级。

2. 防止斜拉破坏的条件

试验表明：若腹筋配置得过少过稀，一旦斜裂缝出现，由于腹筋的抗剪作用不足以替代斜裂缝发生前混凝土原有的作用，就会发生突然性的斜拉破坏。为了防止发生斜拉破坏，规范对腹筋的间距及箍筋的配箍率都作了要求。

（1）腹筋间距要求。如腹筋间距过大，有可能在两根腹筋之间出现不与腹筋相交的斜裂缝，这时腹筋便无从发挥作用（见图 4-5）。同时箍筋分布的疏密对斜裂缝开展宽度也有影响。因此，规范对腹筋的最大间距 s_{max} 作了规定，在任何情况下，腹筋的间距 s 或 s_1 不得大于表 4-1 中的 s_{max} 数值。

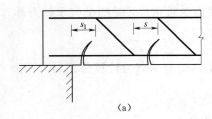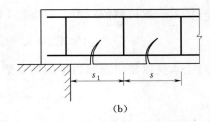

（a）　　　　　　　　　　　　　　　　　（b）

图 4-5　腹筋间距过大时产生的影响

s_1—支座边缘到第一根斜筋或箍筋的距离；s—斜筋或箍筋的间距

表 4-1　　　　　　　　　　　　　梁中箍筋的最大间距 s_{max}　　　　　　　　　　　　　单位：mm

项　次	梁高 h	$KV > V_c$	$KV \leqslant V_c$
1	$h \leqslant 300$	150	200
2	$300 < h \leqslant 500$	200	300
3	$500 < h \leqslant 800$	250	350
4	$h > 800$	300	400

注　薄腹梁的箍筋间距宜适当减小。

（2）配箍率要求。箍筋配置过少，一旦斜裂缝出现，由于箍筋的抗剪作用不足以替代斜裂缝发生前混凝土原有的作用，就会发生突然性的斜拉破坏。为了防止发生这种破坏，规范规定当 $KV > V_c$ 时，箍筋的配置应满足最小配箍率要求：

对 HPB235 级钢筋，配箍率应满足

$$\rho_{sv} = A_{sv}/(bs) \geqslant \rho_{svmin} = 0.15\% \qquad (4-14)$$

对 HRB335 级钢筋，配箍率应满足

$$\rho_{sv}=A_{sv}/(bs)\geqslant\rho_{svmin}=0.10\%\qquad(4-15)$$

式中 ρ_{svmin}——箍筋的最小配箍率。

4.2.3 斜截面受剪承载力计算步骤

斜截面受剪承载力计算，包括截面设计和承载力复核两个方面。截面设计是在正截面承载力计算完成之后，即在截面尺寸、材料强度、纵向受力钢筋已知的条件下，计算梁内腹筋。承载力复核是在已知截面尺寸和梁内腹筋的条件下，验算梁的抗剪承载力是否满足要求。

1. 受剪承载力计算位置

在进行受剪承载力计算时，应先根据危险截面确定受剪承载力的计算位置，对于矩形、T 形和 I 形截面构件受剪承载力的计算位置（见图 4-6），应按下列规定采用：

（1）支座边缘处的截面 1—1。

（2）受拉区弯起钢筋弯起点处的截面 2—2、截面 3—3。

（3）箍筋截面面积或间距改变处的截面 4—4。

（4）腹板宽度改变处的截面。

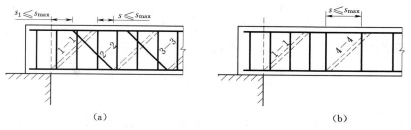

图 4-6 斜截面受剪承载力的计算截面

（a）配箍筋和弯起钢筋的梁；（b）只配箍筋的梁

上述截面都是斜截面承载力比较薄弱的位置，设计时应取斜截面范围内的最大剪力，即斜截面靠支座一端处的剪力设计值，进行受剪承载力计算。当计算弯起钢筋时，剪力设计值 V 按下列方法采用：当计算第一排（对支座而言）弯起钢筋时，取用支座边缘的剪力设计值，对于仅承受直接作用在构件顶面的分布荷载的受弯构件，可取距离支座边缘为 $0.5h_0$ 处的剪力设计值；当计算以后的每一排弯起钢筋时，取前一排（对支座而言）弯起钢筋弯起点处的剪力设计值。弯起钢筋设置的排数，与剪力图形及 V_{cs}/K 值的大小有关。弯起钢筋的计算一直要进行到最后一排弯起钢筋的弯起点，进入 V_{cs}/K 所能控制区之内，如图 4-7 所示。

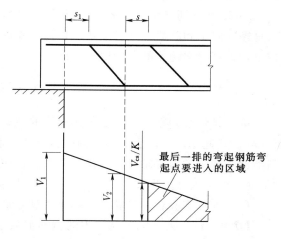

图 4-7 计算弯起钢筋时的剪力设计值

V_1——第一排弯起钢筋的计算剪力值；

V_2——第二排弯起钢筋的计算剪力值

2. 斜截面受剪承载力计算步骤

斜截面受剪配筋的计算步骤如下：

（1）作梁的剪力图。计算剪力设计值时的计算跨度取构件的净跨度，即 $l_0=l_n$。

（2）截面尺寸验算。按式（4-12）或式（4-13）验算构件的截面尺寸，如不满足，则应加大截面尺寸或提高混凝土强度等级。

（3）验算是否按计算配置腹筋。

如能满足

$$KV \leqslant V_c \tag{4-16}$$

则不需进行斜截面抗剪配筋计算，按构造要求配置腹筋。否则，必须按计算配置腹筋。

（4）腹筋的计算。梁内腹筋通常有两类配置方法：一是仅配箍筋；二是既配箍筋又配弯起钢筋。至于采用哪一种方法，视构件具体情况、剪力的大小及纵向钢筋的数量而定。

1）仅配箍筋。当剪力完全由混凝土和箍筋承担时，箍筋按下列公式计算：

对矩形、T 形或 I 形截面的梁，由式（4-9）可得

$$\frac{A_{sv}}{s} = \frac{nA_{sv1}}{s} \geqslant \frac{KV - 0.7f_t b h_0}{1.25 f_{yv} h_0} \tag{4-17}$$

对集中荷载作用下的矩形独立梁，由式（4-10）可得

$$\frac{A_{sv}}{s} = \frac{nA_{sv1}}{s} \geqslant \frac{KV - 0.5 f_t b h_0}{f_{yv} h_0} \tag{4-18}$$

计算出 $\frac{nA_{sv1}}{s}$ 后，可先确定箍筋的肢数（通常是双肢箍筋，即 $n=2$）和直径，计算单肢箍筋的截面面积 A_{sv1}，再求出箍筋间距 s。也可先确定箍筋的间距 s 和肢数，再计算箍筋的截面面积 A_{sv1} 和箍筋直径。选取的箍筋直径和间距应满足构造要求。

2）既配箍筋又配弯起钢筋。当需要配置弯起钢筋参与承受剪力时，一般先选定箍筋的直径、间距和肢数，然后按式（4-9）式（4-10）计算出 V_{cs}，如果 $KV>V_{cs}$，则需按下式计算弯起钢筋的截面面积，即

$$A_{sb} \geqslant \frac{KV - V_{cs}}{f_y \sin \alpha_s} \tag{4-19}$$

第一排弯起钢筋上弯点距支座边缘的距离应满足 $50mm \leqslant s_1 \leqslant s_{max}$，习惯上一般取 $s_1 = 50mm$。弯起钢筋一般由梁中纵向受拉钢筋弯起而成。当纵向钢筋弯起不能满足正截面和斜截面受弯承载力要求时，可设置单独的仅作为受剪的弯起钢筋，这时，弯起钢筋应采用"吊筋"的形式（见图 4-16）。

（5）配箍率验算。验算配箍率是否满足最小配箍率的要求，以防止发生斜拉破坏。

【例 4-1】 某 2 级建筑物中的钢筋混凝土矩形截面简支梁，在正常使用下，承受永久荷载标准值 $g_k = 20kN/m$（已包括自重），可变荷载标准值 $q_k = 50kN/m$。其截面布置如图 4-8 所示。梁的截面尺寸 $b \times h = 300mm \times 600mm$。采用 C25 混凝土，箍筋选用 HPB235 级钢筋。$a_s = 35mm$。仅用混凝土和箍筋抗剪，试确定箍筋的数量。

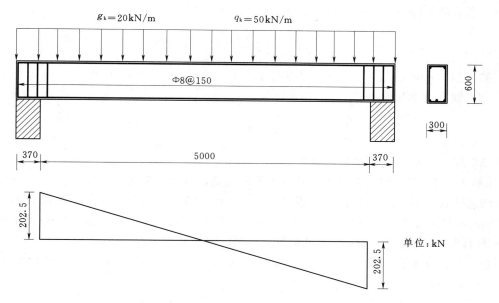

图 4-8 梁剪力图及配筋图（单位：mm）

解 （1）基本资料。$f_c = 11.9 \text{N/mm}^2$，$f_t = 1.27 \text{N/mm}^2$，$f_{yv} = 210 \text{N/mm}^2$，净跨度 $l_n = 5\text{m}$。

（2）计算剪力设计值。由均布荷载在支座边缘处产生的剪力设计值为

$$V = \frac{1}{2}(1.05g_k + 1.2q_k)l_n$$

$$= \frac{1}{2} \times (1.05 \times 20 + 1.2 \times 50) \times 5$$

$$= 202.5 \text{ (kN)}$$

（3）截面尺寸复核。

$$h_w = h_0 = h - a_s = 600 - 35 = 565 \text{ (mm)}$$

$$h_w/b = 565/300 = 1.88 < 4.0$$

$$0.25f_c bh_0 = 0.25 \times 11.9 \times 300 \times 565 = 504.26 \times 10^3 \text{(N)} = 504.26 \text{ (kN)}$$

$$KV = 1.2 \times 202.5 = 243 \text{ (kN)} < 0.25f_c bh_0 = 504.26 \text{ (kN)}$$

故截面尺寸满足抗剪要求。

（4）验算是否需要按计算配置腹筋。

$$V_c = 0.7f_t bh_0 = 0.7 \times 1.27 \times 300 \times 565 \times 10^{-3} = 150.67 \text{ (kN)} < KV = 243 \text{ (kN)}$$

应按计算配置腹筋。

（5）仅配置箍筋时箍筋的数量。

$$\frac{A_{sv}}{s} = \frac{KV - 0.7f_t bh_0}{1.25f_{yv}h_0} = \frac{(243 - 150.67) \times 10^3}{1.25 \times 210 \times 565} = 0.622 \text{ (mm)}$$

59

选用双肢Φ8箍筋，$A_{sv1} = 50.3mm^2$，$n = 2$，则

$$s = \frac{A_{sv}}{0.622} = \frac{2 \times 50.3}{0.622} = 161.6 \ (mm)$$

取 $s = 150mm < s_{max} = 250mm$，沿梁全长布置。

（6）验算最小配箍率。

$$\rho_{sv} = \frac{A_{sv}}{bs} = \frac{2 \times 50.3}{300 \times 150} = 0.22\% > \rho_{svmin} = 0.15\%$$

故所选Φ8@150的双肢箍筋满足要求。

【例 4-2】 某 2 级建筑物中的矩形截面简支梁，承受均布荷载设计值 $g + q = 7.5kN/m$（已包括自重），承受集中荷载设计值 $G + Q = 92kN$（见图 4-9）。梁净跨度 $l_n = 5750mm$，截面尺寸 $b \times h = 250mm \times 600mm$。采用 C25 混凝土，配有纵向钢筋为 4 Φ 25，箍筋为 HPB235 级。$a_s = 40mm$。试配置所需要的箍筋数量。

解 （1）基本资料。$K = 1.2$，$f_c = 11.9N/mm^2$，$f_t = 1.27N/mm^2$，$f_{yv} = 210N/mm^2$，$f_y = 300N/mm^2$。

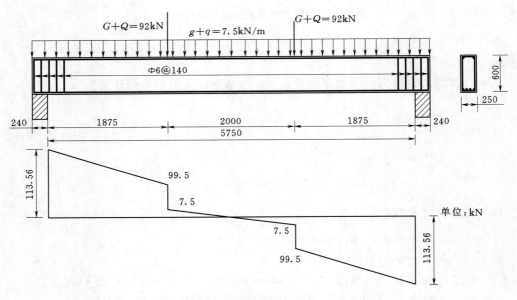

图 4-9 梁剪力图及配筋图（单位：mm）

（2）支座边缘的剪力设计值。集中荷载对支座截面产生的剪力为 92kN，均布荷载对支座截面产生的剪力为 21.56kN，总的剪力为 113.56kN，则有 $92/113.56 = 81\% > 75\%$，故应用式（4-10）计算。

（3）截面尺寸复核。

$$h_w = h_0 = h - a_s = 600 - 40 = 560 \ (mm)$$

$$h_w/b = 560/250 = 2.24 < 4$$

$$0.25 f_c b h_0 = 0.25 \times 11.9 \times 250 \times 560 = 416.5 \times 10^3 (N) = 416.5 \ (kN)$$

$$KV = 1.2 \times 113.56 = 136.27 \text{ (kN)} < 0.25 f_c b h_0 = 437.5 \text{ (kN)}$$

故截面尺寸满足抗剪要求。

（4）验算是否需要按计算配置腹筋。

$$V_c = 0.5 f_t b h_0 = 0.5 \times 1.27 \times 250 \times 560 = 88.9 \times 10^3 \text{ (N)} < KV = 136.27 \text{ (kN)}$$

应按计算配置箍筋。

（5）腹筋的计算。初选双肢直径为Φ6箍筋，$A_{sv} = 2 \times 28.3 \text{mm}^2$

$$\frac{A_{sv}}{s} \geqslant \frac{KV - 0.5 f_t b h_0}{f_{yv} h_0} = \frac{(136.27 - 88.9) \times 10^3}{210 \times 560} = 0.403 \text{ (mm)}$$

$$s \leqslant \frac{A_{sv}}{0.403} = \frac{2 \times 28.3}{0.403} = 141.5 \text{ (mm)}$$

取 $s = 140\text{mm} < s_{max} = 250\text{mm}$。

$$\rho_{sv} = \frac{A_{sv}}{bs} = \frac{56.6}{250 \times 140} = 0.162\% > \rho_{min} = 0.15\%$$

满足要求，故选用Φ6@140的双肢箍筋。

【例4-3】 某3级建筑物中的矩形截面简支梁（见图4-10），处于室内正常环境，承受均布荷载设计值为 $g + q = 45\text{kN/m}$（已包括自重）。梁净跨度 $l_n = 6500\text{mm}$，截面尺寸 $b \times h = 250\text{mm} \times 500\text{mm}$。采用C20混凝土，纵向钢筋为HRB335级，箍筋为HPB235级。梁正截面中已配有受拉钢筋 5$\underline{\Phi}$25（$A_s = 2454\text{mm}^2$），受压钢筋 2$\underline{\Phi}$20（$A_s' = 628\text{mm}^2$），受拉钢筋两排布置，$a_s = 75\text{mm}$。试配置抗剪腹筋。

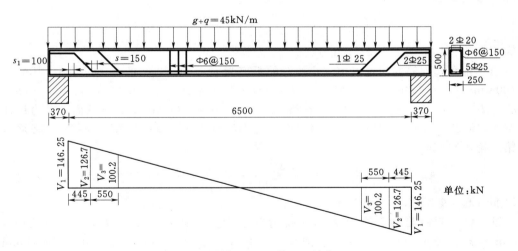

图4-10 梁剪力图及配筋图（单位：mm）

解 （1）基本资料：$K = 1.2$，$f_c = 9.6\text{N/mm}^2$，$f_y = 300\text{N/mm}^2$，$f_{yv} = 210\text{N/mm}^2$。

（2）支座边缘的剪力设计值。

$$V = \frac{1}{2}(g + q) l_n = \frac{1}{2} \times 45 \times 6.5 = 146.25 \text{ (kN)}$$

剪力图如图4-10所示。

（3）截面尺寸复核。

$$h_w = h_0 = h - a_s = 500 - 75 = 425 \text{（mm）}$$

$$h_w/b = 425/250 = 1.7 < 4.0$$

$$0.25 f_c b h_0 = 0.25 \times 9.6 \times 250 \times 425 = 255 \times 10^3 \text{（N）} = 255 \text{（kN）}$$

$$KV = 1.2 \times 146.25 = 175.5 \text{（kN）} < 0.25 f_c b h_0 = 255 \text{（kN）}$$

故截面尺寸满足抗剪要求。

（4）验算是否需要按计算配置腹筋。

$$V_c = 0.7 f_t b h_0 = 0.7 \times 1.1 \times 250 \times 425 = 81.81 \times 10^3 \text{（N）}$$

$$= 81.81 \text{（kN）} < KV = 175.5 \text{（kN）}$$

应按计算配置箍筋。

（5）腹筋的计算。初选双肢箍筋 $\Phi 6 @ 150$，$A_{sv} = 56.6 \text{mm}^2$，$s = 150 \text{mm} < s_{max} = 200 \text{mm}$。

$$\rho_{sv} = \frac{A_{sv}}{bs} = \frac{56.6}{250 \times 150} = 0.151\% > \rho_{svmin} = 0.15\%$$

满足要求。

$$V_{cs} = 0.7 f_t b h_0 + 1.25 f_{yv} \frac{A_{sv}}{s} h_0$$

$$= 81.81 \times 10^3 + 1.25 \times 210 \times \frac{56.6}{150} \times 425$$

$$= 123.9 \times 10^3 \text{（N）} = 123.9 \text{（kN）} < KV = 175.5 \text{（kN）}$$

应配置弯起钢筋。

$$A_{sb1} = \frac{KV_1 - V_{cs}}{f_y \sin 45°} = \frac{(175.5 - 123.9) \times 10^3}{300 \times 0.707} = 243 \text{（mm}^2\text{）}$$

由纵筋弯起 $2 \Phi 25$（$A_{sb} = 982 \text{mm}^2$）。

第一排弯起钢筋的起弯点离支座边缘的距离为 $s_1 + (h - 2c - d_1 - d_2 - 2e)$，其中取 $s_1 = 100 \text{mm} < s_{max} = 250 \text{mm}$，$c = 30 \text{mm}$，$d_1 = 25 \text{mm}$，$d_2 = 20 \text{mm}$，$e = 30 \text{mm}$，则 $s_1 + (h - 2c - d_1 - d_2 - 2e) = 100 + (500 - 2 \times 30 - 25 - 20 - 2 \times 30) = 435 \text{（mm）}$，该截面上剪力设计值为 $V = 146.25 - 0.435 \times 45 = 126.7 \text{（kN）} > V_{cs}/K = 123.9/1.2 = 103.25 \text{（kN）}$，必须再弯起第二排弯起钢筋。

$$A_{sb2} = \frac{KV_2 - V_{cs}}{f_y \sin 45°} = \frac{(1.2 \times 126.7 - 123.9) \times 10^3}{300 \times 0.707} = 133 \text{（mm}^2\text{）}$$

由纵筋弯起 $1 \Phi 25$（$A_{sb} = 491 \text{mm}^2$）。

第二排弯起钢筋的起弯点离第一排弯筋下弯点的距离为 $s + (h - 2c)$，其中 $s = 150 \text{mm} < s_{max} = 250 \text{mm}$，$c = 30 \text{mm}$，则 $s + (h - 2c) = 150 + (500 - 2 \times 30) = 590 \text{（mm）}$，该截面上剪力设计值为 $V = 126.7 - 0.59 \times 45 = 100.2 \text{（kN）} < V_{cs}/K = 103.25 \text{（kN）}$，不必再弯起第三排弯起钢筋。

梁的配筋图如图 4 - 10 所示。

4.3　钢筋混凝土梁斜截面受弯承载力计算

在设计计算中，受弯构件的纵向受力钢筋的数量是根据控制截面的最大弯矩设计值计算的，若纵向受力钢筋沿全梁不变布置，虽然构造简单和施工方便，且不存在斜截面受弯承载力的问题，但是，在弯矩设计值较小的截面，纵向钢筋就不能充分发挥其作用。因此，在进行钢筋布置时，正弯矩段部分纵向钢筋需要弯起，以承受剪力和负支座弯矩，负弯矩段纵向钢筋还可以进行合理截断。这样可以使钢筋布置更为合理和经济。纵向钢筋被弯起和截断时，可能会影响构件的承载力，尤其会影响斜截面的受弯承载力。在设计中，一般通过抵抗弯矩图来判断弯起纵向钢筋的数量是否合适，以及确定钢筋截断的数量和位置，以保证斜截面的受弯承载力。

4.3.1 抵抗弯矩图的绘制

抵抗弯矩图，简称 M_R 图，就是在弯矩设计值（由外荷载引起的）图形上按相同的比例绘出的由梁内实配的纵向钢筋所确定的各正截面所能抵抗的弯矩图形。作 M_R 图的过程也就是对纵向钢筋布置进行图解的过程。

1. M_R 图与 M 图的关系

M_R 图反映实际正截面的受弯承载能力，因此，在各个截面都要求 $M_R \geqslant M$，所以 M_R 图必须在 M 图之外。M_R 图与 M 图越贴近，表明钢筋强度的利用越充分，这是设计中应力求做到的一点。与此同时，也要照顾到施工的便利，不要片面追求钢筋的利用程度而致使钢筋配置复杂化。

2. 保证斜截面受弯承载力的构造规定

（1）纵筋切断时的构造规定。为了保证斜截面的受弯承载力，梁内纵向受拉钢筋一般不宜在正弯矩区段切断。对承受负弯矩的区段或焊接骨架中的钢筋，如有必要切断时，应满足下列规范规定。

1）当 $KV \leqslant V_c$ 时，钢筋的实际切断点应伸过其理论切断截面以外，延伸长度 l_w 不小于 $20d$（d 为切断钢筋的直径），且从该钢筋的充分利用点截面伸出的长度 $l_d \geqslant 1.2l_a$（l_a 为受拉钢筋的最小锚固长度，按附表 $4-2$ 采用）。

2）当 $KV > V_c$ 时，钢筋的实际切断点应伸过其理论切断截面以外，延伸长度 l_w 不小于 $20d$（d 为切断钢筋的直径），并且不小于 h_0，且从该钢筋的充分利用点截面伸出的长度 $l_d \geqslant 1.2l_a + h_0$。

3）若按上述规定确定的截断点仍位于负弯矩受拉区内，则应延伸至按正截面受弯承载力计算不需要该钢筋的截面以外，延伸长度不应小于 $1.3h_0$ 且不应小于 $20d$，且从该钢筋强度充分利用截面伸出的延伸长度不应小于 $1.2l_a + 1.7h_0$。

（2）纵筋弯起时的构造规定。在梁的受拉区，弯起钢筋与梁中心线的交点应位于按计算不需要该钢筋的截面以外。同时，弯起钢筋的弯起点应设在按正截面受弯承载力计算该钢筋的强度被充分利用的截面以外，其距离不应小于 $h_0/2$，即

$$a \geqslant 0.5h_0 \tag{4-20}$$

式中　a——弯起钢筋的弯起点到该钢筋充分利用点间的距离；

　　　h_0——截面的有效高度。

以上要求若与腹筋最大间距的限制条件相矛盾（尤其在承受负弯矩的支座附近容易出现这个问题），只能考虑弯起钢筋的一种作用，或满足受弯要求而另加斜筋受剪，或满足受剪要求而另加直钢筋受弯。

4.3.2　绘制实例

下面以某梁中的负弯矩区段（单筋矩形截面）为例，说明 M_R 图的绘制方法及步骤。

【例 4-4】 某矩形截面外伸梁（见图 4-11），截面尺寸 $b \times h = 250\text{mm} \times 500\text{mm}$，采用 C20 混凝土，HRB335 级钢筋，根据支座最大负弯矩设计值，经正截面承载力计算，该支座截面需要配置 $3 \underline{\Phi} 14 + 1 \underline{\Phi} 18$ 的纵筋，纵筋的布置编号见剖面图。因抗剪要求，其中 $1 \underline{\Phi} 14$ 需弯下作为弯筋，试确定该截面的各纵筋的实际抵抗弯矩及在 M 图上布置。

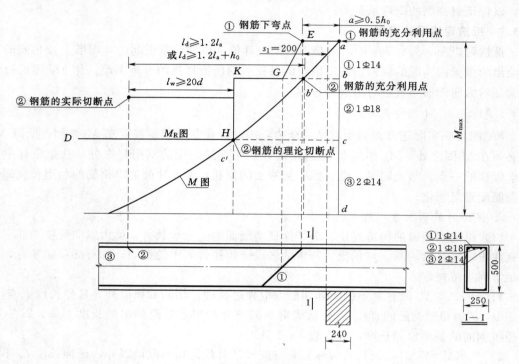

图 4-11　抵抗弯矩图（单位：mm）

解　M_R 图的绘制步骤如下。

1. 最大弯矩所在截面实配纵筋的抵抗弯矩计算与布置

（1）准确绘出该梁在荷载作用下的弯矩图（本例题仅画该支座左侧负弯矩区段）。

（2）确定 M_R 图的最大点 M_{Rmax}。由于该截面为单筋矩形截面，故根据实际配置的纵筋截面面积 A_s，按单筋矩形截面承载力公式计算 M_{Rmax}

$$M_{Rmax} = \frac{1}{K} f_y A_s \left(h_0 - \frac{x}{2} \right) = \frac{1}{K} f_y A_s \left(h_0 - \frac{f_y A_s}{2 f_c b} \right)$$

（3）确定纵筋在 M_R 图上的排列顺序。排列顺序一般是按纵筋切断或弯起的先后顺序，在弯矩图的控制截面上自外至内排列各根纵筋，其中既无切断又无弯起的纵筋要排在最内侧，从最大弯矩截面算起，先切断或先弯起的纵筋要排在最外侧。

本例中，位于两个角落 $③2 \underline{\Phi} 14$ 因兼做架立筋，无需切断与弯起，所以布置在 M_R 图上支座截面的内侧；而 $①1 \underline{\Phi} 14$ 因抗剪要求需先弯下作为弯起钢筋，所以布置在 M_R 图上该截面的最外侧；为了节省钢筋，$②1 \underline{\Phi} 18$ 需要在适当的位置切断，所以布置在 M_R 图上该截面的中间侧。

（4）按钢筋的截面积大小，确定每根纵筋的实际抵抗弯矩，并绘制在弯矩图上。按钢筋截面面积的比例将 M_{Rmax} 分成三段 ab、bc、cd，由外到内分别是①1 Φ 14、②1 Φ 18、③2 Φ 14 所抵抗的弯矩。

2. 确定纵筋的理论切断点与充分利用点

在图 4-11 中，通过 b、c 点分别作平行于梁轴线的水平线，过 b、c 点水平线交弯矩图于 b'、c' 点。由图可知，b' 点是②号钢筋的充分利用点，是①号钢筋的不需要点；c' 点是③号钢筋的充分利用点，是②号钢筋的不需要点。

钢筋的不需要点也称为该钢筋的理论切断点。因为对正截面抗弯来说，既然不需要这根钢筋，在理论上便可以予以切断，但实际切断点还将延伸一段长度，以保证斜截面受弯承载力的要求，即按纵筋切断时的构造规定，确定纵筋实际切断位置。

3. 根据纵筋的实际情况绘制 M_R 图

绘制 M_R 图一般是从 M_{Rmax} 截面开始，向两侧绘制。纵筋沿构件的纵向有三种可能的情况。

（1）纵筋不变化。M_R 图表现为一条与构件纵轴平行的直线线段。如图 4-11 所示，aE、GK、HD 各段均属于这种情况。

（2）纵筋切断。纵筋切断时截面抗弯能力发生突然变化，反映在 M_R 图上是一条与纵轴垂直的直线线段，图呈台阶形。如图 4-11 所示，H 点是②号钢筋的理论切断点，理论上切断时，M_R 图为线段 KH。

（3）钢筋弯起。由于弯起的过程中，该钢筋仍能抵抗一定的弯矩，但这种抵抗能力是逐渐下降的，直到钢筋穿过梁的中和轴（即进入受压区），它的正截面抗弯能力才消失，故在 M_R 图上是呈斜直线变化的。如图 4-11 所示，①号钢筋在 a 点充分利用，而在截面 G 处正截面抗弯能力变为 0。

折线 $aEGKHD$ 即为 M_R 图，从图中可以看出，M_R 图在 M 图之外，能够满足正截面抗弯要求。

4. 校核斜截面抗弯的构造规定

（1）校核弯筋。①号钢筋弯下兼作抗剪钢筋用，下弯点距离支座边缘 200mm（满足抗剪要求），同时下弯点距离①号钢筋的充分利用点为 320mm $>0.5h_0$（满足抗弯要求）。

（2）校核切断钢筋。H 点是②号钢筋的理论切断点，为保证斜截面受弯承载力的要求，②号钢筋实际切断位置应满足纵筋切断时的构造规定，如图 4-11 所示。

4.4 钢筋骨架的构造规定

为了使钢筋骨架适应受力的需要和便于施工，规范对钢筋骨架的构造做出了相应规定。

4.4.1 纵向钢筋构造

1. 纵向受力钢筋在支座中的锚固

（1）简支梁支座。在构件的简支端，弯矩为零。按正截面抗弯要求，受力钢筋适当伸入支座即可。但当在支座边缘发生斜裂缝时，支座边缘处的纵筋受力会突增，若无足够的锚固长度，纵筋将从支座拔出而导致破坏。所以简支梁下部纵向受力钢筋伸入支座的锚固长度 l_{as} [见图 4 - 12 (a)]，应符合下列条件：

1) 当 $KV \leqslant V_c$ 时，$l_{as} \geqslant 5d$。

2) 当 $KV > V_c$ 时，$l_{as} \geqslant 12d$（带肋钢筋）；$l_{as} \geqslant 15d$（光面钢筋）。

如下部纵向受力钢筋伸入支座的锚固长度不能符合上述规定时，如图 4 - 12 (b) 所示，可在梁端将钢筋向上弯，或采用贴焊锚筋、镦头、焊锚板、将钢筋端部焊接在支座的预埋件上等专门锚固措施。

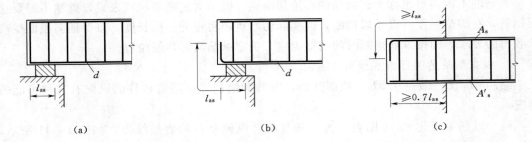

图 4 - 12　纵向受力钢筋在支座内的锚固

（2）悬臂梁支座。如图 4 - 12 (c) 所示，悬臂梁的上部纵向受力钢筋应从钢筋强度被充分利用的截面（即支座边缘截面）起伸入支座中的长度不小于钢筋的锚固长度 l_a；若梁的下部纵向钢筋在计算上作为受压钢筋时，伸入支座中的长度不小于 $0.7l_a$。

（3）中间支座。连续梁中间支座的上部纵向钢筋应贯穿支座或节点，按承载力的需要变化。下部纵向钢筋应伸入支座或节点，当计算中不利用其强度时，其伸入长度应符合上述对简支梁端的规定；当计算中充分利用其强度时，受拉钢筋的伸入长度不小于钢筋的锚固长度 l_a，受压钢筋的伸入长度不小于 $0.7l_a$。框架中间层、顶层端节点钢筋的锚固要求见有关规范。

上述 l_a 可按附表 4 - 2 采用。

2. 架立钢筋

为了使纵向受力钢筋和箍筋能绑扎成骨架，在箍筋的四角必须沿梁全长配置纵向钢筋，在没有纵向受力筋的区段，则应补设架立钢筋（见图 4 - 13）。

当梁跨 $l < 4$m 时，架立钢筋直径 d 不宜小于 8mm；当 $l = 4 \sim 6$m 时，d 不宜小于 10mm；当 $l > 6$m 时，d 不宜小于 12mm。

3. 纵向构造筋及拉筋

当梁的腹板高度超过 450mm 时，为防止由于温度变形及混凝土收缩等原因使梁中部产生竖向裂缝，在梁的两侧应沿高度设置纵向构造筋，每侧纵向构造钢筋（不包括梁上、下部受力钢筋及架立钢筋）的截面面积不应小于腹板截面面积 bh_w 的 0.1%，且其间距不宜大于 200mm，直径不小于 10mm。两侧纵向构造筋之间设置拉筋（见图 4 - 13），拉筋的直径可取与箍筋相同，拉筋的间距常取为箍筋间距的倍数，一般在 $500 \sim 700$mm 之间。

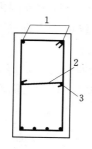

图 4-13 架立钢筋、纵向构造筋和拉筋

1—架立筋；2—拉筋；3—纵向构造筋

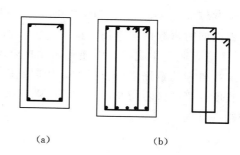

(a)   (b)

图 4-14 箍筋的肢数

(a) 双肢箍筋；(b) 四肢箍筋

4.4.2 箍筋构造

1. 箍筋的形状和肢数

箍筋除了可以提高梁的抗剪能力外，还能固定纵筋的位置。箍筋的形状有封闭式和开口式两种，箍筋常采用封闭式箍筋，配有受压钢筋的梁，则必须用封闭式箍筋。箍筋可按需要采用双肢或四肢（见图 4-14），在绑扎骨架中，双肢箍筋最多能扎结 4 根排在一排的纵向受压钢筋，否则应采用四肢箍筋（即复合箍筋）；或当梁宽大于 400mm，一排纵向受压钢筋多于 3 根时，也应采用四肢箍筋。

2. 箍筋的最小直径

对高度 $h>800$mm 的梁，箍筋直径不宜小于 8mm；对高度 $h\leqslant800$mm 的梁，箍筋直径不宜小于 6mm。当梁内配有计算需要的纵向受压钢筋时，箍筋直径尚不应小于 $d/4$（d 为受压钢筋中的最大直径）。为了方便箍筋加工成型，最好不用直径大于 10mm 的箍筋。

3. 箍筋的布置

若按计算需要配置箍筋时，一般可在梁的全长均匀布置箍筋，也可以在梁两端剪力较大的部位布置得密一些。若按计算不需配置箍筋时，对高度 $h>300$mm 的梁，仍应沿全梁布置箍筋；对高度 $h\leqslant300$mm 的梁，可仅在构件端部各 1/4 跨度范围内配置箍筋，但当在构件中部 1/2 跨度范围内有集中荷载作用时，箍筋仍应沿梁全长布置；对梁高为 150mm 以下的梁，可不布置箍筋。

4. 箍筋的最大间距

箍筋的最大间距不得大于表 4-1 所列的数值。

当梁中配有计算需要的受压钢筋时，箍筋的间距在绑扎骨架中不应大于 15d，在焊接骨架中不应大于 20d（d 为受压钢筋中的最小直径），同时在任何情况下均不应大于 400mm；当一排内纵向受压钢筋多于 5 根且直径大于 18mm 时，箍筋间距不应大于 10d。

在绑扎纵筋的搭接长度范围内，当钢筋受拉时，其箍筋间距不应大于 5d，且不大于 100mm；当钢筋受压时，箍筋间距不应大于 10d。在此，d 为搭接钢筋中的最小直径。

4.4.3 弯起钢筋构造

按抗剪设计需设置弯起钢筋时，弯筋的最大间距（见图 4-5）同箍筋一样，不得大于表 4-1 所列的数值。

梁中弯起钢筋的弯起角一般为 45°，当梁高 $h>700$mm 时也可用 60°。

当梁宽较大（例如 $b>250\mathrm{mm}$）时，为使弯起钢筋在整个宽度范围内受力均匀，宜在一个截面内同时弯起两根钢筋。梁底排位于箍筋转角处的纵向受力钢筋不应弯起（也不能切断），而应直通至梁端部，以便和箍筋扎成钢筋骨架。

在绑扎骨架的钢筋混凝土梁中，弯起钢筋的弯折终点处应留有足够长的直线段锚固长度，其长度在受拉区不应小于 $20d$，在受压区不应小于 $10d$。对于光面钢筋，在末端尚应设置弯钩（见图 4-15）。

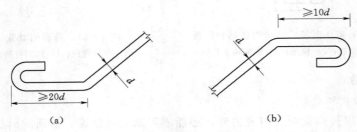

图 4-15　弯起钢筋的直线锚固段
(a) 受拉区；(b) 受压区

若弯起纵筋抗剪后不能满足抵抗弯矩图的要求，可单独设置抗剪斜筋以抗剪。此时斜筋应布置成吊筋形式，如图 4-16（a）所示，俗称鸭筋，斜筋两端均应锚固在受压区内。不宜采用如图 4-16（b）所示的浮筋，浮筋在受拉区只有不大的水平长度，其锚固的可靠性差。

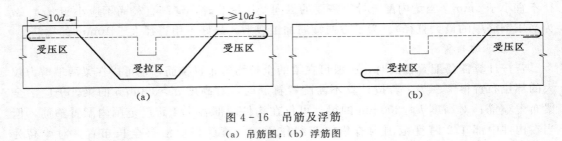

图 4-16　吊筋及浮筋
(a) 吊筋图；(b) 浮筋图

4.4.4　其他钢筋构造

在钢筋混凝土悬臂梁中，应有不少于两根上部钢筋伸至悬臂梁外端，并向下弯折不小于 $12d$；其余钢筋不应在梁的上部截断，而应按抗弯承载力要求及弯筋的构造规定向下弯折，并在梁的下边锚固。

4.5　钢筋混凝土构件施工图

为了满足施工要求，钢筋混凝土构件结构施工图一般包括下列内容。

4.5.1　配筋图

配筋图表示钢筋骨架的形状以及在模板中的位置，主要为绑扎骨架用。凡规格、长度或形状不同的钢筋必须编以不同的编号，写在小圆圈内，并在编号引线旁注上这种钢筋的根数及直径。最好在每根钢筋的两端及中间都注上编号，以便于查清每根钢筋的来龙去脉。

4.5.2　钢筋表

钢筋表是列表表示构件中所有不同编号的钢筋种类、规格、形状、长度、根数、重量等，主要为钢筋的下料及加工成型用，同时可用来计算钢筋用量。

钢筋表中钢筋的长度计算是一项非常重要的内容，下面以一简支梁为例介绍钢筋长度的计算方法，如图4-17所示。

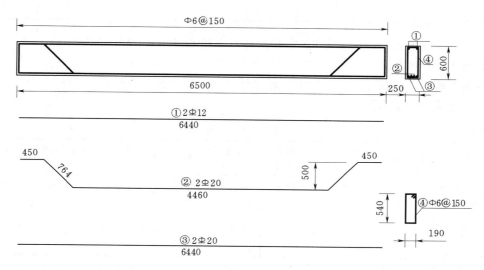

图4-17　钢筋长度的计算（尺寸单位：mm）

1. 直钢筋

图4-17中的钢筋①为一直钢筋，其直段上所注长度为 l（构件长度）$-2c$（c 为混凝土保护层），若为HPB235级钢筋，此长度再加上两端弯钩长即为钢筋①全长。一般每个弯钩长度为 $5d$（人工弯钩）或 $6.25d$（机械弯钩）。则图中钢筋①的全长为（6500 $-2\times$ 30）=6440mm。同样钢筋③全长为6440mm。

2. 弯起钢筋

图4-17中钢筋②的弯起部分的高度尺寸是以钢筋外皮计算的，即由梁高600mm减去上下混凝土保护层，600 $-60=540$（mm）。由于弯折角等于45°，故弯起部分的底宽及斜边各为540mm及764mm。弯起后的水平直段长度由抗剪计算为450mm。钢筋②的中间水平直段长度由计算得出，即6500 $-2\times30-2\times450-2\times540=4460$（mm），最后可得弯起钢筋②的全长为 $4460+2\times764+2\times450=6888$（mm）。

3. 箍筋

箍筋尺寸标注有箍筋外缘尺寸及箍筋内口尺寸两种。前者的好处在于与其他钢筋一致，即所标注尺寸均为钢筋的外皮到外皮的距离；标注内口尺寸的好处在于便于校核，箍筋内口尺寸即构件截面外形尺寸减去主筋混凝土保护层。在标注箍筋尺寸时，要注明所标注尺寸是内口还是外缘。

箍筋的弯钩大小与主筋的粗细有关，根据箍筋与主筋直径的不同，箍筋两个弯钩的增加长度见表 4-2。

表 4-2　　　　　　　　　　　　箍筋两个弯钩的增加长度　　　　　　　　单位：mm

主筋直径	箍筋直径				
	5	6	8	10	12
10~25	80	100	120	140	180
28~32		120	140	160	210

图 4-17 中箍筋④的长度为 $2 \times (540+190)+100=1560$ （mm）（内口）。

箍筋④的长度为 $2 \times (552+202)+100=1608$ （mm）（外缘）。

箍筋长度以外缘尺寸计算比以内口尺寸计算多 8 倍的箍筋直径。

此简支梁的钢筋表见表 4-3。

表 4-3　　　　　　　　　　　　　钢　筋　表

编号	钢筋形式	直径 (mm)	长度 (mm)	根数	总长度 (m)	每米钢筋质量 (kg)	总质量 (kg)
①	6440	Φ12	6440	2	12.88	0.888	11.4
②	450　4460　450　764　764	Φ20	6888	2	13.776	2.470	34.0
③	6440	Φ20	6440	2	12.88	2.470	31.8
④	540　190　（内口）	Φ6	1560	44	68.64	0.222	15.2
合计							Σ92.4

必须注意，钢筋表内的钢筋长度还不是钢筋加工时的断料长度。由于钢筋在弯折及弯钩时要伸长一些，因此断料长度应等于计算长度扣除钢筋伸长值。伸长值与弯折角度大小等有关，具体可参阅有关施工手册。箍筋长度如注内口，则计算长度即为断料长度。

4.5.3　说明或附注

说明或附注中包括说明之后可以减少图纸工作量的内容以及一些在施工过程中必须引起注意的事项。例如：尺寸单位、钢筋保护层厚度、混凝土强度等级、钢筋级别以及其他施工注意事项。

4.6　钢筋混凝土外伸梁设计实例

【例 4-5】 某支承在 370mm 厚的砖墙上的钢筋混凝土外伸梁，该梁处于一类环境条件。其跨长如图 4-18 所示。本结构属于 2 级建筑物，设计状况为持久状况。楼面传来的恒荷载设计值：$g_1 = 34.7 \text{kN/m}$（未包括自重），活荷载设计值 $q_1 = 30 \text{kN/m}$，$q_2 = 100 \text{kN/m}$。采用 C25 混凝土，纵向受力钢筋为 HRB335 级钢筋，箍筋为 HPB235 级钢筋。试设计此梁并进行并绘制配筋图。

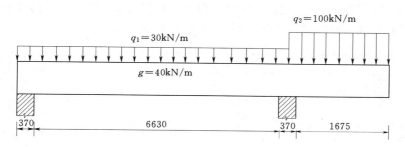

图 4-18 外伸梁（单位：mm）

解 （一）设计资料

材料强度：C25 混凝土 $f_c = 11.9 \text{N/mm}^2$，$f_t = 1.27 \text{N/mm}^2$；纵筋 $f_y = 300 \text{N/mm}^2$，箍筋 $f_{yv} = 210 \text{N/mm}^2$

承载力安全系数：$K = 1.2$

（二）梁的内力和内力图

1. 截面尺寸选择

取高跨比 $h/l = 1/10$，则 $h = 750 \text{mm}$；按高宽比的一般规定，取 $b = 250 \text{mm}$，$h/b = 2.8$。初选 $a_s = 60 \text{mm}$。（按两排布置纵筋）

2. 荷载计算

梁自重设计值（包括梁侧 15mm 厚粉刷重）为

$$g_2 = 1.05 \times 0.25 \times 0.75 \times 25 + 1.05 \times 0.015 \times 0.75 \times 17 \times 2 = 5.30 \ (\text{kN/m})$$

梁的恒荷载设计值为

$$g = g_1 + g_2 = 40 \ (\text{kN/m})$$

3. 梁的内力及内力包络图

恒荷载 g 作用于梁上的位置是固定的，计算简图如图 4-19（a）所示；活荷载 q_1 和

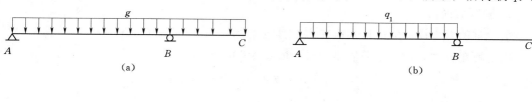

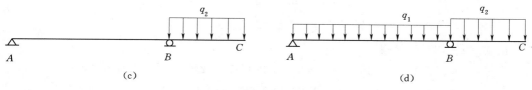

图 4-19 外伸梁计算简图

q_2 的位置有三种情况，如图 4 - 19 （b）、（c）、（d） 所示。每种活荷载都不可能脱离恒荷载的作用而单独存在，因此作用于构件上的荷载分别有 （a） ＋ （b）、（a） ＋ （c）、（a） ＋ （d） 三种情形。在同一坐标上，画出这三种情形作用下的弯矩图和剪力图，如图 4 - 20 所示。显然由于活荷载的布置方式不同，梁的内力图有很大的差别。设计的目的是要保证在各种可能作用下梁的使用性能。因而找出活荷载的最不利位置。

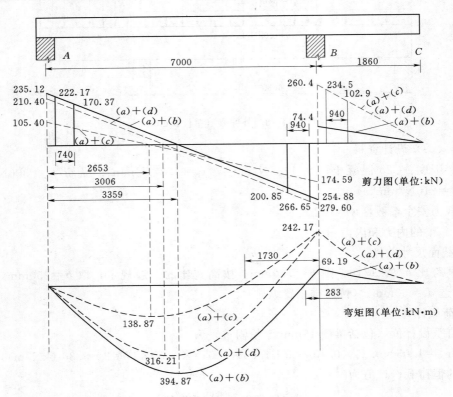

图 4 - 20　外伸梁内力包络图 （单位：mm）

（三）梁的配筋计算

1. 验算截面尺寸

沿全梁的剪力设计值的最大值在 B 支座左边缘，$V_{max} = 266.65\text{kN}$。

由于弯矩较大，估计纵筋需排两排，取 $a_s = 60\text{mm}$，则

$$h_0 = h - a_s = 750 - 60 = 690 \text{ （mm）}$$

$$h_w = h_0 = 690\text{mm}$$

$$h_w/b = 690/250 = 2.76 < 4.0$$

按式 （4 - 12） 计算得

$$0.25 f_c b h_0 = 0.25 \times 11.9 \times 250 \times 690 = 513.2 \times 10^3 \text{N} = 513.2 \text{ （kN）}$$

$$> K V_{max} = 1.2 \times 266.65 = 319.98 \text{ （kN）}$$

故截面尺寸满足抗剪要求。

2. 计算纵向钢筋

纵向钢筋计算见表 4-4。经计算跨中截面选用 2Φ20＋4Φ28 钢筋，实配钢筋面积 $A_{s实}=3091mm^2$。把跨中截面 2Φ20 和 1Φ28 的钢筋弯起伸入支座，故支座 B 截面选用 4Φ20＋1Φ28 钢筋，实配钢筋面积 $A_{s实}=1872mm^2$。

表 4-4 纵向受拉钢筋计算表

计算内容	跨中截面	支座 B 截面
$M(kN \cdot m)$	394.87	242.17
$KM(kN \cdot m)$	473.844	290.604
$\alpha_s = \dfrac{KM}{f_c b h_0^2}$	0.335	0.205
$\xi = 1 - \sqrt{1-2\alpha_s}$	0.425 ≤ 0.85ξ_b	0.232 ≤ 0.85ξ_b
$A_s = \dfrac{f_c b \xi h_0}{f_y}$ (mm^2)	2906	1588
选配钢筋	2Φ20＋4Φ28	4Φ18＋2Φ20
实配钢筋面积 $A_{s实}$ （mm^2）	3091	1646
$\rho = \dfrac{A_{s实}}{bh_0} \geq \rho_{min}$	1.79%	0.95%

注 表中 0.85ξ_b=04675，ρ_{min}=0.2%。

3. 计算抗剪钢筋

$$0.7f_t bh_0 = 0.7 \times 1.27 \times 250 \times 690 = 153.35 \times 10^3 (N) = 153.35 (kN) < KV_{max}$$

必须由计算确定抗剪腹筋。

试在全梁配置双肢箍筋Φ8@200，则 $A_{sv}=100.6mm^2$，$s < s_{max}=250mm$（见表 4-1）。

$$\rho_{sv} = A_{sv}/(bs) = 100.6/(250 \times 200) = 0.20\% > \rho_{svmin} = 0.15\%$$

满足最小配箍率的要求。

由式（4-9）得

$$V_{cs} = 0.7f_t bh_0 + 1.25f_{yv}A_{sv}h_0/s$$
$$= 153.35 \times 10^3 + 1.25 \times 210 \times 100.6 \times 690/200 = 244.46 \times 10^3 (N)$$
$$= 244.46(kN)$$

（1）支座 B 左侧。

$$KV_B^l = 1.2 \times 266.65 = 319.98kN > V_{cs} = 244.46 (kN)$$

需加配弯起钢筋帮助抗剪。取 $\alpha=45°$，并取 $V_1 = V_B^l$。

按式（4-11）计算第一排弯起钢筋

$$A_{sb1} = (KV_1 - V_{cs})/(f_y \sin 45°)$$
$$= (1.2 \times 266.65 - 244.46) \times 10^3/(300 \times 0.707) = 356 (mm^2)$$

由支座承担负弯矩的纵筋弯下 2Φ20（$A_{sb1}=615.8mm^2$）。第一排弯起钢筋的上弯点安排在离支座边缘 250mm，即 $s_1=250mm$（查表 4-1，当 $h=750mm$，$V > V_c/K$ 时，$s_{max}=250mm$）。

由图 4 - 21 可见，第一排弯起钢筋的下弯点离支座边缘的距离为
$$250＋(750－2×30)=940 （mm）$$
此处
$$KV_2=1.2×(266.65－70×0.94)=241.02 （kN）<V_{cs}$$
故不需弯起第二排钢筋抗剪。

（2）支座 B 右侧。
$$KV_B^r=1.2×234.5=281.4 （kN）>V_{cs}=244.46 （kN）$$
故需配置弯起钢筋。
$$A_{sb1}=(KV_2－V_{cs})/(f_y\sin45°)$$
$$=(281.4－244.46)×10^3/(300×0.707)=174.2 （mm^2）$$
故弯下 $2\Phi20$（$A_{sb1}=628mm^2$）即可满足要求。

第一排弯起钢筋的上弯点安排在离支座边缘 250mm 处，其下弯点距支座边缘的距离为
$$250＋(750－2×30)=940 （mm）$$
下弯点截面处 $KV_2=1.2×(234.5－140×0.94)=123.5 （kN）<V_{cs}$，故不必再弯起第二排钢筋。

（3）支座 A。
$$KV_A=1.2×222.17=266.6 （kN）>V_{cs}$$
故需配置弯起钢筋。

计算第一排弯起钢筋
$$A_{sb1}=(KV_1－V_{cs})/(f_y\sin45°)$$
$$=(266.6－244.46)×10^3/(300×0.707)=104 （mm^2）$$

计算值不大，但为了加强梁的受剪承载力，仍由跨中弯起 $2\Phi20$ 至梁顶再伸入支座。第一排弯起钢筋的上弯点安排在离支座边缘 50mm，$s_1=50mm<s_{max}=250mm$。则第一排弯起钢筋的下弯点离支座边缘的距离为
$$50＋(750－2×30)=740 （mm）$$
此处
$$KV_2=1.2×(222.17－70×0.74)=204.4 （kN）<V_{cs}$$
故不需弯起第二排钢筋。

4.钢筋的布置设计

钢筋的布置设计要利用抵抗弯矩图（M_R 图）进行图解。为此，先画出弯矩图（M 图）、梁的纵剖面图（见图 4 - 21），再在 M 图上作 M_R 图。

（1）作跨中正弯矩的 M_R 图。跨中 M_{max} 为 394.87kN·m，需配 $A_s=2906mm^2$ 的纵筋，实配 $2\Phi20＋4\Phi28$（$A_s=3091mm^2$），按钢筋实际面积确定 M_R 的值：
$$M_R=\frac{1}{K}f_yA_s\left(h_0-\frac{x}{2}\right)=\frac{1}{K}f_yA_s\left(h_0-\frac{f_yA_s}{2f_cb}\right)$$
$$=\frac{1}{1.2}×300×3019×\left(690-\frac{300×3091}{2×11.9×250}\right)=403.15×10^6（N·m）$$

按各钢筋面积的比例划分出 $\Phi20$ 及 $\Phi28$ 钢筋能抵抗的弯矩值，确定出各根钢筋各自的充分利用点和理论切断点。

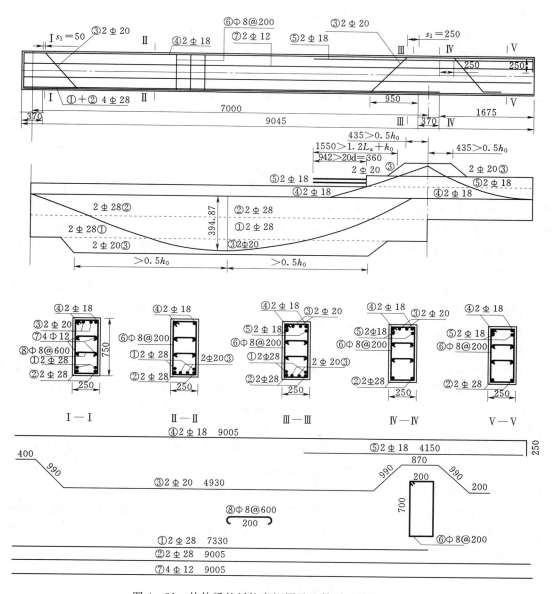

图 4-21 外伸梁的抵抗弯矩图及配筋图（单位：mm）

按预先布置（见图 4-21），钢筋③（2 ⌀ 20）从跨中左侧弯起至支座 A，其上弯点距支座 A 边缘为 50mm，故弯终段水平长度为 $50+370-20=400$（mm）$>10d=10×20=200$（mm），满足了弯筋弯终段直线长度的要求；弯筋③从跨中右侧弯起至支座 B。钢筋③的弯起点截面距离该钢筋充分利用点截面的长度远大于 $0.5h_0$，满足了斜截面抗弯承载力的构造要求。

钢筋①（2 ⌀ 28）放在角隅，因要绑扎箍筋形成骨架，故需要直通全梁。在支座 A 中的锚固长度为 $370-20=350$（mm）$>12d=336$（mm），满足纵筋在支座中的锚固长度要求。

75

钢筋② （2Φ28）直通入 A、B 支座后切断，在支座中的锚固长度为 $370-20=350$（mm），满足纵筋在支座中的锚固长度要求。

根据钢筋的实际情况画出跨中正弯矩部分的 M_R 图。

（2）作支座 B 负弯矩区的 M_R 图。支座 B 需配纵筋 1588mm²，实配 4Φ18＋2Φ20（$A_s=1646$mm²），按钢筋实际面积确定 M_R 的值：

$$M_R = \frac{1}{K}f_y A_s (h_0 - \frac{f_y A_s}{2f_c b})$$

$$= \frac{1}{1.2} \times 300 \times 1646 \times (690 - \frac{300 \times 1646}{2 \times 11.9 \times 250}) = 249.78 \times 10^6 (\text{N} \cdot \text{m})$$

在 M_R 图上按各钢筋面积的比例划分出Φ20 及Φ18 钢筋能抵抗的弯矩值。

在支座 B 左侧，按预先布置，钢筋③ （2Φ20）距支座边缘 250mm 处弯下，钢筋③ 的上弯点截面至该钢筋充分利用截面的距离为 $250+370/2=435$mm$>0.5h_0=345$mm，满足了斜截面抗弯承载力的条件；钢筋④ （2Φ18）放在角隅，因要绑扎箍筋形成骨架，故需要沿全梁直通；钢筋⑤ （2Φ18）按斜截面抗弯承载力的构造要求切断。

在支座 B 右侧，钢筋③ （2Φ20）距支座边缘 250mm 处弯下，与支座 B 左侧距离相同，故能够满足斜截面抗弯承载力的条件；根据规范规定，自由端处至少有不少于两根的上部钢筋伸至端处，并向下弯折不小于 $12d$，故钢筋④ （2Φ18）伸至自由端处并在梁的边缘向下弯折 250 mm。钢筋⑤ （2Φ18）不可切断而直通到悬臂端。

（3）纵向构造筋及拉筋的设置。因梁高 $h=750$mm，$h_w=690$mm>450mm，故应设置纵向构造筋及拉筋。每侧布置 2 根直径为 12mm 的纵向构造筋（钢筋⑦），其截面积为 226mm²$>0.1\% bh_w=0.1\% \times 250 \times 690=172$（mm²），满足要求；拉筋选用Φ8@600（钢筋⑧）。

（4）箍筋。钢筋⑥为箍筋，箍筋长度按内口边缘计算，两个弯钩的长度为 140mm。

图 4-21 是以教学目的而作的，以反映钢筋布置设计时常遇到的问题。在实际设计时，在满足各方面的要求下，为了便于施工可以有不同的配置钢筋的方案。

（5）施工图绘制。钢筋布置设计图作好后，就为施工图提供了依据。施工图中钢筋的某些区段的长度就可以在布置设计图中量得，但必须核算各根钢筋的梁轴投影总长及总高是否符合模板内侧尺寸，根据配筋图绘制钢筋表。

学 习 指 导

要重点掌握有腹筋梁斜截面受剪承载力计算的设计表达式，即 $KV \leqslant V_u = (V_{cs}+V_{sb})$ 或 $KV \leqslant V_u = V_{cs}$。这两个公式分别对应同时配置箍筋与弯起钢筋的有腹筋梁或仅配置箍筋的有腹筋梁。对于承受一般荷载的矩形、T 形和 I 形截面的受弯构件和承受以集中荷载为主的矩形截面独立梁斜截面受剪承载力 V_{cs}、V_{sb} 的计算公式是不同的。在计算时要根据具体情况选用合适的公式计算。为了防止斜压破坏，对混凝土的强度和构件的截面尺寸提出应满足的条件；为了防止斜拉破坏的发生，对腹筋间距、配箍率方面提出应满足的条件。

有腹筋梁斜截面受剪承载力计算的步骤是：①作梁的剪力图，确定出计算截面的剪力；②为了防止斜压破坏，进行截面尺寸验算；③确定是否配置腹筋；④如果要配置腹筋，则进行腹筋的计算。腹筋可以选择仅配置箍筋，也可以选择同时配置箍筋与弯起钢筋；⑤为了防止斜拉破坏，进行配箍率验算。

斜截面承载力包括斜截面受剪承载力和斜截面受弯承载力两方面。当纵筋被切断或弯起时，为了保证斜截面受弯承载力，要正确绘制出正截面抵抗弯矩图。首先要根据钢筋的布置把弯矩图按面积的比例进行分区段，先切断或弯起的钢筋排在外侧，不弯起和切断的钢筋排在内侧；其次确定各钢筋的理论切断点和充分利用点；再者根据构造要求确定钢筋的实际切断点和弯起点，最后根据钢筋的布置图绘制出正截面抵抗弯矩图。

要了解钢筋骨架的构造，在钢筋布置时要满足构造要求。最后，对构件的钢筋配置要很熟悉的情况下，才能绘制出配筋图、钢筋表。不同直径、形状的钢筋要分别给予编号，根据各自钢筋的形状、直径算出每根钢筋的长度和质量，特别要注意弯钩、弯起段以及箍筋长度的计算。

为了加深对本章内容的理解，做些习题是必不可少的。选择习题要有代表性、实用性和多样性，这样才能更全面地掌握本章的内容。

思　考　题

4-1　有腹筋梁的斜截面破坏形态主要有哪三种？其破坏特征各是什么？

4-2　影响斜截面抗剪承载力的主要因素有哪些？

4-3　有腹筋梁斜截面受剪承载计算公式是由哪种破坏形态建立起来的？该公式的适用条件是什么？

4-4　在梁的斜截面承载力计算中，若计算结果不需要配置腹筋，那么该梁是否仍需配置箍筋和弯起钢筋？若需要，应如何确定？

4-5　在斜截面受剪承载力计算时，为什么要验算截面尺寸和最小配箍率？

4-6　什么是抵抗弯矩图（M_R 图）？当纵向受拉钢筋切断或弯起时，M_R 图上有什么变化？

4-7　在绘制 M_R 图时，如何确定每一根钢筋所抵抗的弯矩？其理论切断点或充分利用点又是如何确定的？

4-8　梁中纵向钢筋的弯起与切断应满足哪些要求？

4-9　斜截面受剪承载力的计算位置如何确定？在计算弯起钢筋时，剪力值如何确定？

4-10　箍筋的最小直径和箍筋的最大间距分别与什么有关？

4-11　当受力钢筋伸入支座的锚固长度不满足要求时，可采用哪些措施？

4-12　架立钢筋的直径大小与什么有关？当梁高超过多少时需设置腰筋和拉筋？

习　题

4-1　某钢筋混凝土简支梁，属于 3 级建筑物，截面尺寸 $b \times h = 250mm \times 550mm$，梁的净跨 $l_n = 6m$，承受均布荷载设计值（包括自重）$g + q = 36kN/m$；采用 C20 混凝土，

HPB235 箍筋，取 $a_s=40\text{mm}$。试计算箍筋数量。

4-2　某钢筋混凝土简支梁，属于 2 级建筑物，其截面尺寸 $b\times h=250\text{mm}\times550\text{mm}$，净跨度 $l_n=6\text{m}$，梁在支座上的支承长度为 240mm，梁上承受均布荷载：永久荷载标准值 $g_k=15.5\text{kN/m}$（不包括自重），人群荷载标准值 $q_k=18\text{kN/m}$，如混凝土强度等级采用 C25，纵向钢筋选用 HRB335 级，箍筋选用 HPB235 级。试设计该梁。

4-3　矩形截面简支梁，属于 3 级建筑物，截面尺寸 $b\times h=200\text{mm}\times500\text{mm}$，$l_n=6\text{m}$，在集中荷载作用下，梁承受的最大剪力设计值 $V=108\text{kN}$，采用 C20 混凝土，HRB335 箍筋。试计算箍筋数量。（$a_s=35\text{mm}$）

4-4　已知矩形截面梁，属于 3 级建筑物，$b\times h=200\text{mm}\times550\text{mm}$，承受均布荷载作用，配有双肢Φ6@200 箍筋。混凝土采用 C20，箍筋采用 HPB235 级。若支座边缘截面剪力设计值 $V=112\text{kN}$，试按斜截面承载力复核该梁是否安全？（$a_s=40\text{mm}$）

4-5　某支承在砖墙上的钢筋混凝土矩形截面外伸梁，属于 3 级建筑物，截面尺寸 $b\times h=250\text{mm}\times700\text{mm}$，其跨度 $l_1=7.0\text{m}$，外伸臂长度 $l_2=1.86\text{m}$，如图 4-22 所示。该梁处于一类环境条件。荷载设计值：$g_1+q_1=46\text{kN/m}$，$g_2+q_2=122\text{kN/m}$（均包括自重）。采用 C20 混凝土，纵向受力钢筋采用 HRB335 级钢筋，箍筋和构造钢筋采用 HPB235 级。试设计此梁。

设计内容：

（1）梁的内力计算，并绘出弯矩图和剪力图。

（2）截面尺寸复核。

（3）根据正截面承载力要求，确定纵向钢筋的用量。

（4）根据斜截面承载力要求，确定腹筋的用量。

（5）绘制梁的抵抗弯矩图（M_R 图）。

（6）绘制梁的施工图。

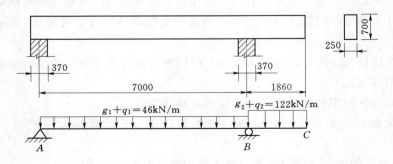

图 4-22　习题 4-5 图（单位：mm）

第5章　钢筋混凝土受压构件承载力计算

教学要求：本章重点掌握受压构件的构造要求，轴心受压构件承载力的计算公式，偏心受压构件承载力的计算公式及适用条件，掌握配置对称钢筋的偏心受压构件承载力的计算，掌握大小偏心受压构件承载力的判别，理解轴心受压构件的稳定系数 φ，偏心受压构件的纵向弯曲问题及纵向弯曲系数 η，理解轴心受压构件、偏心受压构件的承载力复核，了解偏心受压构件斜截面受剪承载力计算。

5.1　受压构件的构造要求

5.1.1　受压构件概述

钢筋混凝土受压构件是水工结构中常见的结构形式之一，受压构件以承受压力 N 为主，根据压力 N 的作用位置，受压构件可分为两种：轴向力作用线通过构件轴线时，称为轴心受压构件；轴向力作用线不通过构件轴线时，称为偏心受压构件。若构件截面上同时作用有轴向力 N 及弯矩 M，此时的轴向力 N 及弯矩 M 可以换算成偏心距为 $e_0 = M/N$ 的偏心压力 N，所以，同时作用有轴向力 N 及弯矩 M 的构件也是偏心受压构件。渡槽的支承刚架，闸门起闭机的工作桥框架柱、闸墩、桥墩等构件是典型的偏心受压构件。

如图 5-1 所示，为水电站厂房中支承吊车梁的偏心受压柱，它承受了多个水平力，垂直力的作用，构件截面所受到的压力不通过截面形心，截面所受的力为轴向力 N、弯矩 M 及剪力 V 的共同作用。

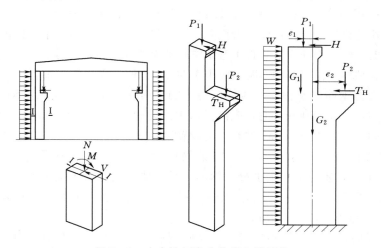

图 5-1　水电站厂房中的偏心受压柱

严格地说，在实际结构中，真正的轴心受压构件是不存在的，因为构件混凝土浇筑不均匀，配筋位置偏差，施工安装误差，或多或少都会使轴向力产生初始偏心。

我国规范目前仍然对轴心受压构件、偏心受压构件分别进行计算，认为当构件偏心距很小，弯矩可以忽略不计时，构件近似按轴心受压构件计算。

5.1.2　受压构件的构造要求

1. 混凝土

受压构件的承载力主要受混凝土强度的控制，混凝土强度越高，受压构件承载力越大，受压构件采用较高的混凝土强度等级，充分利用混凝土的抗压能力，减小构件截面尺寸，取得较好的经济效果。一般排架立柱、拱圈等受压构件混凝土强度等级可以采用 C20，C25 或更高，对于压应力较小的大块体混凝土结构（例如闸墩、挡土墙），也可采用 C15 的混凝土。

2. 截面型式及尺寸

受压构件截面一般多采用方形或矩形截面，因其构造简单，施工方便。特殊情况下，可采用圆形或多边形截面，一般轴心受压柱可选用方形、圆形截面，偏心受压构件采用矩形截面，矩形截面长边与短边的比值一般为 1.5～2.5，受压构件截面尺寸应根据内力大小、构件长度及构造要求来确定，为避免构件由于长细比过大，承载力降低过多，柱的截面尺寸不宜过小，对于多层厂房，宜取 $h \geqslant l_0/25$ 和 $b \geqslant l_0/30$（b 为矩形截面短边，h 为长边）。对现浇钢筋混凝土柱的截面尺寸不宜小于 $300\text{mm} \times 300\text{mm}$。此外，为施工立模方便，柱截面尺寸一般采用整数。在 800mm 以上者宜采用 100mm 为模数，在 800mm 以下者宜采用 50mm 为模数。

3. 纵向钢筋

在受压构件中，钢筋强度的发挥受与之一起受压的混凝土极限压应变的限制，受压构件中不宜采用高强度钢筋，因为构件破坏时钢筋应力最多只能达到 $400\text{N}/\text{mm}^2$，受压构件内纵向钢筋一般采用 HRB335、HRB400 级钢筋。受压钢筋也不应采用冷拉钢筋，因为钢筋经过冷拉后其抗压强度并不提高。

柱内纵向受压钢筋的直径不宜小于 12mm，通常选用的钢筋直径范围为 12～32mm。承受轴向压力为主的受压构件，钢筋可沿截面周边均匀布置，每边不少于 2 根钢筋，当截面承受较大的弯矩时，纵向钢筋应沿垂直于弯矩作用平面的两边布置。为了保证柱现浇时浇筑方便和振捣密实，柱内纵向钢筋的净距不应小于 50mm。偏心受压柱中垂直于弯矩作用平面的侧面上的纵向受力钢筋以及轴心受压柱中各边的纵向受力钢筋，其间距不应大于 300mm。偏心受压柱长边尺寸 $h \geqslant 600\text{mm}$ 时，应沿长边中间设置直径为 10～16mm 的纵向构造钢筋，纵向构造钢筋间距不大于 400mm，并相应地设置复合箍筋拉筋。

顶部承受竖向荷载的承重墙，竖向钢筋的直径不应小于 8mm，其间距不应大于 400mm，在水平方向还应配置水平分布钢筋，承重墙若按计算不需要配置纵向受力钢筋，在墙体两端应设置不小于 2 根直径为 12mm 的竖向构造钢筋。承重墙的厚度不应小于无支承高度的 25%，且不宜小于 150mm。

受压构件纵向钢筋的数量不能太少。纵向钢筋太少，构件呈脆性破坏，不利于抗震。我国混凝土设计规范规定了最小配筋率（见附表 4-3），以防止纵向钢筋太少，当构件截面尺寸由承载力条件确定时，受压构件纵向钢筋配筋率不小于最小配筋率。

柱中全部纵向钢筋的配筋率不宜超过 5%，否则纵向钢筋过多，既不经济，施工也不方便。柱子中全部纵向钢筋经济合理的配筋率为 0.80%~2.0%。

4. 箍筋

柱子中还应配置箍筋,箍筋能防止纵向钢筋受压时向外弯凸,固定纵向钢筋,防止柱子受压时混凝土保护层过早胀裂剥落,箍筋还能抵抗剪力及增加柱子延性,柱子延性的好坏主要取决于箍筋的数量和形式。箍筋数量越多,对柱子的侧向约束程度越大,柱子的延性就越好。特别是螺旋箍筋,增加延性的效果更好。

柱子中的箍筋应满足柱子抵抗水平力及构造要求,箍筋与纵筋绑扎或焊接成一整体骨架,柱子中的箍筋都应做成封闭式,也可采用螺旋形或焊环式箍筋。

箍筋直径不应小于 0.25 倍纵向钢筋的最大直径,亦不小于 6mm。

柱子中箍筋间距不应大于 400mm,亦不应大于柱截面的短边尺寸,在绑扎骨架中不应大于 15d,在焊接骨架中不应大于 20d(d 为纵向钢筋的最小直径)。

柱中在绑扎搭接纵向钢筋的接头长度范围内箍筋应加密。当搭接纵向钢筋受压时,箍筋间距不应大于 10d(d 为搭接钢筋中的最小直径),且不大于 200mm。当绑扎搭接纵向钢筋受拉时,箍筋间距不应大于 5d,且不大于 100mm。

当柱中全部纵向受力钢筋的配筋率超过 3% 时,则箍筋直径不宜小于 8mm,且应焊成封闭环式,间距不应大于 10d(d 为纵向钢筋的最小直径),且不应大于 200mm。

当柱子截面短边尺寸大于 400mm 且纵向钢筋多于 3 根时,或当柱子截面短边尺寸不大于 400mm 但各边纵向钢筋多于 4 根时,应设置复合箍筋,如图 5-2 所示。其布置原则是希望纵筋每隔一根就置于箍筋的转角处,使该纵向钢筋能在两个方向受到固定。当偏心

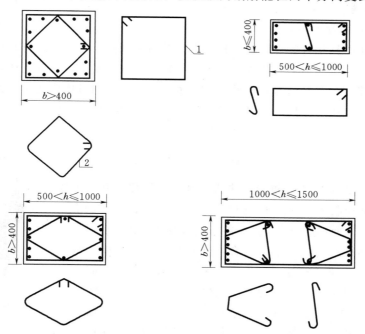

图 5-2 受压柱的箍筋(单位:mm)

1—基本箍筋;2—复合箍筋

受压柱截面长边设置纵向构造钢筋时，也要相应地设置复合箍筋拉筋。

当柱内按构造配置纵向钢筋，未充分利用纵筋强度时，可适当放宽箍筋的配置要求。

不允许采用内折角的箍筋，因内折角箍筋受力后有拉直的趋势，易使内折角处混凝土崩裂，如图5-3（b）所示。当柱截面有内折角时，应采用图5-3（a）所示的双套箍筋形式。

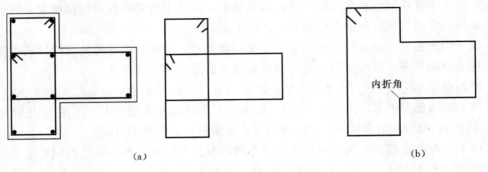

（a）　　　　　　　　　　　　　　　　　　　　（b）

图5-3　截面有内折角时箍筋的布置

在墩墙式受压构件（如闸墩）中，可用水平钢筋代替箍筋，但应设置联系拉筋拉住墩墙两侧的钢筋。

5.2　轴心受压构件正截面承载力计算

5.2.1　试验结果

1.轴心受压短柱的破坏特征

钢筋混凝土受压构件的计算理论建立在试验研究基础上，采用配有对称纵向钢筋和箍筋的短柱为试件。试验表明，从加载到破坏，短柱全截面受压，其压应变是均匀的，由于钢筋与混凝土之间存在黏结力，钢筋与混凝土共同变形，两者压应变始终保持一样。

在荷载 N 较小时，钢筋与混凝土处于弹性阶段，两种材料应力的比值基本上符合它们的弹性模量之比，即

$$\frac{\sigma_s}{E_s} = \frac{\sigma_c}{E_c}$$

当荷载 N 逐步加大时，混凝土进入塑性变形阶段，其变形模量降低，钢筋在屈服之前一直处于弹性阶段。因此，混凝土的应力增加得越来越慢。而钢筋应力增加始终与其应变成正比。此时，钢筋和混凝土两者的应力之比不再符合弹性模量之比。如果荷载长期持续作用，混凝土还有徐变发生，此时钢筋和混凝土之间会引起应力重分配，使混凝土的应力有所减少，而钢筋的应力增大。

当纵向荷载增大到接近柱子的破坏荷载时，柱子由于横向变形达到极限而出现纵向裂缝，混凝土保护层开始剥落，箍筋间的纵向钢筋发生压屈外鼓，荷载稍许增大，整个柱子混凝土被压碎破坏，如图5-4所示。破坏时，混凝土的应力达到混凝土轴心抗

图5-4　轴心受压短柱的破坏

压强度 f_c，钢筋应力达到受压时的屈服强度 f_y'。

根据以上试验分析，配置普通箍筋的钢筋混凝土短柱轴心受压正截面承载力由纵向钢筋及混凝土两部分受压承载力组成，即

$$N_u = f_y' A_s' + f_c A_c \tag{5-1}$$

式中　N_u——截面破坏时的极限轴向压力；

　　　A_c——混凝土截面面积；

　　　A_s'——全部纵向受压钢筋截面面积。

2. 轴心受压长柱的破坏特征

钢筋混凝土柱由于各种因素造成初始偏心，不可能为理想的轴心受压构件，由初始偏

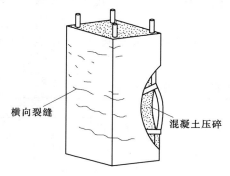

横向裂缝

混凝土压碎

图 5-5　轴心受压长柱的破坏

心所产生的附加弯矩对于短柱来说较小，可以忽略不计。而附加弯矩对长柱来说较大，不可以忽略不计，附加弯矩使构件产生横向挠度，横向挠度又加大了初始偏心，增加附加弯矩，这样相互影响的结果，使长柱在弯矩及轴力共同作用下发生破坏，如图 5-5 所示。

根据试验，长柱侧向挠度开始时与荷载成正比，当荷载达到极限荷载的 $60\%\sim70\%$ 时，侧向挠度迅速增加，构件破坏时受压一侧产生纵向裂缝，箍筋之间的纵向钢筋向外凸出，沿构件高度中部混

凝土被压碎，另一侧混凝土被拉裂，沿构件高度中部产生水平裂缝，如图 5-5 所示。

试验表明，长柱的破坏荷载小于截面尺寸、混凝土强度等级及配筋相同的短柱的破坏荷载。因此，在工程中，必须考虑由于纵向弯曲对长柱承载力降低的影响。通常用稳定系数 φ 来表示长柱承载力与短柱承载力的比值，φ 也表示长柱承载力较短柱降低的程度。即 $\varphi = \dfrac{N_{u长}}{N_{u短}}$，显然 φ 是一个小于 1 的数值，φ 随柱子长细比增大而降低，φ 值与柱子长细比 l_0/b，或 l_0/i 的关系见表 5-1，当 $l_0/b \leqslant 8$ 或 $l_0/i \leqslant 28$ 时为短柱，$\varphi \approx 1$，可不考虑纵向弯曲问题。当 $l_0/b > 8$ 或 $l_0/i > 28$ 时为长柱，φ 值随 $l_0/b(l_0/i)$ 的增大而减小。

表 5-1　　　　　　　钢筋混凝土轴心受压构件稳定系数 φ

l_0/b	≤8	10	12	14	16	18	20	22	24	26	28
l_0/i	≤28	35	42	48	55	62	69	76	83	90	97
φ	1.00	0.98	0.95	0.92	0.87	0.81	0.75	0.70	0.65	0.60	0.56
l_0/b	30	32	34	36	38	40	42	44	46	48	50
l_0/i	104	111	118	125	132	139	146	153	160	167	174
φ	0.52	0.48	0.44	0.40	0.36	0.32	0.29	0.26	0.23	0.21	0.19

注　b 为矩形截面柱短边尺寸；l_0 为柱子的计算长度；i 为截面最小回转半径。

受压构件的计算长度 l_0 与构件两端的支承情况有关，当受压柱的两端有明确的约束条件时，计算长度 l_0 可按表 5-2 取用。

表 5-2　　受压构件的计算长度 l_0

杆件	两端约束情况	l_0	杆件	两端约束情况	l_0
直杆	两端固定	$0.5l$	拱	三铰拱	$0.58S$
	一端固定，一端为不移动的铰	$0.7l$		两铰拱	$0.54S$
	两端为不移动的铰	l		无铰拱	$0.36S$
	一端固定，一端自由	$2l$			

注　l 为构件支点间长度；S 为拱轴线长度。

　　实际工程中，构件两端的约束情况比理想的固定端或理想铰接复杂得多，因此，对具体情况应进行具体分析。规范对单层厂房及多层房屋柱的计算长度 l_0 作了以下规定。

　　(1) 刚性屋盖单层厂房排架柱、露天吊车柱和栈桥柱，其计算长度 l_0 可按表 5-3 取用。

　　(2) 一般有侧移的框架结构，梁柱为刚接时，各层柱的计算长度 l_0 可按表 5-4 取用。

表 5-3　　刚性屋盖单层厂房排架柱、露天吊车柱和栈桥柱的计算长度

柱的类别		l_0		
		排架方向	垂直排架方向	
			有柱间支撑	无柱间支撑
无吊车厂房柱	单跨	$1.5H$	$1.0H$	$1.2H$
	两跨及多跨	$1.25H$	$1.0H$	$1.2H$
有吊车厂房柱	上柱	$2.0H_u$	$1.25H_u$	$1.5H_u$
	下柱	$1.0H_l$	$0.8H_l$	$1.0H_l$
露天吊车和栈桥柱		$2.0H_l$	$1.0H_l$	—

注　1. H 为从基础顶面算起的柱子全高；H_l 为从基础顶面至装配式吊车梁底面或现浇式吊车梁顶面的柱子下部高度；H_u 为从装配式吊车梁底面或从现浇式吊车梁顶面算起的柱子上部高度。
　　　2. 有吊车厂房排架柱的计算长度，当计算中不考虑吊车荷载时，可按无吊车厂房柱的计算长度采用，但上柱的计算长度仍可按有吊车厂房柱的采用。
　　　3. 有吊车厂房排架柱的上柱在排架方向的计算长度，仅适用于 $H_u/H_l \geqslant 0.3$ 的情况；当 $H_u/H_l < 0.3$ 时，计算长度宜采用为 $2.5H_u$。

表 5-4　　框架结构各层柱的计算长度

楼盖类型	柱的类别	l_0	楼盖类型	柱的类别	l_0
现浇楼盖	底层柱	$1.0H$	装配式楼盖	底层柱	$1.25H$
	其余各层柱	$1.25H$		其余各层柱	$1.5H$

注　H 为对底层柱为从基础顶面到一层楼盖顶面的高度；对其余各层柱为上下两层楼盖顶面之间的高度。

5.2.2　普通箍筋柱的承载力计算

　　1. 基本公式

　　根据以上对轴心受压柱受力性能分析，配置普通箍筋轴心受压柱的计算简图如图 5-6 所示，正截面承载力计算公式为

$$KN \leqslant N_u = \varphi(f_c A + f'_y A'_s) \qquad (5-2)$$

式中 K——钢筋混凝土结构的承载力安全系数；

      N——轴向力设计值；

      φ——钢筋混凝土轴心受压构件的稳定系数，取值见表5-1；

      f_c——混凝土的轴心抗压强度设计值；

      f_y'——纵向钢筋的抗压强度设计值；

      A——构件截面面积，当纵向钢筋配筋率$\rho'>3\%$时，需扣去纵向钢筋截面面积，用A_c代替A，即$A_c=A-A_s'$，$\rho'=A_s'/A_c$；

      A_s'——全部受压纵向钢筋的截面面积。

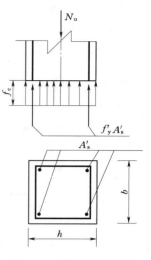

图5-6 轴心受压柱的计算简图

必须指出，当柱子特别细长时，其破坏是由于纵向弯曲丧失稳定所造成的，式（5-2）不再适用。

柱子越细长，受压后发生纵向弯曲越大，构件承载力降低越多，材料强度越不能充分利用。因此，采用过分细长的柱子是不合理的，对一般建筑物中的柱，常限制长细比$l_0/b\leqslant30$及$l_0/h\leqslant25$（b为矩形截面柱的短边尺寸，h为柱长边尺寸）。

2. 截面设计

截面设计是已知轴向压力、混凝土及钢筋强度等级，求受压钢筋截面面积，设计步骤如下：

（1）根据构造要求或参照同类结构确定柱的截面尺寸。

（2）根据l_0/b或l_0/i由表5-1查出φ值。

（3）由式（5-2）求得钢筋截面面积为

$$A_s'=\frac{KN-\varphi f_c A}{\varphi f_y'}\qquad(5-3)$$

（4）验算配筋率，$\rho'=A_s'/A_c$，柱子的经济配筋率在$0.8\%\sim2.0\%$之间。如果ρ'过大或过小，说明截面尺寸选择不当，可另行选定截面尺寸，重新进行配筋计算。

3. 承载力复核

承载力复核是已知柱子截面尺寸、受压钢筋截面面积、材料强度，验算截面能承担多大的轴向压力，验算步骤如下：

（1）根据l_0/b查表5-1得φ值。

（2）按式（5-2）计算所能承受的轴向压力N。

$$N=\frac{1}{K}\varphi(f_c A+f_y' A_s')$$

【例5-1】 一现浇钢筋混凝土轴心受压柱，属于2级建筑，柱两端均为不移动的铰，柱的高度为7.2m，承受轴心压力设计值$N=1840$kN，采用C25混凝土、HRB335级钢筋。试进行该柱的截面设计（结构系数$K=1.2$）。

解 （1）基本资料。$f_c=11.9$N/mm²，$f_y'=300$N/mm²，$K=1.2$。

（2）拟定截面尺寸。截面尺寸的选择既可以根据工程经验或参考类似结构，也可用以

下选择合适配筋率的方法决定，即

暂取 $\rho=1\%$，暂令 $\varphi=1$。据式（5-2）得出构件的近似截面面积：

$$A=\frac{KN}{\varphi(f_c+\rho'f'_y)}=\frac{1.2\times1840\times10^3}{11.9+0.01\times300}=148188\ (\text{mm}^2)$$

设柱截面尺寸为正方形，初步得出 $b=\sqrt{A}=\sqrt{148188}=385$（mm），取边长 $b=400\text{mm}$。

（3）确定稳定系数 φ。两端均为不移动的铰，由表 5-2 得 $l_0=1.0l=1.0\times7200=7200$（mm），则 $l_0/b=7200/400=18.0$，查表 5-1 得 $\varphi=0.81$。

（4）计算 A'_s。

$$A'_s=\frac{KN-\varphi f_cA}{\varphi f'_y}=\frac{1.2\times1840\times10^3-0.81\times11.9\times400^2}{0.81\times300}=2739\ (\text{mm}^2)$$

（5）验算配筋率。

$$\rho=A'_s/A=2739/400^2=1.71\%>\rho_{\min}=0.60\%$$

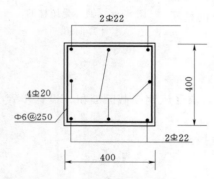

图 5-7　截面配筋（单位：mm）

柱子的配筋率在 0.8%～2.0% 之间。

（6）选配钢筋，画配筋图。

纵筋选用 $4\ \Phi\ 22+4\ \Phi\ 20$（$A'_s=2776\text{mm}^2$）；箍筋选用 $\Phi6@250$。截面配筋如图 5-7 所示。

【例 5-2】　某方形截面钢筋混凝土轴心受压柱，属于 3 级建筑，柱的计算长 $l_0=6.0\text{m}$，$b=350\text{mm}$，采用 C20 混凝土（$f_c=9.6\text{N/mm}^2$）、HRB335 级钢筋（$f_y=f'_y=300\text{N/mm}^2$），布置了 $4\ \Phi\ 22$ 的纵向钢筋，$A'_s=1520\text{mm}^2$，试求该方形柱截面所能承受的最大轴向压力设计值。

解　（1）确定稳定系数 φ。$l_0=6.0\text{m}=6000\text{mm}$，则 $\dfrac{l_0}{b}=\dfrac{6000}{350}=17.1$，查表 5-1 得 $\varphi=0.837$。

（2）求最大轴向压力设计值 N。

$$N=\frac{1}{K}\varphi(f_cA+f'_yA'_s)$$
$$=\frac{1}{1.2}\times0.837\times(9.6\times350^2+300\times1520)=1138.3\times10^3(\text{N})=1138.3\ (\text{kN})$$

5.3　偏心受压构件正截面承载力计算

5.3.1　试验结果

试验研究表明，钢筋混凝土偏心受压短柱的破坏可归纳为两种情况。

1. 受拉破坏

如图 5-8 所示，对于受拉区的受拉钢筋数量配置适当的偏心受压构件，当轴向力的偏心距较大时，截面靠近轴向力一侧受压、另一侧受拉。在偏心压力作用下，首先在受拉

区出现横向裂缝，随着荷载增加，裂缝不断
开展，向受压区延伸，中和轴不断向受压区
移动，受拉钢筋应力首先达到受拉屈服强度
f_y。此时受拉应变的发展大于受压应变，裂
缝继续向受压区延伸，混凝土受压区很快缩
小，压区混凝土应变迅速增加，当混凝土压
应变达到极限压应变时，构件即被压碎而破
坏。此时受压钢筋应力一般也达到其受压屈
服强度。混凝土压碎区外形大体呈三角形，
压碎区较短。受拉破坏特征是受拉区钢筋应
力先达到受拉屈服强度，然后压区混凝土被
压碎，受压钢筋一般也被压屈，与配筋量适
中的双筋受弯构件的破坏类似。这一类破坏
也称为"大偏心受压破坏"。

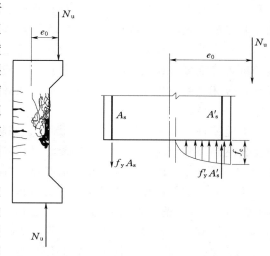

图 5-8　偏心受压短柱的受拉破坏

2. 受压破坏

如图 5-9 所示，下列三种情况可发生受压破坏。

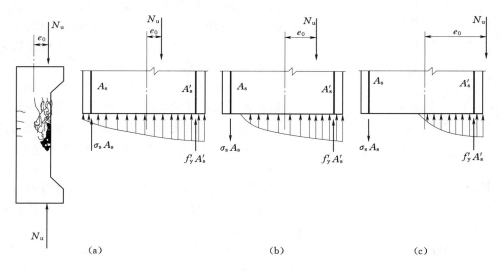

（a）　　　　　　　　（b）　　　　　　　　（c）

图 5-9　偏心受压短柱的受压破坏

（1）当压力偏心距很小时，全截面受压，但压应力分布不均匀，如图 5-9（a）所
示。一般是靠近轴向力一侧的压应力较大，构件破坏时，靠近轴向力一侧的混凝土先发生
纵向裂缝，然后被压碎，受压钢筋应力也达到受压屈服强度。而远离轴向力一侧的混凝土
和钢筋应力均未能达到受压屈服强度。

（2）当压力偏心距稍大时，截面出现小部分受拉区，如图 5-9（b）所示，由于拉应
力很小，中和轴靠近受拉钢筋，受拉区拉应变较小，受压区压应变较大，破坏先发生在受
压一侧。破坏时受压一侧发生纵向裂缝，混凝土的应变达到极限压应变，受压钢筋应力也

达到受压屈服强度，受拉区一侧可能出现一些裂缝，也可能没有裂缝，受拉钢筋应力达不到屈服强度。破坏时压碎区段较长，无明显预兆，混凝土强度等级越高，破坏越突然。

（3）当偏心距较大时，本应发生第一类受拉破坏，如图 5-9（c）所示，但如果受拉钢筋配置特别多，那么受拉一侧钢筋应力、应变都较小，破坏时受拉钢筋应力达不到屈服强度，破坏是由于受压区混凝土被压碎而破坏。这种破坏为脆性破坏，且不经济，在设计中应予以避免。

上述三种破坏情况称为"受压破坏"，破坏共有特征是靠近轴向力一侧的受压混凝土应变先达到极限压应变，受压区混凝土被压碎。由于正常的受压破坏发生于轴向压力偏心距较小的场合，因此也称为"小偏心受压破坏"。

当轴向力的偏心距极小且距轴向力较远一侧的钢筋 A_s 配置过少时，截面的换算重心（物理中心）可能偏到轴向力的一侧。此时，离轴向力较远的一侧压应力较大，靠近轴向力一侧的压应力反而较小。破坏也就可能发生在距轴向力较远一侧。

试验表明，偏心受压构件的箍筋用量越多时，其延性也越好，但箍筋阻止混凝土横向变形的作用效果不如在轴心受压中那样有效。

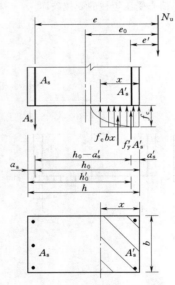

图 5-10　偏心受压构件的计算简图

5.3.2　矩形截面偏心受压构件的计算

1. 计算简图及基本假定

与钢筋混凝土双筋受弯构件相似，偏心受压构件的正截面承载力计算简图如图 5-10 所示，采用下列基本假定：

（1）截面应变分布满足平截面假定（即构件的正截面受力变形后仍保持平面）；

（2）不考虑截面受拉区混凝土的受拉作用；

（3）截面受压区非均匀的压应力图形简化为等效的矩形应力图形，矩形高度等于按截面假定所确定的受压区高度乘以系数 0.8，矩形应力图形的应力值为 f_c。

2. 基本计算公式

根据如图 5-10 所示的计算简图，由截面内力和力矩的平衡条件，分别可得矩形截面偏心受压构件正截面承载力计算的基本公式：

$$KN \leqslant f_c bx + f_y' A_s' - \sigma_s A_s \tag{5-4}$$

$$KNe \leqslant f_c bx\left(h_0 - \frac{x}{2}\right) + f_y' A_s'(h_0 - a_s') \tag{5-5}$$

$$e = e_0 + h/2 - a_s \tag{5-6}$$

式中　N——轴向压力设计值；

　　σ_s——远离压力一侧钢筋的应力，可为拉应力或压应力；

　　e——轴向力作用点至远离压力一侧钢筋 A_s 的距离；

　　e_0——轴向力对截面重心的偏心距，$e_0 = M/N$；

　　K——钢筋混凝土结构的承载力安全系数；

　　x——截面受压区计算高度，在计算中当 $x>h$ 时，应取 $x=h$。

3. 偏心受压构件考虑纵向弯曲的影响

如图 5-11 所示，偏心受压构件将产生纵向弯曲（即产生附加挠度 f），偏心距由 e_0 增大为 e_0+f，由于偏心距的增大，使得作用在构件截面上的附加弯矩也随着增大，附加弯矩增大又使纵向弯曲增加，这样相互影响的结果使构件承载力降低。构件长细比越大，纵向弯曲也越大，承载力降低也就越多。对于偏心受压短柱（$l_0/h \leqslant 8$），由于纵向弯曲很小，偏心距增大的影响可忽略不计；而对于偏心受压长柱，由于纵向弯曲较大（附加挠度 f 较大），偏心距增大的影响不可忽略不计，长柱考虑纵向弯曲后，使得原来是大偏心受压的，破坏时偏心距更大；原来是小偏心受压的，破坏时可能转化为大偏心受压。

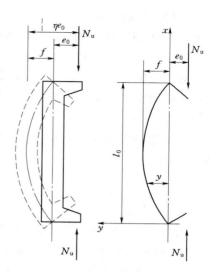

图 5-11 偏心受压构件的纵向弯曲

在计算钢筋混凝土偏心受压构件时，采用 e_0 乘一个大于 1 的偏心距增大系数 η 来考虑长柱纵向弯曲对承载力降低的影响，即

$$e_0 + f = \left(1 + \frac{f}{e_0}\right) e_0 = \eta e_0 \qquad (5-7)$$

$$\eta = 1 + \frac{f}{e_0} \qquad (5-8)$$

η 值的计算如下：

$$\eta = 1 + \frac{1}{1400 \frac{e_0}{h_0}} \left(\frac{l_0}{h}\right)^2 \zeta_1 \zeta_2 \qquad (5-9)$$

$$\zeta_1 = \frac{0.5 f_c A}{KN} \qquad (5-10)$$

$$\zeta_2 = 1.15 - 0.01 \frac{l_0}{h} \qquad (5-11)$$

式中　e_0——轴向力对截面重心的偏心距，式（5-9）中，当 $e_0 < h_0/30$ 时，取 $e_0 = h_0/30$；

l_0——构件的计算长度，按表 5-2～表 5-4 计算；

h——截面高度，对环形截面取外直径，对圆形截面取直径；

A——构件的截面面积；

h_0——截面的有效高度；

ζ_1——考虑截面应变对截面曲率的影响系数，当 $\zeta_1 > 1$ 时，取 $\zeta_1 = 1$；

ζ_2——考虑构件长细比对截面曲率的影响系数，当 $l_0/h \leqslant 15$ 时，取 $\zeta_2 = 1$。

在偏心受压构件的基本计算公式中，考虑纵向弯曲后，公式中的 e_0 改为 ηe_0。原先为小偏心受压的构件，若考虑纵向弯曲引起的偏心距增长后，进入了大偏心受压范围，则应按大偏心受压计算。考虑 η 值后计算得出的偏心受压构件的承载力不应大于按轴心受压计算得出的承载力，否则应按轴心受压承载力计算。

当构件长细比 $l_0/h \leqslant 8$ 时，属于短柱范畴，可不考虑纵向弯曲的影响，取 $\eta = 1$；对于 $l_0/h > 30$ 的长柱，因构件失稳问题，η 计算公式（5-9）不再适用，应专门研究纵向弯曲问题。

4. 大小偏心受压破坏的界限

对于大偏心受压破坏和小偏心受压破坏，理论上存在一种界限破坏状态；在界限破坏时，受拉钢筋达到屈服，钢筋应变为 $\varepsilon_y = f_y/E_s$；受压区混凝土被压碎，其边缘极限压应变为 ε_{cu}。

与受弯构件类似，利用平截面假定可以推导出偏心受压构件界限破坏时的相对受压区高度 ξ_b 为

$$\xi_b = \frac{0.8}{1 + \dfrac{f_y}{0.0033E_s}} \tag{5-12}$$

当偏心受压构件相对受压区高度 $\xi \leqslant \xi_b$ 时，受拉钢筋达到屈服，为大偏心受压情况，当 $\xi > \xi_b$ 时，受拉钢筋未达到屈服，为小偏心受压情况。

5. 矩形截面大偏心受压构件的截面设计

偏心受压构件的截面设计是在已知作用于构件上的压力 N 及弯矩 M 的情况下，拟定构件的截面尺寸，选用材料，求钢筋截面面积 A_s 及 A_s'，再判别计算结果的合理性。

在计算过程中，首先应判别构件是属于大偏心受压还是属于小偏心受压，以便采用不同的方法进行配筋计算。在进行设计之前，由于构件截面的混凝土相对受压区高度 ξ 未知，因此，无法利用 ξ 来判断截面的大小偏心受压。在实际设计时，常根据偏心距的大小来初判截面的大小偏心受压，根据设计经验和理论分析，如果截面每边配筋满足适筋条件，则

若压力偏心距 $\eta e_0 > 0.3h_0$ 时，为大偏心受压构件。

若压力偏心距 $\eta e_0 \leqslant 0.3h_0$ 时，为小偏心受压构件。

截面设计一般有以下两种情况。

（1）A_s 和 A_s' 未知。大偏心受压构件截面破坏时，受拉区的钢筋达到受拉屈服，钢筋应力 $\sigma_s = f_y$。即在偏心受压基本计算公式（5-4）、式（5-5）中，取 $\sigma_s = f_y$，式（5-4）、式（5-5）中共有 A_s、A_s' 及 x 三个未知数，由两个基本公式可得出无数组解答，需补充 $x = \xi_b h_0$ 这一条件，补充这一条件是充分利用受压区混凝土的抗压作用，使钢筋用量最少。将 $x = \xi_b h_0$ 代入式（5-5）得

$$KNe \leqslant f_c bh_0^2 \xi_b (1 - 0.5\xi_b) + f_y' A_s' (h_0 - a_s') \tag{5-13}$$

$$A_s' = \frac{KNe - f_c bh_0^2 \xi_b (1 - 0.5\xi_b)}{f_y'(h_0 - a_s')} \tag{5-14}$$

其中

$$e = \eta e_0 + \frac{h}{2} - a_s$$

将求得的 A_s'、$x = \xi_b h_0$ 代入式（5-4）可得

$$A_s = \frac{f_c bh_0 \xi_b + f_y' A_s' - KN}{f_y} \tag{5-15}$$

（2）A_s' 已知。若 A_s' 已知或按式（5-14）计算出的受压钢筋截面面积 A_s' 小于规范规定的最小配筋率（即 $A_s' < \rho_{min} bh_0$），则应取 $A_s' = \rho_{min} bh_0$。此时 A_s' 为已知，由两个基本公式

正好解出 x 及 A_s 两个未知数，即

$$x=h_0-\sqrt{h_0^2-\frac{2[KNe-f_y'A_s'(h_0-a_s')]}{f_cb}} \tag{5-16}$$

若满足 $2a_s'\leqslant x\leqslant\xi_bh_0$，则

$$A_s=\frac{f_cbx+f_y'A_s'-KN}{f_y} \tag{5-17}$$

若满足 $x\leqslant2a_s'$，说明受压钢筋的应力 σ_s 达不到 f_y'。基本公式不再适用，此时对受压钢筋中心取矩，列力矩平衡条件（设混凝土压应力合力点与受压钢筋压力作用点重合）得

$$KNe'\leqslant f_yA_s(h_0-a_s') \tag{5-18}$$

变换得

$$A_s=\frac{KNe'}{f_y(h_0-a_s')} \tag{5-19}$$

其中

$$e'=\eta e_0-\frac{h}{2}+a_s' \tag{5-20}$$

式中　e'——轴向力作用点至受压钢筋中心的距离。

若满足 $x>\xi_bh_0$，说明已配置的受压钢筋 A_s' 数量不足，则按 A_s' 未知情况重新计算 A_s' 和 A_s，即按式（5-14）和式（5-15）计算钢筋截面积。

【例 5-3】　一根钢筋混凝土柱，属于 3 级建筑，截面为矩形，$b=400\text{mm}$，$h=600\text{mm}$。控制截面为柱底，柱的计算长度 $l_0=7.2\text{m}$，作用的轴心压力设计值 $N=862\text{kN}$、弯矩设计值 $M=350\text{kN}\cdot\text{m}$，该柱采用 C25 混凝土、HRB335 级钢筋，$a_s=a_s'=40\text{mm}$。试求所需纵向钢筋面积 A_s 及 A_s'。

解　（1）基本资料。$f_c=11.9\text{N/mm}^2$，$f_y=f_y'=300\text{N/mm}^2$，$K=1.2$，$\xi_b=0.55$。

（2）计算初始偏心距 e_0。

$$e_0=\frac{M}{N}=\frac{350}{862}=0.406\text{（m）}=406\text{（mm）}>\frac{h_0}{30}=\frac{560}{30}=18.6\text{（mm）}$$

（3）计算偏心距增大系数 η。

$$l_0/h=7200/600=12>8$$

需要考虑纵向弯曲的影响，由于 $l_0/h=12<15$，故取 $\zeta_2=1$。

$$\zeta_1=\frac{0.5f_cA}{KN}=\frac{0.5\times11.9\times400\times600}{1.2\times862\times10^3}=1.38>1$$

故取 $\zeta_1=1.0$。

根据式（5-9）计算 η 得

$$\eta=1+\frac{1}{1400\frac{e_0}{h_0}}\left(\frac{l_0}{h}\right)^2\zeta_1\zeta_2=1+\frac{12^2\times1\times1}{1400\times\frac{406}{560}}=1.142$$

（4）判断大小偏心受压。

$$\eta e_0=1.142\times406=464\text{（mm）}>0.3h_0=0.3\times560=168\text{（mm）}$$

故按大偏心受压计算。

（5）求受压钢筋面积 A_s'。

$$e=\eta e_0+\frac{h}{2}-a_s=464+\frac{600}{2}-40=724\text{（mm）}$$

大偏心受压构件，A_s 和 A_s' 未知，须补充条件 $x=\xi_b h_0$，HRB335 级钢筋 $\xi_b=0.55$，由式（5-14）得

$$A_s' = \frac{KNe - f_c b h_0^2 \xi_b(1-0.5\xi_b)}{f_y'(h_0 - a_s')}$$

$$= \frac{1.2 \times 862 \times 10^3 \times 724 - 11.9 \times 400 \times 560^2 \times 0.55 \times (1-0.5 \times 0.55)}{300 \times (560-40)}$$

$$= 985 \ (\text{mm}^2) > \rho_{min}' b h_0 = 0.20\% \times 400 \times 560 = 448 \ (\text{mm}^2)$$

（6）求受拉钢筋面积 A_s。

将 $\xi_b=0.55$，$A_s'=985\text{mm}^2$ 代入式（5-15）得

$$A_s = \frac{f_c b h_0 \xi_b + f_y' A_s' - KN}{f_y}$$

$$= \frac{11.9 \times 400 \times 560 \times 0.55 + 300 \times 985 - 1.2 \times 862 \times 10^3}{300} = 2423 \ (\text{mm}^2)$$

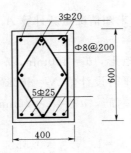

图 5-12 截面配筋图
（单位：mm）

（7）选配钢筋并绘制配筋图。实选 3 ⊈ 20（$A_s'=941\text{mm}^2$）作为受压钢筋，5 ⊈ 25（$A_s=2454\text{mm}^2$）作为受拉钢筋。截面配筋如图 5-12 所示，箍筋按构造要求选择。

【例 5-4】 某偏心受压柱，属于 3 级建筑，截面尺寸 $b=400\text{mm}$，$h=600\text{mm}$。控制截面为柱底，柱的计算长度 $l_0=7.2\text{m}$，作用的轴心压力设计值 $N=150\text{kN}$、弯矩设计值 $M=70\text{kN} \cdot \text{m}$，该柱采用 C25 混凝土、HRB335 级钢筋，$a_s=a_s'=40\text{mm}$。试求所需纵向钢筋面积 A_s 及 A_s'。

解 （1）基本资料。$f_c=11.9\text{N/mm}^2$，$f_y=f_y'=300\text{N/mm}^2$，$K=1.2$，$\xi_b=0.55$

（2）求初始偏心距 e_0。

$$e_0 = \frac{M}{N} = \frac{70}{150} = 0.467 \ (\text{m}) = 467 \ (\text{mm}) > \frac{h_0}{30} = \frac{560}{30} = 18.6 \ (\text{mm})$$

（3）求偏心距增大系数 η。

$$l_0/h = 7200/600 = 12.0 > 8$$

需要考虑纵向弯曲的影响。

$$\zeta_1 = \frac{0.5 f_c A}{KN} = \frac{0.5 \times 11.9 \times 400 \times 600}{1.2 \times 150 \times 10^3} = 7.93$$

故取 $\zeta_1=1.0$；由于 $l_0/h=12.0<15$，故取 $\zeta_2=1.0$。

根据式（5-9）计算 η 得

$$\eta = 1 + \frac{1}{1400 \frac{e_0}{h_0}} \left(\frac{l_0}{h}\right)^2 \zeta_1 \zeta_2 = 1 + \frac{12^2 \times 1 \times 1}{1400 \times \frac{467}{560}} = 1.123$$

（4）判断大小偏心受压。

$$\eta e_0 = 1.123 \times 467 = 525 \ (\text{mm}) > 0.3 h_0 = 0.3 \times 560 = 168 \ (\text{mm})$$

故按大偏心受压计算。

（5）求受压钢筋面积 A_s'。

$$e=\eta e_0+h/2-a_s=525+600/2-40=785\ (\text{mm})$$

A_s 和 A_s' 未知，补充条件 $x=\xi_b h_0$，HRB335 级钢筋 $\xi_b=0.55$，由式（5-14）得

$$A_s'=\frac{KNe-f_c bh_0^2\xi_b(1-0.5\xi_b)}{f_y'(h_0-a_s')}$$

$$=\frac{1.2\times150\times10^3\times785-11.9\times400\times560^2\times0.55\times(1-0.5\times0.55)}{300\times(560-40)}<0$$

按最小配筋率配置 A_s'，$A_s'=\rho_{\min}bh_0=0.20\%\times400\times560=448\ (\text{mm}^2)$，选用 3 Φ 16 （$A_s'=603\text{mm}^2$）。

（6）按 A_s' 已知的情况求 A_s。

$$x=h_0-\sqrt{h_0^2-\frac{2\left[KNe-f_y'A_s'(h_0-a_s')\right]}{f_c b}}$$

$$=560-\sqrt{560^2-\frac{2\times\left[1.2\times150\times10^3\times785-300\times603\times(560-40)\right]}{11.9\times400}}$$

$$=18\ (\text{mm})<2a_s'=2\times40=80\ (\text{mm})$$

按式（5-19）求 A_s

$$e'=\eta e_0-\frac{h}{2}+a_s=525-300+40=265\ (\text{mm})$$

$$A_s=\frac{KNe'}{f_y(h_0-a_s')}$$

$$=\frac{1.2\times150\times10^3\times265}{300\times(560-40)}=305\ (\text{mm}^2)<\rho_{\min}bh_0=448\ (\text{mm}^2)$$

取 $A_s=\rho_{\min}bh_0=0.20\%\times400\times560=448\ (\text{mm}^2)$，选用 3 Φ 16（$A_s=603\text{mm}^2$），配筋断面图如图 5-13 所示。

6. 矩形截面小偏心受压构件的截面设计

根据试验研究，小偏心受压情况下，离轴向力较远一侧的钢筋可能处于受拉也可能处于受压状态，构件破坏时钢筋应力 σ_s 未达到屈服强度。

构件截面设计时，在偏心受压基本计算公式（5-4）、式（5-5）中，共有四个未知数 ξ、A_s、A_s'、σ_s，因此，需求出 σ_s 及补充一个条件才能求解。

（1）σ_s 值的计算。

$$\sigma_s=f_y\frac{0.8-\xi}{0.8-\xi_b}\qquad(5-21)$$

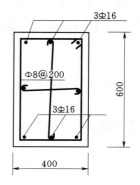

图 5-13 配筋断面图
（单位：mm）

式中　ξ_b——偏心受压构件界限破坏时的相对受压区高度；

　　　σ_s——离轴向力较远一侧的钢筋应力，$-f_y'\leqslant\sigma_s\leqslant f_y$。

若按式（5-21）计算得出的 σ_s 大于 f_y，即 $\xi\leqslant\xi_b$ 时，取 $\sigma_s=f_y$；若计算出的 σ_s 小于 $-f_y'$，即 $\xi>1.6-\xi_b$ 时，取 $\sigma_s=-f_y'$。

（2）补充条件。小偏心受压构件在破坏时远离压力一侧的钢筋 A_s 一般达不到屈服强度。因此，为节约钢材，可按最小配筋率配置 A_s。$A_s=\rho_{\min}bh_0=0.20\%bh_0$（HRB335、

HRB400 级钢筋）或 $A_s=\rho_{min}bh_0=0.25\%bh_0$（HPB235 级钢筋）。

当 A_s 确定后，即可直接利用式（5-4）、式（5-5）、式（5-21）求解三个未知数 ξ、A'_s 及 σ_s，求得的 ξ 应满足 $\xi<1.6-\xi_b$，A'_s 必须满足最小配筋率的要求。

若求得 $\xi>1.6-\xi_b$，可取 $\sigma_s=-f'_y$，$\xi=1.6-\xi_b$（当 $\xi>h/h_0$ 时，取 $\xi=h/h_0$）代入式（5-4）和式（5-5）求解 A_s 和 A'_s 值。求得的 A_s 及 A'_s 必须满足最小配筋率的要求。

当偏心距很小，而轴向力很大（$KN\geqslant f_cbh$）时，全截面受压，为防止远离轴向力一侧的钢筋 A_s 配得太少而使该侧混凝土的压应变先达到极限压应变而破坏，A_s 应满足式（5-22）的要求。

$$A_s\geqslant\frac{KNe'-f_cbh(h'_0-0.5h)}{f'_y(h'_0-a_s)} \tag{5-22}$$

其中
$$e'=\frac{h}{2}-a'_s-e_0,\quad h'_0=h-a'_s$$

为安全起见，在计算 e' 时，取 $\eta=1.0$。

需要说明的是，小偏心受压构件联立解方程的方法过于繁琐。为了简化计算，规范给出了小偏心受压构件简化的配筋计算方法——图表法，即利用规范中给出的图表，直接查出 ξ 值，进而计算钢筋截面面积。

【例 5-5】 某矩形截面钢筋混凝土柱，属于 2 级建筑，$b=400mm$，$h=500mm$，柱的计算长度 $l_0=7.5m$，控制截面中作用的轴心压力设计值 $N=1700kN$、弯矩设计值 $M=135kN\cdot m$，采用 C30 混凝土、HRB335 级钢筋，并取 $a_s=a'_s=40mm$，试确定两侧的纵向钢筋用量 A_s 及 A'_s。

解　（1）基本资料。$f_c=14.3N/mm^2$，$f_y=f'_y=300N/mm^2$，$K=1.2$，$\xi_b=0.55$。

（2）计算初始偏心距 e_0。
$$e_0=\frac{M}{N}=135/1700=0.0794\text{（m）}=79.4\text{（mm）}$$

（3）计算偏心距增大系数 η。
$$l_0/h=7500/500=15.0>8$$

需要考虑纵向弯曲的影响。

由于 $l_0/h=15.0\leqslant15$，故取 $\zeta_2=1.0$；
$$\zeta_1=\frac{0.5f_cA}{KN}=\frac{0.5\times14.3\times400\times500}{1.2\times1700\times10^3}=0.7<1.0$$

故取 $\zeta_1=0.7$。由式（5-9）计算 η 得
$$\eta=1+\frac{1}{1400\dfrac{e_0}{h_0}}\left(\frac{l_0}{h}\right)^2\zeta_1\zeta_2=1+\frac{1}{1400\times79.4/460}\times15^2\times0.7\times1=1.65$$

（4）判别大小偏心受压。
$$\eta e_0=1.65\times79.4=131\text{（mm）}<0.3h_0=0.3\times460=138\text{（mm）}$$

故按小偏心受压计算。

（5）按最小配筋率确定 A_s。小偏心受压构件钢筋 A_s 的应力一般达不到屈服强度，为节约钢材，按最小配筋率确定 A_s。

$$A_s = \rho_{\min} b h_0 = 0.20\% \times 400 \times 460 = 368 \text{（mm}^2\text{）}$$

（6）求 σ_s。由 $\sigma_s = f_y \dfrac{0.8 - \xi}{0.8 - \xi_b}$ 得

$$\sigma_s = \frac{300}{0.55 - 0.8}\left(\frac{x}{460} - 0.8\right)$$

（7）计算受压区高度 x 及受压钢筋面积 A'_s。

$$e = \eta e_0 + \frac{h}{2} - a_s = 131 + 500/2 - 40 = 341 \text{（mm）}$$

将各已知数值代入式（5-4）、式（5-5）得

$$1.2 \times 1700 \times 10^3 = 14.3 \times 400x + 300A'_s - \frac{300}{0.55 - 0.8}\left(\frac{x}{460} - 0.8\right) \times 368$$

$$1.2 \times 1700 \times 10^3 \times 341 = 14.3 \times 400x(460 - 0.5x) + 300A'_s(460 - 40)$$

整理得

$$A'_s + 23.1x - 8272 = 0 \qquad\qquad\qquad \text{（a）}$$

$$x^2 - 920x - 44A'_s + 243231 = 0 \qquad\qquad \text{（b）}$$

由式（a）得

$$A'_s = 8272 - 23.1x \qquad\qquad\qquad\qquad \text{（c）}$$

把式（c）代入式（b）整理得

$$x^2 + 96.4x - 120737 = 0$$

解得
$$x = 302.5\text{mm} < h \text{（另一负根舍去）}$$

将 x 代入式（c）求得

$$A'_s = 1284\text{mm}^2 > \rho'_{\min} bh = 460\text{mm}^2$$

（8）垂直于弯矩作用平面方向的承载力复核。按轴心受压构件进行承载力复核。

$$l_0/b = 7500/400 = 18.75$$

由表 5-1 查得 $\varphi = 0.794$。

$$A_s + A'_s = 1284 + 368 = 1652 \text{（mm}^2\text{）} < 3\% bh = 6000 \text{（mm}^2\text{）}$$

$$\varphi(f_c A + f'_y A'_s) = 0.794 \times (14.3 \times 400 \times 500 + 300 \times 1652)$$

$$= 2686 \times 10^3 \text{（N）} = 2686 \text{（kN）} > KN = 2040 \text{（kN）}$$

垂直于弯矩作用平面方向的承载力满足要求。

（9）选配钢筋，绘制配筋图。在远离轴向力一侧实选 2 Φ 18，$A_s = 509\text{mm}^2$，在靠近轴向力一侧实选 3 Φ 25，$A'_s = 1473\text{mm}^2$，并按构造要求选配箍筋，如图 5-14 所示。

7. 矩形截面偏心受压构件承载力复核

偏心受压构件承载力复核包括弯矩作用平面内的承载力复核和垂直于弯矩作用平面的承载力复核。

（1）弯矩作用平面内的承载力复核。在承载力复核时，一般是已知 b、h、A_s、A'_s、材料强度等级及偏心距 e_0，验算截面是否能承受某一压力 N，也可在压力 N 已知时验算截面是否能承受某一弯矩 M。

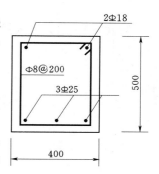

图 5-14 截面配筋图
（单位：mm）

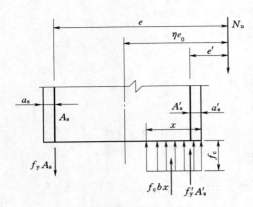

图 5-15　矩形截面大偏心受压计算简图

在承载力复核时，不再用偏心距 ηe_0 来区分大小偏心受压。因为截面尺寸、钢筋截面面积及偏心距 e_0 均已知时，可求得受压区高度 x，所以应该根据 x 的大小来判别大小偏心受压。

1）求受压区高度 x。在大偏心受压的截面应力计算图中，对 N_u 作用点取矩（如图 5-15 所示），考虑轴向力作用在 A_s 和 A_s' 之间和 A_s 和 A_s' 之外两种情况，当轴向力作用在 A_s 和 A_s' 之间时用 "+" 号；当轴向力作用在 A_s 和 A_s' 之外时用 "-" 号。

$$f_c bx(e - h_0 + x/2) = f_y A_s e \pm f_y' A_s' e' \tag{5-23}$$

由式（5-23）可得

$$x = (h_0 - e) + \sqrt{(h_0 - e)^2 + \frac{2(f_y A_s e - f_y' A_s' e')}{f_c b}} \tag{5-24}$$

其中

$$e = \eta e_0 + \frac{h}{2} - a_s, \quad e' = \eta e_0 - \frac{h}{2} + a_s'$$

2）计算 N_u。

若 $2a_s' \leqslant x \leqslant \xi_b h_0$，为大偏心受压，则

$$N_u = f_c bx + f_y' A_s' - f_y A_s \tag{5-25}$$

若 $x < 2a_s'$，为大偏心受压，则

$$N_u = \frac{f_y A_s (h_0 - a_s')}{e'} \tag{5-26}$$

其中

$$e' = \eta e_0 - \frac{h}{2} + a_s'$$

若 $x > \xi_b h_0$，则为小偏心受压构件，此时需按小偏心受压构件计算其实有的 x 值，推导方法与式（5-23）类似，为

$$f_c bx\left(e - h_0 + \frac{x}{2}\right) = \sigma_s A_s e - f_y' A_s' e' \tag{5-27}$$

将式（5-21）代入式（5-27），整理得

$$x = \frac{-B \pm \sqrt{B^2 - 4AC}}{2A} \tag{5-28}$$

其中

$$A = 0.5 f_c b$$

$$B = f_c b(e - h_0) + f_y A_s e \frac{1}{(0.8 - \xi_b) h_0}$$

$$C = -\left(f_y A_s e \frac{0.8}{0.8 - \xi_b} + f_y' A_s' e'\right)$$

按小偏心受压构件重新计算出的 x，当满足 $\xi = x/h_0 < 1.6 - \xi_b$ 时，将 x 直接代入式（5-5）求 N_u 得

$$N_u = \frac{f_c bx(h_0 - x/2) + f'_y A'_s(h_0 - a'_s)}{e} \qquad (5-29)$$

其中

$$e = \eta e_0 + \frac{h}{2} - a_s$$

当 $\xi > 1.6 - \xi_b$ 时，须将 $\sigma_s = -f'_y$ 代入式（5-28）重求 x，再将 x 代入式（5-4）计算 N_u。

$$N_u = f_c bx + f'_y A'_s + f'_y A_s \qquad (5-30)$$

3）复核承载力。若作用的轴向力设计值 N 满足 $KN \leqslant N_u$，则承载力满足要求，否则承载力不满足要求。

（2）垂直于弯矩作用平面的承载力复核。前面所介绍的偏心受压构件的承载力计算，仅保证了弯矩作用平面的承载能力。如轴向力 N 较大而偏心距较小时，可能由于柱子长细比较大而在垂直于弯矩作用平面内发生纵向弯曲引起破坏，故对于小偏心受压构件，一般还需要验算垂直于弯矩作用平面的承载力。由于在垂直于弯矩作用平面内没有弯矩作用，因此应按轴心受压及相应的计算长度进行复核。计算时，柱截面内全部纵向钢筋都作为受压钢筋 A'_s，同时须考虑稳定系数 φ 的影响。

【例 5-6】 某矩形截面钢筋混凝土柱，属于 3 级建筑，$b = 400\text{mm}$，$h = 600\text{mm}$，采用 C20 混凝土、HRB335 级钢筋，并取 $a_s = a'_s = 40\text{mm}$，在远离轴向力一侧布置了 4⏀22 钢筋，$A_s = 1520\text{mm}^2$，在靠近轴向力一侧布置了 2⏀22 钢筋，$A'_s = 760\text{mm}^2$，柱的计算长度 $l_0 = 7.2\text{m}$，承受偏心距 $e_0 = 360\text{mm}$ 的轴向压力，设计值为 $N = 650\text{kN}$，试求该钢筋混凝土柱是否安全。

解 （1）基本资料。$f_c = 9.6\text{N/mm}^2$，$f_y = f'_y = 300\text{N/mm}^2$，$K = 1.2$，$\xi_b = 0.55$。

（2）求偏心距增大系数 η。

$$l_0/h = 7200/600 = 12.0 > 8$$

需要考虑纵向弯曲的影响，由于 $l_0/h = 12.0 < 15$，故取 $\zeta_2 = 1.0$。而

$$\zeta_1 = \frac{0.5 f_c A}{KN} = \frac{0.5 \times 9.6 \times 400 \times 600}{1.2 \times 650 \times 10^3} = 1.477 > 1.0$$

故取 $\zeta_1 = 1.0$。

由式（5-9）计算 η 得

$$\eta = 1 + \frac{1}{1400 e_0/h_0}(l_0/h)^2 \zeta_1 \zeta_2 = 1 + \frac{1}{1400 \times 360/560} \times 12^2 \times 1 \times 1 = 1.165$$

$$e = \eta e_0 + \frac{h}{2} - a_s = 1.165 \times 360 + \frac{600}{2} - 40 = 679.4 \text{ (mm)}$$

$$e' = \eta e_0 - \frac{h}{2} + a'_s = 1.165 \times 360 - \frac{600}{2} + 40 = 159.4 \text{ (mm)}$$

（3）按大偏心受压计算受压区高度 x。由式（5-24）得

$$x = (h_0 - e) + \sqrt{(h_0 - e)^2 + \frac{2(f_y A_s e - f'_y A'_s e')}{f_c b}}$$

$$= (560 - 679.4) + \sqrt{(560 - 679.4)^2 + \frac{2 \times 300 \times (1520 \times 679.4 - 760 \times 159.4)}{9.6 \times 400}}$$

$$= 276 \text{ (mm)}$$

此时 $2a_s' < x < \xi_b h_0 = 308\text{mm}$，为大偏心受压。

（4）求该柱能够承受的轴向压力设计值。

$$N = \frac{1}{K}N_u = \frac{1}{K}(f_c bx + f_y' A_s' - f_y A_s)$$

$$= \frac{1}{1.2} \times (9.6 \times 400 \times 276 + 300 \times 760 - 300 \times 1520)$$

$$= 693.200 \times 10^3 \text{(N)} = 693.2 \text{ (kN)} > 650 \text{ (kN)}$$

该柱安全。

5.4　配置对称钢筋的偏心受压构件承载力计算

根据计算结果，大、小偏心受压构件两侧的钢筋截面面积 A_s 及 A_s' 其数值一般不相等，这种配筋方式称为不对称配筋。不对称配筋比较经济，但施工不够方便，容易出差错。

在工程实践中，受压构件通常在风荷载、地震力等不同的荷载作用下工作，同一受压构件可能承受数量相近的正负弯矩，纵向钢筋也将经历拉应力及压应力变号，构件两侧配置相等的钢筋即对称配筋，有利于构件承受变号的正负弯矩，对称配筋虽然要多用一些钢筋，但构造简单，施工方便，在工程中应用较广泛。

对称配筋也按大小偏心受压构件分别进行计算。

5.4.1　大偏心受压

采用对称配筋时，仍须考虑偏心距增大系数 η 的影响，其计算方法与非对称配筋一致。

采用对称配筋进行截面设计时，可先用偏心距来初判大、小偏心受压，如 $\eta e_0 > 0.3h_0$，则用大偏心受压公式计算 ξ，如果满足 $\xi \leqslant \xi_b$，则按大偏心受压公式计算 A_s 及 A_s'，但如果算出的 $\xi > \xi_b$，则仍按小偏心受压公式计算 A_s 及 A_s'，如 $\eta e_0 \leqslant 0.3h_0$，就用小偏心受压公式计算 ξ、A_s 及 A_s'。

在大偏心受压公式中，对称配筋时，因为 $A_s = A_s'$，$f_y = f_y'$，所以由式（5-15）可得

$$x = \frac{KN}{f_c b} \tag{5-31}$$

（1）若满足 $2a_s' \leqslant x \leqslant \xi_b h_0$，则由式（5-16）求 A_s 及 A_s' 得

$$A_s = A_s' = \frac{KNe - f_c bh_0^2 \xi(1-0.5\xi)}{f_y'(h_0 - a_s')} \tag{5-32}$$

其中

$$e = \eta e_0 + \frac{h}{2} - a_s$$

（2）如 $x < 2a_s'$，则由式（5-19）求 A_s 及 A_s' 得

$$A_s' = A_s = \frac{KNe'}{f_y(h_0 - a_s')} \tag{5-33}$$

其中

$$e' = \eta e_0 - \frac{h}{2} + a_s'$$

（3）如果算出的 $\xi > \xi_b$，则按小偏心受压公式计算 A_s 及 A_s'。对称配筋所配置的 A_s 及

A'_s均必须大于$\rho_{\min}bh_0$。

5.4.2 小偏心受压

当$\eta e_0 \leqslant 0.3h_0$或算出的$\xi > \xi_b$时，则按小偏心受压公式计算$\xi$、$A_s$及$A'_s$。在式（5-4）及式（5-5）中将$A_s = A'_s$、$x = \xi h_0$及$\sigma_s = f_y \dfrac{0.8-\xi}{0.8-\xi_b}$代入化简得

$$KN \leqslant N_u = f_c bh_0 \xi + f_y A_s \frac{\xi - \xi_b}{0.8 - \xi_b} \tag{5-34}$$

$$KNe \leqslant N_u e = f_c bh_0^2 \xi(1-0.5\xi) + f'_y A'_s(h_0 - a'_s) \tag{5-35}$$

联立求解方程式（5-34）、式（5-35）可得出相对受压区高度ξ及钢筋截面面积A'_s。但在联立求解上述方程式时，需求解ξ的三次方程，求解十分困难，必须进行简化。对于小偏心受压构件$\xi = \dfrac{x}{h_0} > \xi_b$，而$x$最大值为$h$，$h \approx 1.1h_0$，所以$\xi$值在$\xi_b \sim 1.1$之间，相应的$\xi(1-0.5\xi)$值在$0.4 \sim 0.5$之间，平均值为$0.45$。以$\xi(1-0.5\xi)=0.45$代入式（5-34）、式（5-35），联立求解可得近似公式

$$\xi = \frac{KN - \xi_b f_c bh_0}{\dfrac{KNe - 0.45f_c bh_0^2}{(0.8-\xi_b)(h_0-a'_s)} + f_c bh_0} + \xi_b \tag{5-36}$$

将求出的ξ代入式（5-35）得

$$A_s = A'_s = \frac{KNe - f_c bh_0^2 \xi(1-0.5\xi)}{f'_y(h_0 - a'_s)} \tag{5-37}$$

式（5-37）求出的A_s及A'_s均必须满足最小配筋率要求。

构件采用对称配筋时，其承载力复核的计算方法和计算步骤与非对称配筋截面基本相同。

【例5-7】 某矩形截面钢筋混凝土铰接排架柱，属于3级建筑，截面尺寸$b \times h = 400\text{mm} \times 500\text{mm}$，$a_s = a'_s = 40\text{mm}$，计算长度$l_0 = 7.2\text{m}$，承受内力设计值$M = 220\text{kN} \cdot \text{m}$，$N = 520\text{kN}$，采用C20混凝土及HRB335级钢筋，若采用对称配筋，试配置该柱钢筋。

解 （1）确定是否需考虑纵向弯曲的影响。

$$\frac{l_0}{h} = \frac{7200}{500} = 14.4 > 8$$

故需考虑纵向弯曲的影响。

（2）计算η。

$$e_0 = \frac{M}{N} = \frac{220 \times 10^6}{520 \times 10^3} = 423 \text{ (mm)} > \frac{h}{30} = \frac{500}{30} = 16.7 \text{ (mm)}$$

故按实际偏心距e_0计算，则

$$\zeta_1 = \frac{0.5f_c A}{KN} = \frac{0.5 \times 9.6 \times 400 \times 500}{1.2 \times 520 \times 10^3} = 1.54 > 1.0 \text{ 取 } \zeta_1 = 1.0$$

$$\zeta_2 = 1.15 - 0.01\frac{l_0}{h} = 1.15 - 0.01 \times 14.4 = 1.006 > 1, \text{ 取 } \zeta_2 = 1.0$$

故　　　　　$\eta=1+\dfrac{1}{1400\,\dfrac{e_0}{h_0}}\left(\dfrac{l_0}{h}\right)^2\zeta_1\zeta_2=1+\dfrac{1}{1400\times\dfrac{423}{460}}\times14.4^2\times1.0\times1.0=1.161$

（3）判别大小偏心受压。

$$\eta e_0=1.161\times423=491\ (\text{mm})>0.3h_0=0.3\times460=138\ (\text{mm})$$

故为大偏心受压。

（4）计算 x 值。

$$x=\frac{KN}{f_cb}=\frac{1.2\times520\times10^3}{9.6\times400}=162\ (\text{mm})<\xi_bh_0=0.55\times460=253\ (\text{mm})$$

$$x=162\text{mm}>2a_s'=80\text{mm}$$

（5）求 A_s、A_s'。

$$e=\eta e_0+\frac{h}{2}-a_s=491+250-40=701\ (\text{mm})$$

$$A_s=A_s'=\frac{KNe-f_cbx\left(h_0-\dfrac{x}{2}\right)}{f_y'(h_0-a_s')}$$

$$=\frac{1.2\times520\times10^3\times701-9.6\times400\times162\times\left(460-\dfrac{162}{2}\right)}{300\times(460-40)}=1600\ (\text{mm}^2)$$

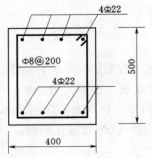

图 5-16　断面配筋图
（单位：mm）

选用 4 Φ 22 钢筋，$A_s=A_s'=1520\text{mm}^2$，配筋如图 5-16 所示。

【例 5-8】 某矩形截面钢筋混凝土铰接排架柱，属于 3 级建筑，截面尺寸 $b\times h=400\text{mm}\times500\text{mm}$，$a_s=a_s'=40\text{mm}$，计算长度 $l_0=7.2\text{m}$，承受内力设计值 $M=210\text{kN}\cdot\text{m}$，$N=1340\text{kN}$，采用 C20 混凝土及 HRB335 级钢筋，若采用对称配筋，试配置该柱钢筋。

解　（1）确定是否需考虑纵向弯曲的影响。

因　　　　　　　　$\dfrac{l_0}{h}=\dfrac{7200}{500}=14.4>8$

故需考虑纵向弯曲的影响。

（2）计算 η。

因　　　　　$e_0=\dfrac{M}{N}=\dfrac{210\times10^6}{1340\times10^3}=156\ (\text{mm})>\dfrac{h}{30}=\dfrac{500}{30}=16.7\ (\text{mm})$

故按实际偏心距 e_0 计算，则

$$\zeta_1=\frac{0.5f_cA}{KN}=\frac{0.5\times9.6\times400\times500}{1.2\times1340\times10^3}=0.597$$

$$\zeta_2=1.15-0.01\frac{l_0}{h}=1.15-0.01\times14.4=1.006>1,\ \text{取}\ \zeta_2=1.0$$

故
$$\eta = 1 + \frac{1}{1400 \frac{e_0}{h_0}} \left(\frac{l_0}{h}\right)^2 \zeta_1 \zeta_2 = 1 + \frac{1}{1400 \times \frac{156}{460}} \times 14.4^2 \times 0.597 \times 1.0 = 1.272$$

（3）判别大小偏心受压。

因
$$\eta e_0 = 1.272 \times 156 = 198 \ (\text{mm}) > 0.3 h_0 = 0.3 \times 460 = 138 \ (\text{mm})$$

故为大偏心受压。

（4）求 ξ 值。

$$\xi = \frac{KN}{f_c b h_0} = \frac{1.2 \times 1340 \times 10^3}{9.6 \times 400 \times 460} = 0.91 \ (\text{mm}) > \xi_b = 0.55 \ (\text{mm})$$

应按小偏心受压计算。

（5）按对称配筋小偏心受压公式重新计算 ξ。

$$e = \eta e_0 + \frac{h}{2} - a_s = 198 + 250 - 40 = 408 \ (\text{mm})$$

$$\xi = \frac{KN - \xi_b f_c b h_0}{\dfrac{KNe - 0.45 f_c b h_0^2}{(0.8 - \xi_b)(h_0 - a_s')} + f_c b h_0} + \xi_b$$

$$= \frac{1.2 \times 1340 \times 10^3 - 0.55 \times 9.6 \times 400 \times 460}{\dfrac{1.2 \times 1340 \times 10^3 \times 408 - 0.45 \times 9.6 \times 400 \times 460^2}{(0.8 - 0.55) \times (460 - 40)} + 9.6 \times 400 \times 460} + 0.55$$

$$= 0.690$$

（6）求 A_s、A_s'。

$$A_s = A_s' = \frac{KNe - \xi(1 - 0.5\xi) f_c b h_0^2}{f_y'(h_0 - a_s')}$$

$$= \frac{1.2 \times 1340 \times 10^3 \times 408 - 0.690 \times (1 - 0.5 \times 0.690) \times 9.6 \times 400 \times 460^2}{300 \times (460 - 40)}$$

$$= 2293 \ (\text{mm}^2) > \rho_{\min} b h_0 = 0.20\% \times 400 \times 460$$

$$= 368 \ (\text{mm}^2)$$

选用 4 Φ 28 钢筋，$A_s = A_s' = 2463 \text{mm}^2$，配筋如图 5-17 所示。

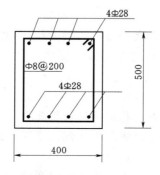

图 5-17 断面配筋图（单位：mm）

5.5　偏心受压构件斜截面受剪承载力计算

偏心受压构件通常还同时承受剪力 V 的作用。当剪力 V 较小时，可不进行斜截面受剪承载力计算，但对于剪力 V 较大的偏心受压构件例如框架柱，则必须考虑斜截面受剪承载力问题。偏心受压构件与受弯构件斜截面受剪承载力影响因素相比增加了一个轴向力 N，轴向力 N 在一定范围时，能推迟斜裂缝的出现和限制斜裂缝的开展，增加骨料间的咬合力，加大剪压区的高度，对斜截面受剪承载力是有利的，当 N/f_cbh 在 0.3～0.5 时，轴向力 N 对斜截面受剪承载力的有利影响达到峰值；当 N/f_cbh 更大时，偏心受压构件斜截面受剪承载力随着 N 的增加而降低。

偏心受压构件斜截面受剪承载力计算公式是以受弯构件斜截面受剪承载力计算公式为基础，在一定范围内考虑 N 的有利影响，规范从偏于安全考虑，由于 N 的存在，使混凝土受剪承载力提高值取 $0.07N$。因此，偏心受压构件斜截面受剪承载力计算公式为

$$KV \leqslant V_c + V_{sv} + V_{sb} + 0.07N \tag{5-38}$$

式中　　N——轴向压力设计值，当 $N > 0.3f_cbh$ 时，取 $N = 0.3f_cbh$；

V_c、V_{sv}、V_{sb} 见第四章所述。

为防止产生斜压破坏，偏心受压构件的截面应满足：

$$KV \leqslant 0.25f_cbh_0 \tag{5-39}$$

若剪力满足 $KV \leqslant V_c + 0.07N$ 时，可不进行偏心受压构件斜截面受剪承载力计算，仅按构造要求配置箍筋。

学 习 指 导

(1) 配置普通箍筋的轴心受压构件，破坏时混凝土应力达到混凝土轴心抗压强度 f_c，纵向钢筋应力达到受压时的屈服强度 f'_y。轴心受压构件不可能为理想的轴心受压，由于初始偏心的影响，使长柱承载力降低，通常用稳定系数 φ 表示长柱承载力较短柱降低的程度。

(2) 偏心受压构件的破坏可归纳为两种情况。

1) 受拉破坏。

受拉破坏的特征是：受拉区钢筋应力先达到受拉屈服强度，然后压区混凝土被压碎，受压钢筋一般也被压屈，与配筋量适中的双筋受弯构件的破坏类似。这一类破坏也称为"大偏心受压破坏"。

2) 受压破坏。

受压破坏分三种情况，破坏共有特征是靠近轴向力一侧的受压混凝土应变先达到极限压应变，受压区混凝土被压碎，远离纵向力一侧的钢筋无论受压或受拉，一般都不会达到屈服。这一类破坏也称为"小偏心受压破坏"。

(3) 偏心受压构件将产生纵向弯曲，由于纵向弯曲使偏心距增大，承载力降低。对于

偏心受压短柱（$l_0/h \leqslant 8$），由于纵向弯曲影响很小，偏心距增大的影响可忽略不计，而对于偏心受压长柱，由于纵向弯曲较大，偏心距增大的影响不可忽略，通常采用 e_0 乘一个大于1的偏心距增大系数 η 来考虑长柱纵向弯曲对承载力降低的影响。

（4）通常用 ηe_0 判别大小偏心受压构件，当 $\eta e_0 > 0.3h_0$ 时，为大偏心受压构件，当 $\eta e_0 \leqslant 0.3h_0$ 时，为小偏心受压构件。

（5）矩形截面偏心受压构件正截面承载力计算的基本公式为

$$KN \leqslant f_c bx + f'_y A'_s - \sigma_s A_s$$

$$KNe \leqslant f_c bx \left(h_0 - \frac{x}{2} \right) + f'_y A'_s (h_0 - a'_s)$$

截面设计时，对于大偏心受压构件，钢筋应力 $\sigma_s = f_y$，A_s 及 A'_s 未知，为了充分利用受压区混凝土的抗压作用，需补充 $x = \xi_b h_0$ 这一条件。对于小偏心受压构件，$\sigma_s = f_y \dfrac{0.8 - \xi}{0.8 - \xi_b}$，远离压力一侧的钢筋 A_s 一般达不到屈服强度，需补充条件 $A_s = \rho_{\min} b h_0$。

（6）在大偏心受压对称配筋时，$A_s = A'_s$，$f_y = f'_y$，小偏心受压对称配筋时，$A_s = A'_s$，$\sigma_s = f_y \dfrac{0.8 - \xi}{0.8 - \xi_b}$，为避免求解 ξ 的三次方程，将 $\xi(1 - 0.5\xi) - 0.45$ 代入偏心受压构件计算公式联立求解可得 ξ 的近似公式。

思　考　题

5-1　在受压构件中，纵向钢筋及箍筋起什么作用？构造要求如何？

5-2　何为轴心受压短柱？何为轴心受压长柱？两者受初始偏心距的影响如何？影响稳定系数 φ 的主要因素有哪些？

5-3　试解释"受拉破坏"、"受压破坏"、"失稳破坏"和"材料破坏"的概念。

5-4　偏心受压构件正截面承载力计算采用的基本假定是什么？

5-5　什么是偏心受压构件？何为偏心受压短柱？何为偏心受压长柱？偏心受压长柱为什么要考虑纵向弯曲的影响？

5-6　说明截面设计和承载力复核应如何判别大小偏心受压构件？试列出大小偏心受压构件承载力的计算公式。

5-7　矩形截面当采用对称配筋时如何判别大小偏心受压？

习　题

5-1　已知正方形截面轴心受压柱，属3级建筑，计算长度 $l_0 = 7.2\text{m}$，承受轴向力设计值 $N = 2000\text{kN}$，采用混凝土强度等级为C30，钢筋为 HRB335 级，箍筋为 HPB235 级钢筋，试确定截面尺寸和纵向钢筋截面面积。

5-2　矩形截面轴心受压构件，属2级建筑，$b \times h = 400\text{mm} \times 500\text{mm}$，计算长度 $l_0 = 8.4\text{m}$，混凝土强度等级为C25，配有 II 级纵向钢筋 $8 \oplus 20$，若截面上承受轴心压力设计值 $N = 1800\text{kN}$，试校核该截面是否安全？

5-3 某偏心受压柱，属 3 级建筑，计算高度 $l_0 = 7.5m$，$b \times h = 400mm \times 600mm$，承受轴向压力设计值 $N = 950kN$，弯矩设计值 $M = 400kN \cdot m$，混凝土强度等级为 C30，钢筋为 HRB335 级，箍筋为 HPB235 级钢筋，试设计该柱。

5-4 某不对称配筋偏心受压柱，属 3 级建筑，$b \times h = 400mm \times 600mm$，$a_s = a'_s = 40mm$，计算高度 $l_0 = 6.6m$，混凝土采用 C25，纵向钢筋采用 HRB335 级，箍筋为 HPB235 级钢筋，该柱承受设计轴向压力 $N = 2200kN$（包括柱自重），设计弯矩 $M = 280kN \cdot m$，求该柱的配筋。

5-5 某矩形截面偏心受压柱，属 3 级建筑，$b \times h = 350mm \times 500mm$，$a_s = a'_s = 40mm$，$e_0 = 90mm$，$l_0 = 6.0m$，混凝土强度等级为 C25，纵向钢筋采用 HRB335 级，箍筋为 HPB235 级钢筋，$A_s = 420mm^2$，$A'_s = 1260mm^2$，求该柱的承载力 N。

5-6 某对称配筋偏心受压柱，属 2 级建筑，$l_0 = 6.2m$，$b \times h = 400mm \times 500mm$，$a_s = a'_s = 40mm$，承受轴向压力设计值 $N = 450kN$，弯矩设计值 $M = 280kN \cdot m$，混凝土强度等级为 C30，纵向钢筋采用 HRB335 级钢，箍筋为 HPB235 级钢筋，求 $A_s(A'_s)$。

5-7 已知一钢筋混凝土框架柱，属 2 级建筑，$b \times h = 400mm \times 600mm$，$l_0 = 4.8m$，混凝土采用 C25，箍筋用 HPB235 级钢筋，纵筋用 HRB335 级钢筋。柱端作用弯矩设计值 $M = 400kN \cdot m$，轴向力设计值 $N = 1050kN$，剪力设计值 $V = 295kN$，试求钢筋数量（箍筋和纵向钢筋）。

第6章 钢筋混凝土受拉构件承载力计算

教学要求： 本章要求掌握大、小偏心受拉构件的界限，大、小偏心受拉构件的基本计算公式，掌握受拉构件配筋计算及构造要求，理解大偏心受拉构件计算公式的适用条件，理解轴心受拉构件、大偏心受拉构件和小偏心受拉构件的破坏特征，了解工程上轴心受拉构件及其应用，了解工程上大、小偏心受拉构件的应用。

受拉构件是以承受拉力为主的构件。根据拉力作用位置不同，受拉构件分为轴心受拉构件和偏心受拉构件。拉力作用于构件截面重心为轴心受拉构件；拉力作用偏离构件截面重心，或构件既承受拉力又承受弯矩为偏心受拉构件。常见的受拉构件，如图 6-1 所示。

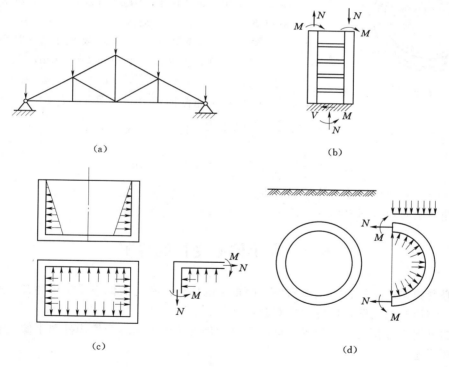

图 6-1 常见的受拉构件
(a) 下弦杆；(b) 双支柱；(c) 矩形池壁；(d) 圆形输水管

6.1 轴心受拉构件

轴心受拉构件是指拉力作用于截面重心的构件。工程中，理想的轴心受拉构件是不存在的，但对于钢筋混凝土桁架或拱的拉杆，当自重及节点位移引起的弯矩很小时，可近似按轴心受拉构件计算。圆形水管，在内水压力作用下，不计自重时，也可近似按轴心受拉构件计算。

轴心受拉构件在破坏时，混凝土早已开裂，全部内力都由钢筋承担，可得承载力计算公式为

$$KN \leqslant f_y A_s \tag{6-1}$$

式中　K——钢筋混凝土结构的承载力安全系数；

　　　N——轴向力设计值；

　　　f_y——纵向钢筋的抗拉强度设计值；

　　　A_s——全部受拉纵向钢筋的截面面积。

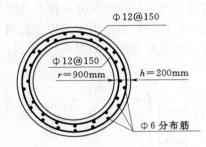

图 6-2　压力水管配筋图（单位：mm）

【例 6-1】　如图 6-2 所示，钢筋混凝土压力水管，3 级建筑。水管的内水半径 $r = 0.9$m，壁厚 250mm，正常使用情况下内水压强 $p_k = 0.25$N/mm^2，采用 C20 混凝土，HPB235 级钢筋。试进行设计。（取承载力安全系数 $K = 1.2$）

解　（1）基本资料。HPB235 级钢筋 $f_y = 210$N/mm^2。

（2）求拉力设计值。取单宽 $b = 1.0$m，则

$$N = 1.2 p_k r b = 1.2 \times 0.25 \times 900 \times 1000 = 270000 \text{（N）}$$

（3）求钢筋截面积 A_s。

$$A_s = \frac{KN}{f_y} = \frac{1.2 \times 270000}{210} = 1542.9 \text{（mm}^2\text{）}$$

$$\rho = \frac{A_s}{A} = \frac{1542.9}{1000 \times 250} = 0.617\% > \rho_{min}$$

水管中的受力钢筋按内外环双层布置。

内外环钢筋均为Φ12@150［$A_s = 754 \times 2 = 1508$（mm^2）］。

6.2　大小偏心受拉的界限

偏心受拉构件是指拉力偏离构件截面重心的构件。常见的偏心受拉构件有：矩形水池的池壁，调压井的侧壁，厂房中的双肢柱杆等。

根据纵向偏心拉力作用位置，偏心受拉构件可分为大偏心受拉构件和小偏心受拉构件两种破坏形态。

6.2.1　大偏心受拉构件

当拉力 N 作用在 A_s 合力点与 A_s' 合力点外侧时，在拉力 N 作用下，截面一侧受拉，一侧受压，随着拉力的增加，靠近拉力 N 一侧的混凝土先裂，裂缝向受压区开展，但截面不会裂通，当受拉钢筋 A_s 配置适量时，受拉钢筋先达到屈服，随后受压区的混凝土达到抗压强度而被压碎。这类情况称为大偏心受拉。

6.2.2　小偏心受拉构件

当拉力 N 作用在 A_s 合力点与 A_s' 合力点之间时，构件全截面受拉，随着拉力的增加，

靠近拉力 N 一侧的混凝土先裂,裂缝向对边开展并迅速裂通,混凝土不承担拉力,仅由钢筋 A_s 及 A_s' 承担拉力以平衡拉力 N。这类情况称为小偏心受拉。

事实上,在开裂之前,小偏心受拉构件截面上有时也存在一个压区,只是在构件开裂之后,拉区混凝土退出工作,拉力集中到钢筋 A_s 上,原来的受压区转为受拉区并使截面裂通。

通常以轴向拉力 N 的作用点位置作为大、小偏心受拉的界限。当 $e_0 < \dfrac{h}{2} - a_s$ 时为小偏心受拉,当 $e_0 > \dfrac{h}{2} - a_s$ 时为大偏心受拉。

6.3 小偏心受拉构件的计算

在小偏心受拉情况下,构件破坏时截面全部裂通,拉力由钢筋承担,受力情况如图 6-3 所示。计算构件正截面受拉承载力时,分别对 A_s、A_s' 取矩,可得小偏心拉力构件的正截面受拉承载力计算公式为

$$KNe \leqslant N_u e = f_y A_s'(h_0 - a_s') \qquad (6-2)$$
$$KNe' \leqslant N_u e' = f_y A_s(h_0' - a_s) \qquad (6-3)$$

式中　e'——轴向拉力至 A_s' 的距离,对于矩形截面 $e' = \dfrac{h}{2} - a_s' + e_0$;

　　　e——轴向拉力至 A_s 的距离,对于矩形截面 $e = \dfrac{h}{2} - a_s - e_0$。

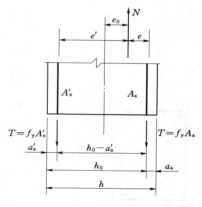

图 6-3　小偏心受拉构件受力图

分别由式(6-2)、式(6-3)解出钢筋截面面积为

$$A_s = \frac{KNe'}{f_y(h_0' - a_s)} \qquad (6-4)$$

$$A_s' = \frac{KNe}{f_y(h_0 - a_s')} \qquad (6-5)$$

分别将 $e' = \dfrac{h}{2} - a_s' + e_0$,$e = \dfrac{h}{2} - a_s - e_0$,$M = Ne_0$ 代入式(6-4)、式(6-5)得

$$A_s \geqslant \frac{KN(h - 2a_s')}{2f_y(h_0 - a_s')} + \frac{KM}{f_y(h_0 - a_s')} \qquad (6-6)$$

$$A_s' \geqslant \frac{KN(h - 2a_s)}{2f_y(h_0 - a_s')} - \frac{KM}{f_y(h_0 - a_s')} \qquad (6-7)$$

式(6-6)、式(6-7)表示,小偏心受拉构件配筋由两部分组成,第一项代表抵抗轴向拉力 N 所需的配筋;第二项代表抵抗弯矩 M 所需的配筋。式(6-6)说明 M 的存在增加了 A_s 的用量,而式(6-7)说明 M 的存在降低了 A_s' 的用量。因此,在小偏心受拉构件设计中,如遇到不同的荷载组合(M、N)时,应按最大 N 与最大 M 的荷载组合计算 A_s,而按最大 N 与最小 M 的荷载组合计算 A_s'。

受拉构件的受力钢筋 A_s、A_s' 均应满足最小配筋率要求,受力钢筋的接头必须采用焊

接，并在构件端部可靠地锚固于支座内。

【例 6－2】 某屋架下拉杆，截面尺寸 $b=300\text{mm}$，$h=500\text{mm}$，承受拉力设计值 $N=590\text{kN}$，弯矩设计值 $M=40\text{kN·m}$，采用 C20 混凝土及 HRB335 级钢筋，试配置该屋架下拉杆的钢筋。

解 已知：C20 混凝土 $f_c=9.6\text{N/mm}^2$，HRB335 级钢筋 $f_y=300\text{N/mm}^2$，承载力安全系数 $K=1.2$，截面有效高度 $h_0=h-a_s'=500-40=460$（mm）。

（1）判别大小偏心受拉。

$$e_0=\frac{M}{N}=\frac{40}{590}=0.068=68\text{（mm）}<\left(\frac{h}{2}-a_s\right)=210\text{（mm）}$$

拉力 N 作用在 A_s、A_s' 之间，为小偏心受拉。

（2）计算 A_s、A_s'。

$$e'=\frac{h}{2}-a_s'+e_0=\frac{500}{2}-40+68=278\text{（mm）}$$

$$e=\frac{h}{2}-a_s-e_0=\frac{500}{2}-40-68=142\text{（mm）}$$

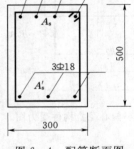

图 6－4　配筋断面图
（单位：mm）

根据式（6－4）、式（6－5）可得

$$A_s=\frac{KNe'}{f_y(h_0'-a_s)}=\frac{1.2\times590\times10^3\times278}{300\times(460-40)}=1562\text{（mm}^2)$$

$$A_s'=\frac{KNe}{f_y(h_0-a_s')}=\frac{1.2\times590\times10^3\times142}{300\times(460-40)}=798\text{（mm}^2)$$

$$\rho=\frac{798}{300\times460}=0.58\%>\rho_{min}=0.20\%$$

A_s、A_s' 均满足最小配筋率要求。

选配钢筋 A_s 为 4 Φ22（$A_s=1520\text{mm}^2$），A_s' 为 3 Φ18（$A_s'=763\text{mm}^2$）。配筋如图 6－4 所示。

【例 6－3】 图 6－5 所示为某调压室截面，在土压力及水压力作用下，调压室底部截面 A—A 每米长度内，承受的弯矩设计值为 $M=-17.5\text{kN·m}$（以内壁受拉为正），拉力设计值 $N=210\text{kN}$。该涵管采用 C20 混凝土及 HPB235 级钢筋，试配置截面 A—A 的钢筋。

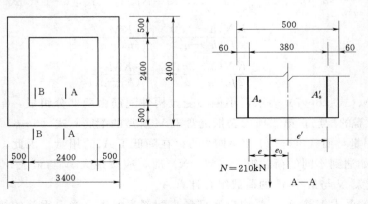

图 6－5　某调压室截面（单位：mm）

解 已知：HPB235 级钢筋 $f_y＝210N/mm^2$，结构承载力安全系数 $K＝1.2$，截面有效高度 $h_0＝h－a'_s＝500－60＝440$ （mm）。

（1）判别大小偏心受拉。

因
$$e_0＝\frac{M}{N}＝\frac{17.5}{210}＝0.083 （m）$$

$$＝83mm＜\left(\frac{h}{2}－a_s\right)＝\frac{500}{2}－60＝190 （mm）$$

故 N 作用在 A_s、A'_s 之间，为小偏心受拉。

（2）求 A_s、A'_s。

因
$$e＝\frac{h}{2}－a_s－e_0＝\frac{500}{2}－60－83＝107 （mm）$$

$$e'＝\frac{h}{2}－a'_s＋e_0＝\frac{500}{2}－60＋83＝273 （mm）$$

根据式（6-4）、式（6-5）可得

$$A_s＝\frac{KNe'}{f_y(h'_0－a_s)}＝\frac{1.2×210×10^3×273}{210×(440－60)}＝862 （mm^2）$$

$$A'_s＝\frac{KNe}{f_y(h_0－a'_s)}＝\frac{1.2×210×10^3×107}{210×(440－60)}＝338 （mm^2）$$

内、外侧钢筋均选配Φ16@220，配筋如图 6-10 所示。

$$A_s＝A'_s＝914mm^2＞\rho_{min}bh_0＝0.2\%×1000×440＝880 （mm^2）$$

6.4 大偏心受拉构件的计算

6.4.1 大偏心受拉构件基本计算公式

根据大偏心受拉构件的破坏特征，截面破坏时靠近拉力一侧的钢筋承受全部拉力，达到受拉屈服强度，而在截面另一侧为受压区，截面破坏时，压区混凝土被压碎，其强度达到抗压强度 f_c，受压钢筋应力达到受压屈服强度 f'_y。在计算中所采用的应力图形及基本假定与大偏心受压构件相类似。计算简图如图 6-6 所示。由力和力矩的平衡条件可列出矩形截面大偏心受拉构件正截面承载力计算的基本公式。

由力的平衡条件得
$$KN≤f_yA_s－f'_yA'_s－f_cbx \qquad (6-8)$$

由力矩平衡条件，所有力对 A_s 中心取矩得

$$KN·e≤f_cbx\left(h_0－\frac{x}{2}\right)＋f'_yA'_s(h_0－a'_s) \quad (6-9)$$

$$e＝e_0－\frac{h}{2}＋a_s$$

式中 e_0——轴向拉力至截面重心的距离，$e_0＝\dfrac{M}{N}$。

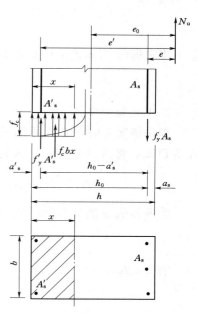

图 6-6 大偏心受拉构件计算简图

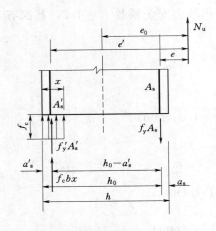

图 6-7　大偏心受拉构件
计算简图（$x < 2a'_s$）

大偏心受拉构件基本公式的适用条件为

$$\xi \leqslant 0.85\xi_b \qquad (6-10)$$

$$x \geqslant 2a'_s \qquad (6-11)$$

式（6-10）是为了防止超筋，式（6-11）是为了保证受压钢筋达到受压屈服强度。

当 $x < 2a'_s$ 时，由于受压钢筋应力达不到受压屈服强度，式（6-8）、式（6-9）不再适用。由于受压区高度很小，可假设混凝土压应力合力点与受压钢筋压力作用点重合，如图 6-7 所示。

对受压钢筋压力作用点取矩得

$$KNe' \leqslant f_y A_s(h_0 - a'_s) \qquad (6-12)$$

式中　e'——轴向拉力作用点与受压钢筋中心之间的距

离，$e' = \dfrac{h}{2} - a'_s + e_0$。

6.4.2　大偏心受拉构件截面设计

截面设计是已知截面尺寸、材料强度及偏心拉力设计值 N，要求计算截面所需配筋 A_s、A'_s。

截面的设计一般有两种情况。

1. 求 A_s、A'_s

在式（6-8）、式（6-9）中，有三个未知数，有无数组解，需补充已知条件。为了充分利用混凝土受压，节约钢筋，补充已知条件 $\xi = 0.85\xi_b$，将 $x = 0.85\xi_b h_0$ 代入式（6-9）求解 A'_s 得

$$A'_s = \frac{KNe - f_c b x(h_0 - 0.5x)}{f'_y(h_0 - a'_s)} \qquad (6-13)$$

当求得的 A'_s 满足最小配筋率的要求时，将 A'_s 及 $x = 0.85\xi_b h_0$ 代入式（6-8）得

$$A_s = \frac{f_c b x + f'_y A'_s + KN}{f_y} \qquad (6-14)$$

2. A'_s 已知，求 A_s

如果情况 1 解得的 A'_s 不满足最小配筋率的要求，可按构造要求令 $A'_s = \rho_{min} b h_0$，此时 A'_s 为已知，将 $A'_s = \rho_{min} b h_0$ 代入式（6-8）中求解 x，得

$$x = h_0 - \sqrt{h_0^2 - \frac{2[KNe - f'_y A'_s(h_0 - a'_s)]}{f_c b}} \qquad (6-15)$$

若所得的 x 满足 $2a'_s \leqslant x \leqslant 0.85\xi_b h_0$，则由式（6-8）可得

$$A_s = \frac{f_c b x + f'_y A'_s + KN}{f_y} \qquad (6-16)$$

若 $x < 2a'_s$，则

$$A_s = \frac{KNe'}{f_y(h_0 - a'_s)} \qquad (6-17)$$

求出的 A_s 需满足最小配筋率的要求。

【例 6 - 4】 某矩形水池壁墙厚为 300mm，单位长度（1m）承受轴向拉力 $N=$ 250kN，弯矩设计值 $M=115$kN·m，采用 C20 混凝土及 HRB335 级钢筋，试配置该矩形水池壁的钢筋。

解 （1）基本资料。$f_c=9.6$N/mm²，$f_y=f'_y=300$N/mm²，$K=1.2$，$\xi_b=0.55$，$b=1000$mm。

（2）判别大小偏心受拉。

$$e_0=\frac{M}{N}=\frac{115}{250}=0.46\ (\text{m})=460\ (\text{mm})>\left(\frac{h}{2}-a_s\right)=110\ (\text{mm})$$

拉力 N 作用在 A_s、A'_s 之外，故为大偏心受拉。

（3）求 A_s、A'_s。

$$e=e_0-\frac{h}{2}+a_s=460-\frac{300}{2}+40=350\ (\text{mm})$$

补充已知条件 $x=0.85\xi_b h_0$，将 $x=0.85\xi_b h_0$ 代入式（6-9）求解 A'_s 得

$$A'_s=\frac{KNe-f_c bh_0^2 0.85\xi_b(1-0.5\times0.85\xi_b)}{f'_y(h_0-a'_s)}$$

$$=\frac{1.2\times250\times10^3\times350-9.6\times1000\times260^2\times0.85\times0.55\times(1-0.5\times0.85\times0.55)}{300\times(560-40)}<0$$

令 $A'_s=\rho_{min}bh_0=0.002\times1000\times260=520\ (\text{mm}^2)$，选用 $\Phi10@150$，$A'_s=523$mm²。

按 A'_s 为已知，由式（6-15）可求得

$$x=h_0-\sqrt{h_0^2-\frac{2\left[KNe-f'_y A'_s(h_0-a'_s)\right]}{f_c b}}$$

$$=260-\sqrt{260^2-\frac{2\times\left[1.2\times250\times10^3\times350-300\times523\times(260-40)\right]}{9.6\times1000}}$$

$$=30\ (\text{mm})<2a'_s=2\times40=80\ (\text{mm})$$

$$e'=\frac{h}{2}-a'_s+e_0=\frac{300}{2}-40+460=570\ (\text{mm})$$

$$A_s=\frac{KNe'}{f_y(h_0-a'_s)}=\frac{1.2\times250\times10^3\times570}{300\times(260-40)}=2590\ (\text{mm}^2)>\rho_{min}bh_0=520\ (\text{mm}^2)$$

选用 $\Phi20@125$，$A_s=2513$mm²，配筋如图 6-8 所示。

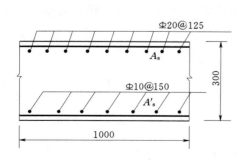

图 6-8 矩形水池壁配筋图（单位：mm）

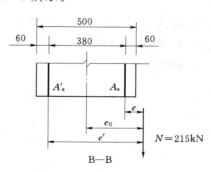

图 6-9 截面 B—B（单位：mm）

【例 6 - 5】 图 6-5 所示为某调压室截面，在土压力及水压力作用下，调压室底部截

面 B—B 每米长度内，内力设计值 $M=72\text{kN}\cdot\text{m}$，$N=215\text{kN}$。试配置截面 B—B 的钢筋，截面 B—B 如图 6-9 所示。

解　（1）截面有效高度。

$$h_0=h-a_s=500-60=440 \text{ （mm）}$$

$$h'_0-a'_s=440-60=380 \text{ （mm）}$$

（2）判别偏心受拉类型。

$$e_0=\frac{M}{N}=\frac{72}{215}=0.334 \text{ （m）} =334 \text{ （mm）} >\frac{h}{2}-a_s=\frac{500}{2}-60=190 \text{ （mm）}$$

N 作用点在钢筋范围之外（见图 6-9），属大偏心受拉构件，调压室壁内侧受拉，钢筋为 A_s，外侧钢筋为 A'_s。

（3）计算受压侧钢筋面积 A'_s。

$$e=e_0-\frac{h}{2}+a_s=334-\frac{500}{2}+60=144 \text{ （mm）}$$

令 $x=0.85\xi_b h_0$，对 HPB235 级钢筋，$\xi_b=0.614$。

$$A'_s=\frac{KNe-f_c bh_0^2 0.85\xi_b \ (1-0.5\times0.85\xi_b)}{f'_y(h_0-a'_s)}$$

$$=\frac{1.2\times215\times10^3\times144-9.6\times1000\times440^2\times0.85\times0.614\times(1-0.5\times0.85\times0.614)}{210\times(440-60)}<0$$

选用 Φ 16@220（$A'_s=914 \text{ mm}^2$）。

$$A'_s=914\text{mm}^2>\rho'_{\min}bh_0=0.2\%\times1000\times440=880 \text{ （mm}^2）$$

满足构造要求。

（4）计算受压区高度 x。

按 A'_s 为已知，由式（6-15）可求得

$$x=h_0-\sqrt{h_0^2-\frac{2\left[KNe-f'_y A'_s(h_0-a'_s)\right]}{f_c b}}$$

$$=440-\sqrt{440^2-\frac{2\times\left[1.2\times215\times10^3\times144-210\times914\times(440-60)\right]}{9.6\times1000}}=-8.4(\text{mm})<0$$

说明按所选 A'_s 进行计算就不需要混凝土承担任何内力了，这意味着实际上 A'_s 的应力不会达到屈服强度，所以按 $x<2a'_s$ 计算 A_s。

（5）计算钢筋面积 A_s。

$$e'=e_0+\frac{h}{2}-a'_s=334+\frac{500}{2}-60=524 \text{ （mm）}$$

$$A_s=\frac{KNe'}{f_y(h_0-a'_s)}=\frac{1.2\times215\times10^3\times524}{210\times(440-60)}=1694 \text{ （mm}^2）>\rho_{\min}bh_0$$

$$\rho_{\min}bh_0=0.2\%\times1000\times440=880 \text{ （mm}^2）$$

选配 Φ 16@110（$A_s=1828\text{mm}^2$）

$$A_s=1828 \text{ （mm}^2）>\rho_{\min}bh_0=0.2\%\times1000\times440=880 \text{ （mm}^2）$$

为了使调压室断面配筋协调，本例题钢筋的选配要联系［例6-3］中截面A—A的钢筋情况，截面B—B外侧配筋Φ16@220mm与截面A—A的外侧配筋Φ16@220mm相同；截面B—B内侧配筋Φ16@110mm则是在截面A—A的内侧配筋Φ16@220mm的基础上再添加Φ16@220mm而形成，调压室截面配筋如图6-10所示。

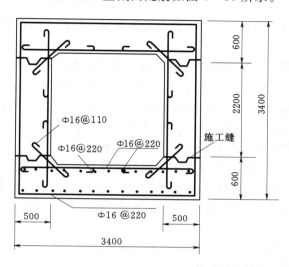

图6-10　调压室断面配筋图（四边配筋一致）

（单位：mm）

6.5　偏心受拉构件斜截面受剪承载力计算

偏心受拉构件若同时作用有剪力V，也需进行斜截面受剪承载力验算。偏心受拉构件在拉力和剪力共同作用下，斜裂缝提前出现，轴向拉力的存在会增加裂缝开展宽度，裂缝末端剪压区高度较小，在小偏心受拉情况下甚至出现贯通的斜裂缝，使斜截面受剪承载力降低，降低程度与拉力大小有关。

偏心受拉构件斜截面受剪承载力的计算公式、计算步骤和受弯构件受剪承载力计算公式、步骤类似。偏心受拉构件斜截面受剪承载力的计算公式是建立在受弯构件斜截面受剪承载力计算公式的基础上，并考虑由于拉力N的存在使混凝土受剪承载力降低而得到的。规范根据试验资料并从安全考虑，其降低的设计值取为0.2N。

偏心受拉构件斜截面受剪承载力计算公式为

$$KV \leqslant V_c + V_{sv} + V_{sb} - 0.2N \tag{6-18}$$

式中　　　N——轴向拉力设计值；

V_c、V_{sv}、V_{sb}同第4章所述。

当式（6-18）等号右边的计算值小于$V_{sv} + V_{sb}$时，取等于$V_{sv} + V_{sb}$，因为拉力N的存在，使混凝土受剪承载力降低，但不能降低箍筋和弯起钢筋（斜筋）的抗剪能力，所以，为了保证箍筋的受剪承载力不会太低，要求V_{sv}值不得小于$0.36f_t b h_0$。

学 习 指 导

本章主要掌握以下内容：

（1）受拉构件根据拉力作用位置不同分为轴心受拉构件和偏心受拉构件，理想的轴心受拉构件是不存在的。

（2）钢筋混凝土偏心受拉构件可分为大偏心受拉和小偏心受拉。当拉力作用在 A_s 和 A'_s 之外，称为大偏心受拉；当拉力作用在 A_s 和 A'_s 之间，称为小偏心受拉。

（3）钢筋混凝土轴心受拉构件的破坏特征是：裂缝贯穿整个横截面，混凝土不承担拉力，拉力全部由钢筋承担，截面破坏时受拉钢筋均能达到屈服，小偏心受拉构件的破坏特征与轴心受拉构件相似，破坏时拉力也全部由钢筋承担。

（4）大偏心受拉构件的破坏特征是截面破坏时靠近拉力一侧的钢筋承受全部拉力，达到受拉屈服强度，而在截面另一侧压区混凝土被压碎，其强度达到抗压强度 f_c，受压钢筋应力达到受压屈服强度 f'_y。大偏心受拉构件与大偏心受压构件正截面承载力计算公式及适用条件类似。

（5）受拉构件由于拉力 N 的存在削弱了受拉构件斜截面的抗剪承载力，但不能降低箍筋和弯起钢筋（斜筋）的抗剪能力。

思 考 题

6-1 举例说明工程中有哪些构件属于轴心受拉构件？哪些构件属于偏心受拉构件？

6-2 如何判别钢筋混凝土大、小偏心受拉构件？它们的破坏特征有什么不同？

6-3 用公式表达弯矩 M 对小偏心受拉构件配筋 A_s 和 A'_s 的影响。

6-4 大偏心受拉构件正截面承载力计算公式与大偏心受压构件正截面承载力计算公式有何异同？

6-5 轴心拉力 N 对构件斜截面抗剪承载力有何影响？如何计算受拉构件斜截面抗剪承载力？

6-6 偏心受拉构件是否应考虑偏心距增大系数？为什么？

习 题

6-1 某 3 级建筑物中的悬臂桁架，其上弦截面为矩形，$b \times h = 200\text{mm} \times 300\text{mm}$，$a_s = a'_s = 35\text{mm}$，承受轴向拉力设计值 $N = 250\text{kN}$，弯矩设计值 $M = 25\text{kN} \cdot \text{m}$，混凝土为 C30，钢筋为 HRB335 级钢筋。求 A_s 和 A'_s。

6-2 某 3 级建筑物中的矩形截面偏心受拉构件，截面尺寸 $b \times h = 1000\text{mm} \times 300\text{mm}$，$a_s = a'_s = 35\text{mm}$，承受轴向拉力 $N = 180\text{kN}$，弯矩设计值 $M = 110\text{kN} \cdot \text{m}$，采用

C20 混凝土及 HRB335 级钢筋，求 A_s 和 A_s'。

6-3　某 3 级建筑物中的矩形截面偏心受拉构件，其截面尺寸为 $b \times h = 300\text{mm} \times 400\text{mm}$，$a_s = a_s' = 35\text{mm}$，对称配筋 $A_s = A_s' = 941\text{mm}^2$。承受弯矩设计值 $M = 80\text{kN} \cdot \text{m}$，$e_0 = 210\text{mm}$，采用 C20 混凝土及 HRB335 级钢筋，试确定该截面所能承受的最大轴向拉力。

第 7 章　钢筋混凝土受扭构件承载力计算

教学要求： 本章主要掌握钢筋混凝土受扭构件的配筋形式及构造要求，掌握矩形截面纯扭构件和矩形截面弯、剪、扭构件的承载力计算公式及适用条件，掌握矩形截面受扭构件的设计计算步骤，理解纯扭构件的破坏形态、矩形截面纯扭构件的开裂扭矩，理解矩形截面构件在弯、剪、扭共同作用下的破坏形态，理解弯、剪、扭构件抗弯、抗剪、抗扭钢筋的叠加，了解剪、扭构件承载力计算公式的来历。

7.1　受扭构件的破坏形态和配筋形式

7.1.1　概述

受扭构件主要承受扭矩作用，也是钢筋混凝土结构基本的受力构件，扭矩的形成是因为力的作用平面偏离构件主轴线使截面产生转角。钢筋混凝土构件受到的扭矩通常可分为两类：一类是由荷载作用直接引起，并且由结构的平衡条件所求得的扭矩，称为平衡扭矩，常见平衡扭矩作用的构件有雨篷梁、平面曲梁或折梁，如图 7-1(a)、(b) 所示；另一类是在超静定结构中，扭矩是由相邻构件的变形受到约束而产生，扭矩大小与受扭构件的抗扭刚度有关，称为约束扭矩，如图 7-1(c)、(d) 所示。受约束扭矩作用的钢筋混凝土构件，一旦连接处产生裂缝后，其约束扭矩将随内力重分布而减小。常见受约束扭矩作用的结构有框架结构中与次梁一起整浇的边框架主梁，本章主要讨论受平衡扭矩作用的钢

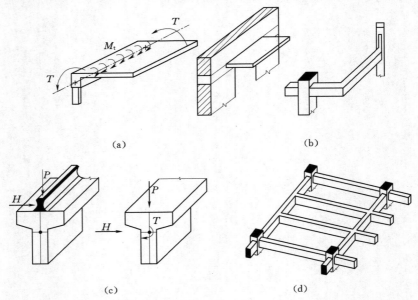

(a)　　　　　　　　　　　　　　　(b)

(c)　　　　　　　　　　　　　　　(d)

图 7-1　构件受到的扭矩分类

筋混凝土受扭构件的承载力计算。实际工程中，只受扭矩作用的纯扭构件是罕见的，构件受扭矩作用的同时，通常还受弯矩和剪力的作用，如图 7-1(a) 所示。因此，本章不仅要介绍纯受扭构件的承载力计算，还要介绍弯、剪、扭复合受力作用下受扭构件承载力的计算。为便于分析，首先介绍钢筋混凝土纯扭构件的破坏形态及开裂扭矩。

7.1.2　受扭构件的破坏

试验表明，承受扭矩作用的素混凝土构件，截面破坏时，裂缝首先出现在截面长边中点处，并迅速沿45°方向延伸至该侧面的上下边缘 a、b 点，再向邻近两个短边的面上继续沿45°方向发展至 c、d 两点，形成三面开裂一面受压的状态，在第四个面上混凝土被压碎，构件即破坏，如图 7-2 所示。

根据对受扭构件的裂缝观察及受力分析，受扭构件最合理的配筋方式是沿构件表面配置与裂缝相互垂直、与主拉应力方向一致的45°方向的螺旋形钢筋，但配置螺旋形钢筋施工复杂，同时螺旋形钢筋不能适应构件反向的扭矩作用，实际工程中较少采用。由于扭矩引起的剪应力在截面四周最大，为满足扭矩反向的要求，在实际工程中，抗扭钢筋采用抗扭横向箍筋和沿截面周边均匀对称布置的抗扭纵向钢筋。抗扭横向箍筋和抗扭纵向钢筋与抗剪箍筋、抗弯纵筋相协调。抗扭钢筋对构件在破坏时的抗扭承载能力有很大作用，抗扭钢筋的配筋量与受扭构件的破坏形态有关，受扭构件的破坏有以下几种形态。

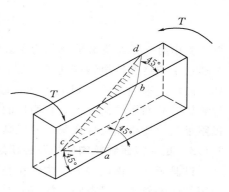

图 7-2　纯扭构件的破坏

1. 少筋破坏

当抗扭钢筋配置过少时，构件的破坏形态与素混凝土受扭构件破坏类似，受扭构件出现裂缝后，由于钢筋配置过少，穿过裂缝的钢筋很快屈服，构件截面的扭转角较小。破坏前无任何预兆，属于脆性破坏，在设计中应予以避免。如图 7-3(a) 所示，少筋破坏的破坏扭矩基本上与开裂扭矩相等，破坏扭矩是确定最小配筋率的依据。

2. 完全超筋破坏

当抗扭纵筋和抗扭箍筋都配置过多时，破坏前构件上出现很多细小的45°方向螺旋裂缝，穿过裂缝的抗扭钢筋均未达到屈服，破坏形态如图 7-3(c) 所示，构件破坏是由某相邻两条45°螺旋裂缝间的混凝土被压碎引起的。构件破坏时截面的扭转角也较小，破坏前没有预兆，属于脆性破坏，在设计中应予以避免。该类破坏模型是确定抗扭钢筋最大值的依据。

3. 部分超筋破坏

当抗扭纵筋或抗扭箍筋之一用量过多时，两者用量比值不当，构件在破坏时，配置适量的钢筋（箍筋或纵筋）首先达到屈服，受压区混凝土被压碎，而配置过多的钢筋（纵筋或箍筋）尚不屈服，构件破坏时有一定的延性，设计时可采用，但不经济。

4. 适筋破坏

当抗扭纵筋和抗扭箍筋配置适量时，构件破坏前，先后出现多条45°方向的螺旋裂

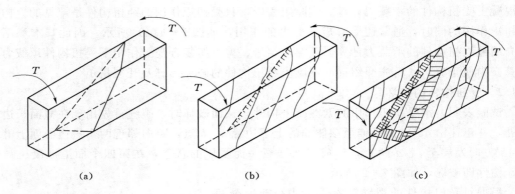

（a）　　　　　　　　　（b）　　　　　　　　　（c）

图 7 - 3　纯扭构件的破坏形态

缝，其中有一条螺旋裂缝发展为主裂缝。构件在出现裂缝后，抗扭钢筋始终发挥作用，直至通过主裂缝的抗扭钢筋达到屈服，处于主裂缝的第四个面上的受压区混凝土被压碎破坏，破坏形态如图 7 - 3（b）所示，破坏是在螺旋主裂缝造成的空间扭曲面上发生的。构件破坏时截面扭转角较大，有明显的裂缝开展过程，属于延性破坏。适筋破坏时构件受扭极限承载力比少筋构件有很大的提高，是构件抗扭设计所采用的试验依据。

7.1.3　矩形截面纯扭构件的开裂扭矩

试验表明，钢筋混凝土构件在受扭开裂前钢筋应力较低，抗扭钢筋的用量多少对开裂扭矩的影响较小，可忽略抗扭钢筋对开裂扭矩的作用，扭矩主要由混凝土承担，因此，可近似取素混凝土构件的抗扭承载力作为开裂扭矩。开裂扭矩的计算方法有弹性理论分析法和塑性理论分析法。

1. 弹性理论分析法

均质弹性材料的矩形截面构件在扭矩作用下，剪应力大小及剪应力流分布的情况如图 7 - 4（a）所示，最大剪应力 $\tau_{\max}$ 发生在截面长边的中点。由该中点最大剪应力 $\tau_{\max}$ 引起的主拉应力 σ_{tp}、主压应力 σ_{cp} 与构件轴线成 45° 方向，其数值 $\sigma_{tp}=\sigma_{cp}=\tau_{\max}$，当主拉应力达到混凝土轴心抗拉强度 f_t 时，构件在截面长边中点开裂，裂缝成 45° 方向。从弹性理论可知

$$\tau_{\max}=\frac{T}{W_{te}} \tag{7-1}$$

当 $\tau_{\max}$ 达到混凝土轴心抗拉强度 f_t 时，相应的扭矩 T 达到开裂扭矩 T_{cr}，即

$$f_t=\frac{T_{cr}}{W_{te}} \tag{7-2}$$

$$T_{cr}=f_t W_{te} \tag{7-3}$$

式中　W_{te}——截面受扭弹性抵抗矩。

2. 塑性理论分析法

对于理想塑性材料，截面上某一点的应力达到屈服强度时，构件并不立即破坏，构件进入塑性内力重分布，当荷载增加到最大开裂扭矩 T_{cu} 时，截面上所有部位的剪应力达到最大剪应力 $\tau_{\max}=f_t$，所以 $T_{cu}>T_{cr}$。将图 7 - 4（c）所示截面的剪应力分别合成为 F_1、F_2 和 F_3，如图 7 - 4（d）所示，开裂扭矩 T_{cu} 为 F_1、F_2 和 F_3 所组成的力偶。

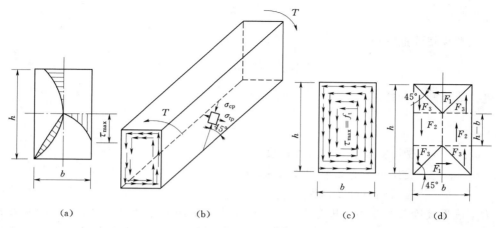

图 7-4 矩形截面受扭构件剪应力分布

$$T_{cu} = F_1\left(h - \frac{b}{3}\right) + F_2\left(\frac{b}{2}\right) + F_3\left(\frac{2b}{3}\right)$$

$$= \tau_{max}\left[\frac{1}{2}b\frac{b}{2}\left(h - \frac{b}{3}\right) + \frac{b}{2}(h - b)\left(\frac{2b}{3}\right) + 2 \times \frac{1}{2}\left(\frac{b}{2}\right)^2\left(\frac{2b}{3}\right)\right]$$

$$T_{cu} = \tau_{max}\left[\frac{b^2}{6}(3h - b)\right]$$

构件开裂时，τ_{max} 达到混凝土轴心抗拉强度 f_t，即

$$T_{cu} = f_t\frac{b^2}{6}(3h - b) = f_t W_t \qquad (7-4)$$

其中

$$W_t = \frac{b^2}{6}(3h - b)$$

式中　W_t——截面受扭塑性抵抗矩；

　　　h、b——矩形截面的长边及短边尺寸。

　　实际上混凝土为弹塑性材料，构件开裂时截面上所有部位的剪应力不可能都达到最大剪应力 $\tau_{max} = f_t$，按塑性理论计算高估了开裂扭矩，而按弹性理论计算认为截面长边中点主拉应力达到混凝土轴心抗拉强度 f_t 时，构件即开裂，低估了开裂扭矩，实际上开裂扭矩值介于弹性和塑性之间。根据试验结果和计算分析，并考虑到使用方便，规范规定，矩形截面纯扭构件的开裂扭矩 T_{cr} 按理想塑性状态的截面应力分布进行计算，但混凝土的轴心抗拉强度应适当降低，降低系数为 0.7，即

$$T_{cr} = 0.7 f_t W_t \qquad (7-5)$$

7.1.4　带翼缘截面纯扭构件的开裂扭矩

　　实际工程中，受扭构件的截面也常有 T 形、工形及倒 L 形等带翼缘的截面。试验表明，带翼缘截面的受扭塑性抵抗矩仍可按理想塑性材料的应力分布图形进行计算，带翼缘截面的受扭塑性抵抗矩近似取等于上、下翼缘和腹板三个矩形部分的塑性抵抗矩之和，即

$$W_t = W_{tw} + W'_{tf} + W_{tf}$$

腹板塑性抵抗矩

119

$$W_{tw} = \frac{b^2}{6}(3h - b)$$

受压翼缘塑性抵抗矩

$$W'_{tf} = \frac{h'^2_f}{2}(b'_f - b)$$

受拉翼缘塑性抵抗矩

$$W_{tf} = \frac{h^2_f}{2}(b_f - b)$$

式中　b'_f、h'_f——受压翼缘有效宽度及高度；

　　　b_f、h_f——受拉翼缘有效宽度及高度；

　　　b、h——腹板的宽度及高度。

为了确保翼缘参与受力，规范规定，上、下有效翼缘的宽度应满足 $b'_f \leqslant b + 6h'_f$ 及 $b_f \leqslant b + 6h_f$ 的条件，即每边伸出腹板能参与受力的翼缘长度不得超过翼缘厚度的 3 倍。腹板净高 h_w 与其宽度 b 之比不得大于 6，如图 7-5 所示。

T 形、I 形截面划分为矩形截面的原则是先按截面总高度确定腹板截面，再划分受压翼缘和受拉翼缘。划分的小块矩形截面如图 7-5 所示。

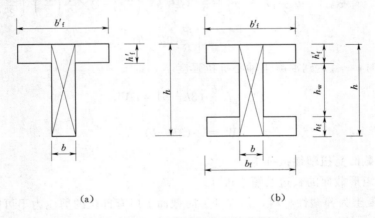

(a)　　　　　　　　　　　　　　(b)

图 7-5　T 形、I 形截面划分为矩形截面的方法

7.2　钢筋混凝土纯扭构件承载力的计算

7.2.1　受扭构件配筋的构造要求

1. 抗扭箍筋

如图 7-6 所示，抗扭箍筋每边都需承担拉力，故抗扭箍筋必须封闭，在绑扎骨架中，箍筋末端应弯成不小于 135°角的弯钩，弯钩端部平直段长不应小于 $5d_{sv}$（d_{sv} 为箍筋直径）和 50mm，以保证箍筋端部锚固在截面核心混凝土内。抗扭箍筋的最大间距与第 4 章抗剪箍筋的最大间距一致。

2. 抗扭纵筋

截面四角处必须放置抗扭纵筋，抗扭纵筋应沿截面周边均匀对称布置，其间距不应大于 200mm，且不应大于截面宽度 b。抗扭纵筋的两端应伸入支座，伸入支座的长度应满足锚固长度 l_a 的要求。

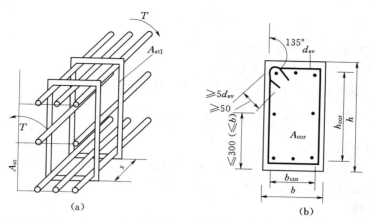

图 7-6 受扭构件配筋形式及构造要求

3. 配筋强度比 ζ

为了防止受扭构件出现部分超筋破坏，抗扭纵筋和抗扭箍筋应有合理的用量比例，既要充分发挥抗扭钢筋的作用，又要满足经济要求，用 ζ 表示受扭构件纵向钢筋与箍筋的配筋强度比（即两者的体积及强度的乘积比），ζ 的计算公式为

$$\zeta = \frac{f_y A_{st} s}{f_{yv} A_{st1} u_{cor}} \tag{7-6}$$

式中　f_y、f_{yv}——纵筋、箍筋的抗拉强度设计值，f_{yv} 取值不应大于 300N/mm^2；

A_{st}——沿截面周边对称布置的全部抗扭纵筋截面面积；

A_{st1}——截面周边所配置的单肢抗扭箍筋截面面积；

s——抗扭箍筋的间距；

u_{cor}——截面核心部分的周长，$u_{cor} = 2(b_{cor} + h_{cor})$，此处 b_{cor}、h_{cor} 分别为从箍筋内表面计算的截面核心部分的短边和长边的尺寸。

试验结果表明 ζ 值在 0.5~2.0 时，抗扭纵筋和抗扭箍筋均能在构件破坏前屈服，规范为安全起见，规定 ζ 值应符合 0.6≤ζ≤1.7 的要求，当 ζ>1.7 时取 ζ=1.7，ζ 的最佳值通常取 1.2。

4. 配筋率

为使受扭构件的破坏形态呈现适筋破坏，规范有下列规定。

（1）抗扭纵向钢筋的配筋率（截面总的抗扭纵向钢筋截面面积与构件截面面积的比值）$\rho_{st} = \dfrac{A_{st}}{bh}$ 应满足以下要求：

HPB235 级钢筋　　　　　　$\rho_{st} = \dfrac{A_{st}}{bh} \geqslant \rho_{stmin} = 0.3\%$

HRB335 级钢筋　　　　　　$\rho_{st} = \dfrac{A_{st}}{bh} \geqslant \rho_{stmin} = 0.2\%$

（2）在弯剪扭构件中，抗剪箍筋与抗扭箍筋的总配箍率应满足以下要求：

HPB235 级钢筋
$$\rho_{svt}=\frac{A_{sv}}{bs}\geqslant\rho_{svmin}=0.20\%$$

HRB335 级钢筋
$$\rho_{svt}=\frac{A_{sv}}{bs}\geqslant\rho_{svmin}=0.15\%$$

7.2.2 矩形截面纯扭构件承载力的计算

1. 矩形截面纯扭构件的承载力计算公式

规范规定，钢筋混凝土矩形截面纯扭构件承载力的计算公式为

$$KT\leqslant0.35f_tW_t+1.2\sqrt{\zeta}\frac{f_{yv}A_{st1}}{s}A_{cor} \tag{7-7}$$

式中　T——扭矩设计值；

K——承载力安全系数，按附表 1-1 取用；

A_{cor}——截面核心部分面积，$A_{cor}=b_{cor}h_{cor}$；

其余符号同前。

式（7-7）表示钢筋混凝土纯扭构件的受扭承载力为混凝土和钢筋两部分受扭承载力之和，等号右边第一项为开裂后的混凝土由于抗扭钢筋使骨料间产生咬合作用而具有的受扭承载力；第二项则为抗扭钢筋的受扭承载力。

2. 公式适用条件

为保证受扭构件发生适筋破坏，截面配筋率及截面尺寸需满足以下要求。

为防止超筋破坏，截面应符合要求：

$$KT\leqslant0.25f_cW_t \tag{7-8}$$

若不满足式（7-8）条件，则需增大截面尺寸或提高混凝土强度等级。

为防止少筋破坏，抗扭钢筋的配筋率应满足下列要求：

$$\rho_{st}=\frac{A_{st}}{bh}\geqslant\rho_{stmin} \tag{7-9}$$

$$\rho_{sv}=\frac{A_{sv}}{bs}\geqslant\rho_{svmin} \tag{7-10}$$

当 $KT\leqslant0.7f_tW_t$ 时，只需根据构造要求按最小配筋率配置抗扭钢筋。

【例 7-1】 某矩形截面纯扭构件，截面尺寸 $b\times h=250mm\times500mm$，混凝土强度等级 C20，纵筋为 HRB335 级钢筋，箍筋为 HPB235 级钢筋，扭矩设计值为 12kN·m，混凝土保护层厚度 $c=35mm$，试计算抗扭钢筋。

解 已知：$f_c=9.6N/mm^2$，$f_t=1.1N/mm^2$，箍筋 $f_{yv}=210N/mm^2$，纵筋 $f_y=300N/mm^2$。

（1）计算构件的基本参数。

$$W_t=\frac{b^2}{6}(3h-b)=\frac{250^2}{6}\times(3\times500-250)=1.3\times10^7(mm^3)$$

$$h_{cor}=500-2\times35=430(mm)$$

$$b_{cor}=250-2\times35=180(mm)$$

$$u_{cor}=2\times(h_{cor}+b_{cor})=2\times(430+180)=1220(mm)$$

$$A_{cor}=h_{cor}b_{cor}=430\times180=77400(mm^2)$$

（2）验算截面尺寸。

$$0.25 f_c W_t = 0.25 \times 9.6 \times 1.3 \times 10^7 = 3.12 \times 10^7 \ (\text{N} \cdot \text{mm}) > KT$$
$$= 1.2 \times 1.2 \times 10^6 = 1.44 \times 10^6 \ (\text{N} \cdot \text{mm})$$

截面尺寸满足要求。

（3）验算可否根据构造要求配置抗扭钢筋。

$$0.7 f_t W_t = 0.7 \times 1.1 \times 1.3 \times 10^7 = 1.0 \times 10^7 \ (\text{N} \cdot \text{mm}) < KT = 1.44 \times 10^6 \ (\text{N} \cdot \text{mm})$$

要按计算配置抗扭钢筋。

（4）计算抗扭箍筋。

由计算公式 $KT \leqslant 0.35 f_t W_t + 1.2 \sqrt{\zeta} \dfrac{f_{yv} A_{st1}}{s} A_{cor}$ 得

$$\frac{A_{st1}}{s} = \frac{KT - 0.35 f_t W_t}{1.2 \sqrt{\zeta} f_{yv} A_{cor}} = \frac{1.2 \times 12 \times 10^6 - 0.35 \times 1.1 \times 1.3 \times 10^7}{1.2 \times \sqrt{1.2} \times 210 \times 77400} = 0.44 \ (\text{mm}^2/\text{mm})$$

设箍筋直径为 Φ8，$A_{st1} = 50.3 \text{mm}^2$，箍筋间距为

$$s = \frac{A_{st1}}{0.44} = \frac{50.3}{0.44} = 114 \ (\text{mm})$$

取箍筋间距为 $s = 110 \text{mm}$。

（5）计算抗扭纵筋。

由公式 $\zeta = \dfrac{f_y A_{st} s}{f_{yv} A_{st1} u_{cor}}$ 得

$$A_{st} = \frac{\zeta f_{yv} A_{st1} u_{cor}}{f_y s} = \frac{1.2 \times 210 \times 50.3 \times 1220}{300 \times 110} = 469 \ (\text{mm}^2)$$

选用 6Φ10，$A_{st} = 471 \text{mm}^2$。

（6）验算配筋率。

抗扭纵筋配筋率为

$$\rho_{st} = \frac{A_{st}}{bh} = \frac{471}{250 \times 500} = 0.377\% > \rho_{stmin} = 0.2\%$$

抗扭箍筋配筋率为

$$\rho_{sv} = \frac{A_{sv}}{bs} = \frac{2 \times 50.3}{250 \times 110} = 0.36\% \geqslant \rho_{svmin} = 0.2\%$$

抗扭纵筋、抗扭箍筋配筋率都满足要求。

截面配筋如图 7-7 所示。

7.2.3 T形、I形截面纯扭构件的承载力计算

试验表明，带翼缘的 T 形、I 形截面构件受扭承载力与腹板、上翼缘、下翼缘受扭承载力之和接近，即扭矩 T 由腹板、上翼缘、下翼缘共同承担，各自承担扭矩的大小按各自受扭塑性抵抗矩比值的大小来决定，腹板、上翼缘、下翼缘承担的扭矩如下：

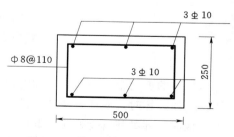

图 7-7 截面配筋图（单位：mm）

腹板
$$T_w = \frac{W_{tw}T}{W_t}$$

上翼缘
$$T'_f = \frac{W'_{tf}T}{W_t}$$

下翼缘
$$T_f = \frac{W_{tf}T}{W_t}$$

在对 T 形、I 形截面构件进行受扭承载力计算时，应根据腹板、上翼缘、下翼缘所承担的扭矩，分别计算腹板、上翼缘、下翼缘所需的抗扭钢筋，抗扭箍筋分别布置在腹板、上翼缘、下翼缘，但需注意彼此间的间距协调，计算所得的抗扭纵向钢筋应配置在整个截面的外边沿上。

7.3　矩形截面弯、剪、扭构件的承载力计算

7.3.1　矩形截面构件在弯、剪、扭共同作用下的破坏形态

影响构件在弯、剪、扭共同作用下的破坏形态的因素较多，其影响因素有截面尺寸，截面高宽比值，混凝土强度等级，弯、剪、扭内力大小及相互比值，截面上、下纵筋用量，纵筋与箍筋配筋强度比等。但主要影响因素为弯、剪、扭内力大小及相互比值和截面上、下纵筋用量。

根据弯剪扭内力比值不同、配筋不同，弯剪扭构件有三种典型的破坏形态，如图 7-8 所示。

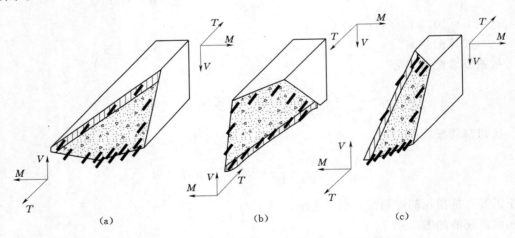

图 7-8　矩形截面弯、剪、扭构件的破坏形态
(a) 弯型破坏；(b) 扭型破坏；(c) 剪扭型破坏

1. 弯型破坏

当构件的剪力很小，弯矩与扭矩之比较大时，构件破坏受弯矩的控制，构件发生弯型破坏。构件破坏时，底面及两侧面的混凝土先开裂，底部钢筋然后屈服，最后顶面混凝被压碎。截面下部纵筋既受弯矩引起的拉力又受扭矩引起的拉力，随着弯矩或扭矩的增加，构件抗扭或抗弯能力下降。该类破坏主要因弯矩较大而引起，类似于受弯破坏。

2. 扭型破坏

当剪力很小，扭矩与弯矩之比较大时，构件发生扭型破坏。构件发生破坏时，顶面及两侧面的混凝土先开裂，顶部钢筋然后受扭屈服，最后底部混凝土被压碎。该类破坏主要由扭矩引起。

3. 剪扭型破坏

当弯矩很小，剪力和扭矩较大时，构件发生剪扭型破坏。构件发生破坏时，截面长边一侧混凝土先开裂，该侧的抗扭纵筋和抗扭抗剪箍筋然后屈服，最后另一长边压区混凝土被压碎。

7.3.2 矩形截面构件在剪、扭作用下的承载力计算

1. 剪扭承载力的相关关系

试验结果表明，构件在剪力和扭矩共同作用下，抗剪、抗扭承载力比单独剪力或扭矩作用下的抗剪、抗扭承载力要低。而且构件的抗扭承载力随着剪力的增加而减小，构件的抗剪承载力也随着扭矩的增加而减小，我们把这种现象称为抗扭和抗剪的相关性。为了简化计算，规范作了如下规定：

（1）对于剪扭构件抗扭承载力，计算公式仍采用单独抗扭承载力的计算公式，仅对公式中混凝土抗扭作用项乘以降低系数 β_t，即

$$T_c = 0.35\beta_t f_t W_t \tag{7-11}$$

其中

$$\beta_t = \frac{1.5}{1 + 0.5 \dfrac{V W_t}{T b h_0}} \tag{7-12}$$

式中　β_t——剪扭构件抗扭承载力降低系数。

β_t 的范围为 $0.5 \leqslant \beta_t \leqslant 1.0$。当 $\beta_t < 0.5$ 时，取 $\beta_t = 0.5$；当 $\beta_t > 1.0$ 时，取 $\beta_t = 1.0$。

（2）对于剪扭构件抗剪承载力，计算公式仍采用单独抗剪承载力的计算公式，仅对公式中混凝土抗剪作用项乘以降低系数 $(1.5 - \beta_t)$，即

$$V_c = 0.7(1.5 - \beta_t) f_t b h_0 \tag{7-13}$$

2. 计算公式

对剪扭构件进行抗剪、抗扭承载力计算时，计算公式仍采用构件单独抗剪、单独抗扭承载力的计算公式，仅对公式中混凝土抗剪、抗扭作用项乘以相应的降低系数，矩形截面构件在剪、扭作用下的受剪承载力和受扭承载力可分别按式（7-14）、式（7-15）计算，即

$$KV \leqslant 0.7(1.5 - \beta_t) f_t b h_0 + 1.25 f_{yv} \frac{A_{sv}}{s} h_0 \tag{7-14}$$

$$KT \leqslant T_c + T_s = 0.35\beta_t f_t W_t + 1.2\sqrt{\zeta} \frac{f_{yv} A_{st1} A_{cor}}{s} \tag{7-15}$$

7.3.3 矩形截面构件在弯、扭作用下的承载力计算

试验表明，影响弯扭承载力的因素较多，较难准确表达弯扭承载力的相关关系。若截面高宽比较大，而截面侧边的抗扭纵筋配置较弱或箍筋数量相对较少时，构件有可能由于一个侧边的纵筋或箍筋在扭矩作用下首先达到屈服而破坏。这种破坏与截面上下纵筋用量关系不大，因此，其抗扭承载力与弯矩大小关系不大。

规范规定，在弯扭共同作用下构件受弯和受扭承载力计算时，可单独按受弯构件正截面受弯承载力和纯扭构件的受扭承载力进行计算，求得的抗弯、抗扭纵筋在相同部位进行钢筋截面面积叠加，箍筋按抗扭计算并满足构造要求进行配置。

7.3.4　弯、剪、扭共同作用下的承载力计算

钢筋混凝土构件在弯矩、剪力和扭矩共同作用下的承载力影响因素比剪扭、弯扭复杂，难以用相关方程来表达它们之间的关系。因此，目前弯、剪、扭共同作用下的承载力计算是采用单独按受弯计算抗弯纵筋，再按剪扭计算抗剪箍筋、抗扭箍筋、抗扭纵筋，然后进行叠加。

纵筋按正截面受弯承载力计算所得的纵向钢筋和剪扭承载力计算所得的纵向钢筋在重叠处面积叠加。如图 7-9（a）所示为构件受弯正截面承载力计算所得的纵向钢筋 A_s、A_s'，A_s、A_s' 分别布置在截面的受拉侧（底部）和受压侧（顶部），如图 7-9（b）所示为构件抗扭计算所得的抗扭纵向钢筋 A_{st}，抗扭纵向钢筋沿截面周边均匀布置，纵向钢筋叠加结果如图 7-9（c）所示。

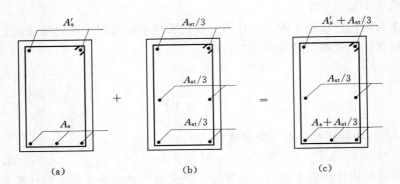

图 7-9　弯、剪、扭构件纵向钢筋叠加

箍筋应按剪扭构件受剪承载力和受扭承载力计算求得的箍筋进行协调配置，相应部位处的箍筋截面面积叠加。如图 7-10（a）所示为剪扭构件的受剪箍筋，肢数 $n=4$，单肢箍筋截面面积为 A_{sv1}，箍筋间距为 s。如图 7-10（b）所示为剪扭构件的受扭箍筋，单肢受扭箍筋截面面积为 A_{st1}，箍筋间距为 s，叠加结果如图 7-10（c）所示。

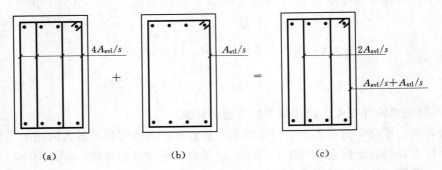

图 7-10　弯、剪、扭构件箍筋叠加

7.3.5 弯、剪、扭构件的承载力计算的适用条件及计算步骤

1. 验算截面尺寸

为防止弯、剪、扭构件发生超筋破坏，对于矩形、T 形、I 形截面构件，当 $h_w/b < 6$ 时，其截面应满足

$$\frac{KV}{bh_0} + \frac{KT}{W_t} \leq 0.25 f_c \qquad (7-16)$$

若截面尺寸不满足式（7-16）要求，则应加大截面尺寸或提高混凝土强度等级。

2. 验算是否按计算确定抗剪、扭钢筋

若满足

$$\frac{KV}{bh_0} + \frac{KT}{W_t} \leq 0.7 f_t \qquad (7-17)$$

则不需对构件进行剪、扭承载力计算，仅按构造要求配置抗剪、抗扭钢筋，另按受弯构件计算抗弯纵向钢筋。

3. 验算是否能忽略剪力的影响

若满足

$$KV \leq 0.35 f_t bh_0 \qquad (7-18)$$

则可忽略剪力的影响，只需分别按受弯构件计算抗弯纵筋，按纯扭构件计算抗扭纵筋及抗扭箍筋。

4. 确定是否能忽略扭矩的影响

若满足

$$KT \leq 0.175 f_t W_t \qquad (7-19)$$

则可不计扭矩的影响，而只需按受弯构件计算抗弯纵筋，按斜截面受剪计算抗剪箍筋。

5. 钢筋截面积的叠加

若不能忽略扭矩和剪力，则需按剪、扭构件计算抗剪箍筋、抗扭纵向钢筋和抗扭箍筋。按受弯构件正截面承载力计算所需的纵向钢筋。在相应的部位叠加抗弯纵筋和抗扭纵筋，叠加抗剪箍筋和抗扭箍筋，再统一选配钢筋。

6. 验算配筋率

（1）纵筋。在弯、剪、扭构件中，抗弯的纵向钢筋的用量不应小于第 3 章正截面受弯最小纵向钢筋用量，抗扭的纵向钢筋用量不应小于 $\rho_{stmin} bh$。

（2）箍筋。在弯剪扭构件中，抗剪箍筋与抗扭箍筋的总配箍率应满足以下要求：

HPB235 级钢筋 $\qquad \rho_{st} = \dfrac{A_{st}}{bh} \geq \rho_{stmin} = 0.3\%$

HRB335 级钢筋 $\qquad \rho_{st} = \dfrac{A_{st}}{bh} \geq \rho_{stmin} = 0.2\%$

【例 7-2】 某小型水电站机墩采用环状平面曲梁形式，如图 7-11 所示。截面尺寸 $b \times h = 600mm \times 500mm$，支座最大内力设计值为弯矩设计值 $M = -139.5kN \cdot m$，剪力设计值 $V = 159.5kN$，扭矩设计值 $T = 30.2kN \cdot m$；梁底纵向钢筋按跨中截面弯矩计算，跨中截面弯矩 $M = 82kN \cdot m$，采用 C20 混凝土，HPB235 级钢筋，混凝土保护层 $c = 35mm$，

试配置该梁截面钢筋。

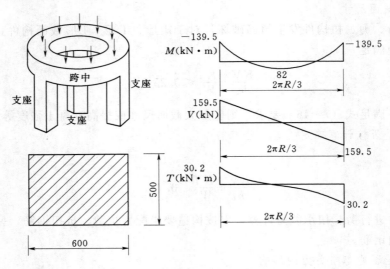

图 7-11　水电站机墩及内力图（单位：mm）

解　该环状平面曲梁为弯剪扭受力构件，取支座截面进行设计，梁底纵向钢筋按跨中截面弯矩 $M=82\text{kN·m}$ 计算，C20 混凝土 $f_c=9.6\text{N/mm}^2$，$f_t=1.1\text{N/mm}^2$，HPB235 级钢筋 $f_y=210\text{N/mm}^2$。

（1）验算截面尺寸。估计纵筋直径为 20mm，布置一排，则

$$h_0=h-c-0.5d=500-35-0.5\times20=455\text{（mm）}$$

计算截面受扭塑性抵抗矩 W_t

$$W_t=\frac{b^2}{6}(3h-b)=\frac{500^2}{6}\times(3\times600-500)=54.17\times10^6\text{（N·mm）}$$

求 W_t 时，式中 b 为矩形截面短边尺寸。

$$h_w/b=h_0/b=455/600<6$$

$$\frac{KV}{bh_0}+\frac{KT}{W_t}=\frac{1.2\times159.5\times10^3}{600\times455}+\frac{1.2\times30.20\times10^6}{54.17\times10^6}=1.370\text{（N/mm}^2）$$

$$0.25f_c=0.25\times9.6=2.4\text{（N/mm}^2）$$

$$\frac{KV}{bh_0}+\frac{KT}{W_t}<0.25f_c$$

截面满足最小尺寸要求。

（2）验算是否需按计算确定抗剪扭钢筋。

$$\frac{KV}{bh_0}+\frac{KT}{W_t}=1.370\text{（N/mm}^2)>0.7f_t=0.7\times1.1=0.77\text{（N/mm}^2）$$

需按计算配置抗剪扭钢筋。

（3）验算是否能忽略剪力的影响。

$$0.35f_tbh_0=0.35\times1.1\times600\times455=105.1\times10^3\text{N}=105.1\text{（kN）}<KV$$

$$=1.2\times159.5=191.4\text{（kN）}$$

不可忽略剪力作用。

（4）验算是否能忽略扭矩的影响。

$$0.175 f_t W_t = 0.175 \times 1.1 \times 54.17 \times 10^6 = 10.43 \times 10^6 \ (\text{N} \cdot \text{mm}) = 10.43 \ (\text{kN} \cdot \text{m})$$
$$< KT = 1.2 \times 30.20 \ (\text{kN} \cdot \text{m}) = 36.24 \ (\text{kN} \cdot \text{m})$$

不可忽略扭矩的作用，需按弯剪扭构件计算环形梁。

（5）计算箍筋数量。

1）由式（7-12）计算剪扭构件承载力降低系数 β_t。

$$\beta_t = \frac{1.5}{1 + 0.5 \dfrac{V}{T} \dfrac{W_t}{bh_0}} = \frac{1.5}{1 + 0.5 \times \dfrac{159.5 \times 10^3}{30.20 \times 10^6} \times \dfrac{5.417 \times 10^7}{600 \times 455}} = 0.9848$$

2）计算抗剪箍筋。由公式（7-14）得

$$\frac{A_{sv}}{s} = \frac{KV - 0.7 \ (1.5 - \beta_t) \ f_t bh_0}{1.25 f_{yv} h_0}$$

$$= \frac{1.2 \times 159.5 \times 10^3 - 0.7 \times (1.5 - 0.9848) \times 1.1 \times 600 \times 455}{1.25 \times 210 \times 455} = 0.696 \ (\text{mm}^2/\text{mm})$$

3）计算抗扭箍筋。取受扭钢筋强度比 $\zeta = 1.2$，由式（7-15）得

$$\frac{A_{st1}}{s} = \frac{KT - 0.35 \beta_t f_t W_t}{1.2 \sqrt{\zeta} f_{yv} A_{cor}}$$

$$= \frac{1.2 \times 30.2 \times 10^6 - 0.35 \times 0.9843 \times 1.1 \times 54.17 \times 10^6}{1.2 \times \sqrt{1.2} \times 210 \times (600 - 2 \times 35) \times (500 - 2 \times 35)} = 0.2498 \ (\text{mm}^2/\text{mm})$$

4）求箍筋总数量。因梁宽度较大（$b = 600$mm），应选四肢箍，即 $n = 4$；箍筋按下式叠加。

$$\frac{A_{svt}}{s} = \frac{A_{sv}}{ns} + \frac{A_{st1}}{s} = \frac{0.696}{4} + 0.2498 = 0.4238 \ (\text{mm}^2/\text{mm})$$

设箍筋直径 $d = 8$mm，$A_{svt} = 50.3$mm^2，则

$$s = A_{svt} / (A_{svt}/s) = 50.3/0.4238 = 118.7 \ (\text{mm})$$

取 $s = 110$mm。

5）验算配箍率。箍筋间距 $s = 110$mm $< s_{max} = 200$mm。

$$\rho_{svt} = \frac{n A_{svt}}{bs} = \frac{4 \times 50.3}{600 \times 110} = 0.305\% > \rho_{svtmin} = 0.20\%$$

符合截面最小配箍率的要求。

（6）计算纵筋数量。

1）抗弯纵筋。按单筋矩形截面受弯构件计算。

a. 上层抗弯纵筋（$M = 139.5$kN $\cdot$ m）。

$$x = h_0 - \sqrt{h_0^2 - \frac{2KM}{f_c b}}$$

$$= 455 - \sqrt{455^2 - \frac{2 \times 1.2 \times 139.5 \times 10^6}{9.6 \times 600}} = 69.1 \ (\text{mm}) \leqslant 0.85 \xi_b h_0 = 237 \ (\text{mm})$$

$$A_s = \frac{f_c bx}{f_y} = \frac{9.6 \times 600 \times 69.1}{210} = 1895 \ (\text{mm}^2)$$

验算配筋率

$$\rho=\frac{A_s}{bh_0}=\frac{1895}{600\times455}=0.69\%\geqslant\rho_{\min}=0.25\%$$

b. 下层抗弯纵筋（$M=82\text{kN}\cdot\text{m}$）。

$$x=h_0-\sqrt{h_0^2-\frac{2KM}{f_cb}}$$

$$=455-\sqrt{455^2-\frac{2\times1.2\times82\times10^6}{9.6\times600}}=39.2\ (\text{mm})\leqslant0.85\xi_bh_0=237\ (\text{mm})$$

$$A_s=\frac{f_cbx}{f_y}=\frac{9.6\times600\times39.2}{210}=1076\ (\text{mm}^2)$$

验算配筋率

$$\rho=\frac{A_s}{bh_0}=\frac{1076}{600\times455}=0.39\%\geqslant\rho_{\min}=0.25\%$$

2）求抗扭纵筋。

$$u_{cor}=2\times[(600-2\times35)+(500-2\times35)]=1920\ (\text{mm})$$

$$A_{st}=\frac{f_{yv}}{f_y}\frac{A_{st1}}{s}u_{cor}\zeta=\frac{210}{210}\times0.2498\times1920\times1.2=576\ (\text{mm}^2)$$

3）验算受扭纵筋最小配筋率。

$$\rho_{st}=\frac{A_{st}}{bh}=\frac{576}{600\times500}=0.192\%<\rho_{stmin}=0.3\%$$

应按最小配筋率计算受扭纵筋，即

$$A_{st}=\rho_{stmin}bh=0.3\%\times600\times500=900\ (\text{mm}^2)$$

4）分配受扭纵筋与选配截面钢筋。因受扭纵筋要求 $s\leqslant300\text{mm}$ 和 $s\leqslant h=500\text{mm}$，故将受扭纵筋数量分为 8 份，布置在四角和每边中点处，则

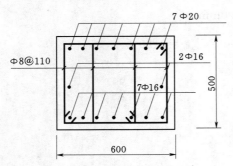

图 7-12 截面配筋（单位：mm）

上层：3 份受扭纵筋与抗弯纵筋叠加，$\frac{3}{8}A_{st}+A_s=\frac{3}{8}\times900+1895=2233(\text{mm}^2)$，选 7 Φ 20 （$A_s=2199\text{mm}^2$）。$b_{\min}=2c+7d+6e=2\times35+7\times20+6\times30=390\ (\text{mm})<600\ (\text{mm})$，符合构造要求。

中层：2 份受扭纵筋，$\frac{2}{8}A_{st}=\frac{2}{8}\times900=225\ (\text{mm}^2)$，选 2 Φ 16，（$A_s=402\text{mm}^2$）。

下层：3 份受扭纵筋与抗弯纵筋叠加，$\frac{3}{8}A_{st}+A_s=\frac{3}{8}\times900+1076=1414\ (\text{mm}^2)$，选 7 Φ 16，$A_s=1407\text{mm}^2$，环形梁截面配筋如图 7-12 所示。

本章主要掌握以下内容：

（1）钢筋混凝土纯扭构件在不同的配筋情况下，破坏形式归纳为四种：少筋破坏、适筋破坏、超筋破坏和部分超筋破坏。少筋破坏和超筋破坏为脆性破坏，在工程中应避免，部分超筋不经济。

（2）试验表明，钢筋混凝土纯扭构件的开裂扭矩与素混凝土构件基本相同，这表明混凝土开裂前，扭矩主要由混凝土承担。规范规定，矩形截面纯扭构件的开裂扭矩 T_{cr} 按理想塑性材料应力图计算，但混凝土的轴心抗拉强度应适当降低，降低系数为 0.7，即：$T_{cr} = 0.7 f_t W_t$。

（3）钢筋混凝土纯扭构件的抗扭承载力由混凝土与钢筋两部分的抗扭承载力组成。混凝土部分的抗扭承载力为开裂扭矩的一半。抗扭钢筋由抗扭纵筋和抗扭箍筋组成，为使抗扭纵筋和箍筋相匹配，有效地发挥抗扭作用，应使两者的配筋强度比 ζ 在 $0.6 \sim 1.7$ 之间，一般 ζ 取 1.2。

（4）在剪扭组合作用下，剪扭构件的承载力计算公式以单独受扭、受剪承载力计算公式为基础，仅考虑混凝土作用项抗扭、抗剪承载力降低，即在纯扭计算公式、抗剪计算公式中对混凝土承载力项分别乘以系数 β_t、$1.5 - \beta_t$。

（5）弯剪扭组合作用下，构件的破坏形态根据 M、V、T 之间的比值和配筋情况不同，分为弯型破坏、扭型破坏和剪扭型破坏。弯剪扭组合作用下，构件的受力复杂。计算时，规范建议采用简便实用的叠加法，即箍筋数量由剪扭相关性的抗扭和抗剪计算结果进行叠加，纵筋的数量则由抗弯和抗扭计算的结果进行叠加。

（6）T 形和 I 形截面在弯剪扭组合作用下承载力计算时，建议弯矩由整个截面承担，剪力由腹板承担，扭矩按截面腹板、受压翼缘和受拉翼缘的相对抗扭塑性抵抗矩分配，然后按矩形截面弯剪扭构件计算原则进行。

（7）受扭构件的配筋须满足构造要求，截面应满足截面限制条件，配筋应满足最小配筋率条件，以防止超筋或少筋破坏。

思 考 题

7-1 钢筋混凝土纯扭构件有哪些破坏形态？破坏特征是什么？抗扭钢筋对构件的受扭承载力、开裂扭矩各有什么影响？

7-2 配筋强度比 ζ 对构件的配筋和破坏形式有什么影响？

7-3 纯扭构件计算中如何防止超筋和少筋破坏？如何避免部分超筋破坏？

7-4 受扭构件的配筋有哪些构造要求？

7-5 弯剪扭构件的破坏形态有哪些？说明 M、V、T 之间的比值和配筋情况对弯剪扭构件的破坏形态有何影响？说明弯扭构件钢筋叠加方法。

7-6　简述弯剪扭构件承载力计算的基本步骤，说明弯剪扭构件钢筋叠加方法。

7-7　剪-扭承载力相关关系有何特点？在剪扭承载力计算中为什么仅在各自第一项（混凝土部分）考虑剪扭相关影响？

习　　　题

7-1　某矩形截面纯扭构件，属于 3 级建筑，截面尺寸 $b=300\text{mm}$，$h=600\text{mm}$，混凝土强度等级为 C20，纵筋为 HRB335 级钢筋，箍筋为 HPB235 级钢筋，扭矩设计值为 $T=37\text{kN}\cdot\text{m}$，试计算该梁配筋，并绘制截面配筋图。

7-2　某矩形截面梁，属于 2 级建筑，$b=250\text{mm}$，$h=500\text{mm}$，混凝土强度等级为 C20，纵筋为 HRB335 级钢筋，箍筋为 HPB235 级钢筋。该梁受剪力设计值为 $V=150\text{kN}$，扭矩设计值为 $T=14\text{kN}\cdot\text{m}$，试计算该梁配筋，并绘制截面配筋图。

7-3　某钢筋混凝土矩形截面梁，属于 1 级建筑，承受均布荷载作用，$b=250\text{mm}$，$h=600\text{mm}$，梁上承受的弯矩设计值 $M=120\text{kN}\cdot\text{m}$，剪力设计值 $V=150\text{kN}$，扭矩设计值 $T=20.4\text{kN}\cdot\text{m}$，混凝土强度等级为 C30，纵筋为 HRB335 级钢筋，箍筋为 HPB235 级钢筋，试计算该梁配筋，并画出配筋图。

7-4　某 T 形截面构件，属于 3 级建筑，其截面尺寸 $b'_f=600\text{mm}$，$h'_f=100\text{mm}$，$b=250\text{mm}$，$h=600\text{mm}$，梁上承受的弯矩设计值 $M=120\text{kN}\cdot\text{m}$，剪力设计值为 $V=160\text{kN}$，扭矩设计值 $T=15.4\text{kN}\cdot\text{m}$，混凝土强度等级为 C25，纵筋为 HRB400 级钢筋，箍筋为 HPB235 级钢筋。试设计该梁，并画出配筋图。

第8章　钢筋混凝土构件正常使用极限状态验算

教学要求： 掌握抗裂验算、裂缝宽度验算、变形验算的方法步骤；掌握增大构件抗裂能力、减小裂缝宽度及梁板变形的合理措施。理解换算截面、短期刚度及长期刚度的概念。

8.1　概　　述

对承受弯、压、拉、扭的构件进行承载能力极限状态计算，是为了保证结构构件的安全可靠。为保证结构构件的适用性和适当的耐久性，还应进行结构正常使用极限状态的验算，包括抗裂验算、裂缝宽度验算及变形验算。

(1) 抗裂验算。抗裂验算是针对在使用上要求不出现裂缝的构件而进行的验算。规范规定，应对承受水压的轴心受拉构件、小偏心受拉构件进行抗裂验算。对于产生裂缝后会引起严重渗漏的其他构件，也应进行抗裂验算。

(2) 裂缝宽度验算。裂缝宽度验算是针对在使用上允许出现裂缝的构件而进行的验算。产生裂缝的原因很多，常分为荷载作用引起的裂缝和非荷载因素引起的裂缝两种。本章所涉及的抗裂及裂缝开展宽度计算，仅限于荷载作用产生的裂缝。对于非荷载因素产生的裂缝，例如因水化热、温度变化、收缩、基础不均匀沉降等原因而产生的裂缝，主要用控制施工质量、改进结构形式、认真选择原材料、配置构造钢筋等措施去解决。

由于混凝土的抗拉性能很低，构件截面上的拉应力常常大于混凝土的抗拉强度，构件就出现裂缝。如果裂缝过宽，则会降低混凝土的抗渗性和抗冻性，进而影响结构的耐久性。因此，需限制裂缝的宽度，进行裂缝宽度验算。规范根据结构构件所处环境的类别规定了最大裂缝宽度的允许值，见附表5-1。

(3) 变形验算。变形验算是针对使用上需控制挠度值的结构构件而进行的验算。如吊车梁或门机轨道梁等构件，变形过大时会妨碍吊车或门机的正常行驶；闸门顶梁变形过大时会使闸门顶梁与胸墙底梁之间止水失效。对于这类有严格限制变形要求的构件以及截面尺寸特别单薄的装配式构件，就需要进行变形验算，以控制构件的变形。规范根据受弯构件类型规定了允许挠度值，见附表5-2。

超出正常使用极限状态产生的后果不像超出承载能力极限状态所产生的后果那样严重，所以正常使用极限状态验算所要求的目标可靠指标小于承载能力极限状态的可靠度指标。在进行正常使用极限状态验算时，荷载和材料强度均取用其标准值，而不是它们的设计值。

8.2　抗　裂　验　算

抗裂验算是针对使用上要求不出现裂缝的构件而进行的计算，故构件受拉区混凝土将裂未裂时的极限状态为抗裂验算的依据。规范规定，按荷载标准组合作用，构件中混凝土的最大拉应力不超过混凝土的抗拉应力允许值 $\alpha_{ct}f_{tk}$，f_{tk} 是混凝土轴心抗拉强度标准值，α_{ct} 是混凝土拉应力限制系数。

8.2.1　轴心受拉构件

当钢筋混凝土轴心受拉构件处于将裂未裂的极限状态时，混凝土的拉应力达到其轴心抗拉强度标准值 f_{tk}，拉应变达到其极限拉伸值 ε_{tmax}，图 8-1 为抗裂验算的应力图形。

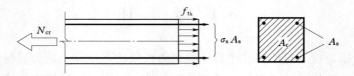

图 8-1　轴心受拉构件抗裂验算应力图形

由力的平衡条件得

$$N_{cr}=f_{tk}A_c+\sigma_sA_s \tag{8-1}$$

式中　N_{cr}——截面能抵抗的轴向拉力；

A_c——混凝土截面面积。

为了简化计算公式，同时使其与受弯构件、偏心受拉构件和偏心受压构件的验算公式相协调，规范把钢筋混凝土这种非匀质材料等效变换成相当的匀质材料。即把钢筋的效应等效换算成混凝土的效应，然后按匀质材料进行计算。

构件未裂时，钢筋与混凝土变形相同，应变相等，钢筋的拉应力 $\sigma_s=\varepsilon_sE_s=\varepsilon_{tmax}E_s$。引入钢筋弹性模量与混凝土弹性模量之比 $\alpha_E=E_s/E_c$，则 $\sigma_s=\alpha_E\varepsilon_{tmax}E_c=\alpha_Ef_{tk}$，说明混凝土在即将开裂时，钢筋应力 σ_s 是混凝土应力 f_{tk} 的 α_E 倍。

将 $\sigma_s=\alpha_Ef_{tk}$ 代入钢筋的效应 σ_sA_s，则 $\sigma_sA_s=\alpha_Ef_{tk}A_s$。此式表明在混凝土开裂之前，截面面积为 A_s 的纵向受拉钢筋的作用，相当于截面面积为 α_EA_s 的受拉混凝土作用，α_EA_s 称为钢筋 A_s 的换算截面面积，则

$$N_{cr}=f_{tk}A_c+\sigma_sA_s=f_{tk}A_c+\alpha_Ef_{tk}A_s=f_{tk}(A_c+\alpha_EA_s)=f_{tk}A_0 \tag{8-2}$$

在正常使用极限状态验算时，为满足目标可靠指标的要求，引进拉应力限制系数 α_{ct}，所以，轴心受拉构件在荷载标准值组合下，应按式（8-3）进行抗裂验算。

$$N_k\leqslant\alpha_{ct}f_{tk}A_0 \tag{8-3}$$

式中　N_k——按荷载标准值计算的轴向拉力值；

f_{tk}——混凝土轴心抗拉强度标准值；

α_{ct}——混凝土拉应力限制系数，对荷载效应的标准组合，α_{ct} 可取为 0.85；

A_0——构件换算截面面积，$A_0=A_c+\alpha_EA_s$

8.2.2 受弯构件

受弯构件正截面在即将开裂的瞬间，其应力状态处于第 I 应力阶段的末尾（见图 8-2）。此时受拉区边缘的拉应变达到混凝土的极限拉伸值 ε_{tmax}，受拉区应力分布为曲线形，具有明显的塑性特征，最大拉应力达到混凝土的抗拉强度（验算时取抗拉强度标准值 f_{tk}）。而受压区混凝土仍接近于弹性工作状态，其应力分布图形为三角形。试验证明，此时的应变符合平截面假定。

在计算受弯构件的抗裂弯矩 M_{cr} 时，可假定混凝土受拉区应力分布如图 8-3 所示（受压区高度用 x_{cr} 表示）。根据图 8-3 应力图形及力的平衡条件，建立截面抗裂弯矩 M_{cr} 与混凝土受拉区边缘应力 f_{tk} 的关系仍然较复杂。为方便起见，采用等效换算的方法，即在保持抗裂弯矩相等的条件下，将受拉区梯形应力图形等效折算成直线分布的应力图形（见图 8-4），此时受拉区边缘应力由 f_{tk} 折算为 $\gamma_m f_{tk}$，然后直接按弹性体的材料力学公式进行计算。

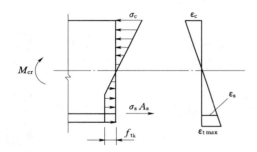

图 8-2　受弯构件正截面第 I 应力阶段末实际的应力与应变图形

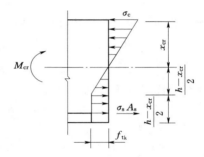

图 8-3　受弯构件正截面第 I 应力阶段末假定的应力图形

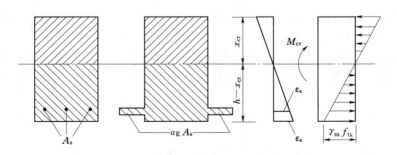

图 8-4　受弯构件正截面抗裂弯矩计算图形

由平衡条件可得

$$M_{cr}/W_0 = \gamma_m f_{tk} \qquad (8-4)$$

为满足目标可靠指标的要求，同样引入拉应力限制系数 α_{ct}，则受弯构件在荷载标准值组合作用下，应按式（8-5）进行抗裂验算，即

$$M_k \leqslant \gamma_m \alpha_{ct} f_{tk} W_0 \qquad (8-5)$$

式中　M_k——按荷载标准值计算的弯矩值；

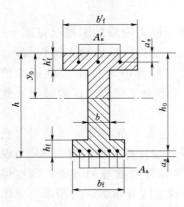

图 8-5　双筋 I 形截面

γ_m——截面抵抗矩塑性系数，对于矩形截面 $\gamma_m = 1.55$，对于其他截面，γ_m 值见附表 5-3；

W_0——换算截面 A_0 对受拉边缘的弹性抵抗矩，$W_0 = \dfrac{I_0}{h - y_0}$；

I_0——换算截面对其重心轴的惯性矩；

y_0——换算截面重心轴至受压边缘的距离。

换算截面的几何特征值及计算方法与材料力学完全相同，下面给出双筋 I 形截面（见图 8-5）的具体公式。对于矩形及 T 形或倒 T 形截面，只需在 I 形截面的基础上去掉无关项即可。

换算截面面积

$$A_0 = bh + (b_f - b)h_f + (b'_f - b)h'_f + \alpha_E A_s + \alpha_E A'_s \tag{8-6}$$

换算截面重心至受压边缘的距离

$$y_0 = \frac{\dfrac{bh^2}{2} + (b'_f - b)\dfrac{h'^2_f}{2} + (b_f - b)h_f\left(h - \dfrac{h_f}{2}\right) + \alpha_E A_s h_0 + \alpha_E A'_s a'_s}{bh + (b_f - b)h_f + (b'_f - b)h'_f + \alpha_E A_s + \alpha_E A'_s} \tag{8-7}$$

换算截面对其重心轴的惯性矩

$$I_0 = \frac{b'_f y_0^3}{3} - \frac{(b'_f - b)(y_0 - h'_f)^3}{3} + \frac{b_f(h - y_0)^3}{3} - \frac{(b_f - b)(h - y_0 - h_f)^3}{3}$$
$$+ \alpha_E A_s(h_0 - y_0)^2 + \alpha_E A'_s(y_0 - a'_s)^2 \tag{8-8}$$

单筋矩形截面的 y_0 及 I_0 也可按下列近似公式计算。

$$y_0 = (0.5 + 0.425\alpha_E\rho)h \tag{8-9}$$

$$I_0 = (0.0833 + 0.19\alpha_E\rho)bh^3 \tag{8-10}$$

式中　ρ——纵向受拉钢筋的配筋率，$\rho = A_s / bh_0$。

8.2.3　偏心受拉构件

偏心受拉构件的计算仍然采用把钢筋截面面积换算为混凝土截面面积，然后用材料力学匀质弹性体的公式进行计算。在荷载标准值组合作用下，应按下列公式分别进行抗裂验算。

$$\frac{M_k}{W_0} + \frac{N_k}{A_0} \leqslant \gamma_{偏拉}\alpha_{ct}f_{tk} \tag{8-11}$$

式中　$\gamma_{偏拉}$——偏心受拉构件的混凝土塑性影响系数。

从图 8-6 可以看出，偏心受拉构件受拉区的塑化效应与受弯构件的塑化效应相比有所减弱，这是因为它的受拉区应变梯度比受弯构件的应变梯度小。但它的塑化效应又比轴心受拉构件的大，因为轴心受拉构件的应变梯度为零。因此，偏心受拉构件的塑性影响系数 $\gamma_{偏拉}$ 应处于 γ_m（截面抵抗矩塑性系数）与 1（轴心受拉构件的塑性影响系数）之间，可近似地认为按线性规律在 1 与 γ_m 之间变化。当平均拉应力 $\sigma = 0$ 时（受弯状态下），$\gamma_{偏拉} = \gamma_m$；当平均拉应力 $\sigma = \alpha_{ct}f_{tk}$ 时（轴心受拉状态下），$\gamma_{偏拉} = 1$，则

$$\gamma_{偏拉} = \gamma_m - (\gamma_m - 1)\frac{N_k}{A_0\alpha_{ct}f_{tk}} \tag{8-12}$$

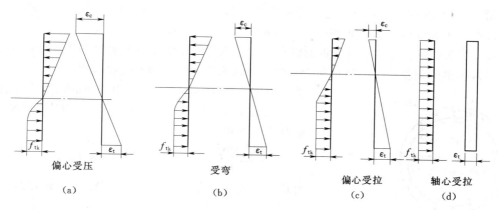

图 8-6 不同受力特征构件即将开裂时的应力及应变图形

将式（8-12）代入式（8-11）中，就可得出偏心受拉构件在荷载标准值组合作用下的抗裂验算公式

$$\frac{M_k}{W_0} + \frac{\gamma_m N_k}{A_0} \leqslant \gamma_m \alpha_{ct} f_{tk} \tag{8-13}$$

式（8-13）也可变换成

$$N_k \leqslant \frac{\gamma_m \alpha_{ct} f_{tk} A_0 W_0}{e_0 A_0 + \gamma_m W_0} \tag{8-14}$$

式中　N_k——由荷载标准值组合计算的轴向拉力值；

　　　　e_0——轴向拉力的偏心距（$e_0 = M_k/N_k$）。

8.2.4　偏心受压构件

与偏心受拉构件的计算原理相同，偏心受压构件在荷载效应的短期组合及长期组合下，可按下列公式分别进行抗裂验算。

$$\frac{M_k}{W_0} - \frac{N_k}{A_0} \leqslant \gamma_{偏压} \alpha_{ct} f_{tk} \tag{8-15}$$

偏心受压构件由于受拉区应变梯度比较大，塑化效应比较充分，因而其塑性影响系数 $\gamma_{偏压}$ 比受弯构件的 γ_m 大。但在实际应用中，为简化计算并考虑偏于安全，取与受弯构件相同的数值，即取 $\gamma_{偏压} = \gamma_m$。

用 γ_m 取代 $\gamma_{偏压}$，并令 $e_0 = M_k/N_k$，则式（8-15）可该改写为

$$N_k \leqslant \frac{\gamma_m \alpha_{ct} f_{tk} A_0 W_0}{e_0 A_0 - W_0} \tag{8-16}$$

8.2.5　提高抗裂的措施

对于钢筋混凝土构件的抗裂能力而言，钢筋所起的作用不大，如果取混凝土的极限拉伸值 $\varepsilon_{tmax} = 0.0001 \sim 0.00015$，则混凝土即将开裂时钢筋的拉应力 $\sigma_s \approx (0.0001 \sim 0.00015) \times 2.0 \times 10^5 = 20 \sim 30$ （N/mm²），可见，此时钢筋的应力很低。若用增加钢筋的办法来提高构件的抗裂能力是不经济、不合理的。提高构件抗裂能力主要方法是加大构件截面尺寸、提高混凝土的强度等级、在混凝土中掺入钢纤维或采用预应力混凝土结构。

【例 8-1】　某压力水管内半径 $r = 800\text{mm}$，管壁厚 130mm；采用 C25 混凝土及 HRB335 级钢筋；水管内水压力标准值 $p_k = 0.2\text{N/mm}^2$。试配置环向钢筋并验算是否抗裂。

解　（1）基本资料。承载力安全系数 $K=1.2$，$f_{tk}=1.78\text{N/mm}^2$，$f_y=300\text{N/mm}^2$，$E_s=2.0\times10^5\text{N/mm}^2$，$E_c=2.8\times10^4\text{N/mm}^2$。

（2）配筋计算。忽略水管自重的影响，并考虑管壁厚度远小于水管半径，可认为水管承受沿环向的均匀拉应力，所以压力水管承受内水压力时为轴心受拉构件。

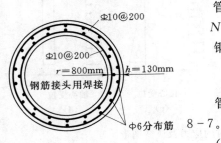

图 8-7　管壁配筋图

管壁单位长度（$b=1000\text{mm}$）内承受的拉力设计值为

$$N=1.2p_krb=1.2\times0.2\times800\times1000=192000\text{（N）}$$

钢筋截面面积

$$A_s=\frac{KN}{f_y}=\frac{1.2\times192000}{300}=768\text{（mm}^2\text{）}$$

管壁内、外层各配置 Φ10@200（$A_s=786\text{mm}^2$），见图 8-7。

（3）抗裂验算。由荷载标准值组合计算的轴向拉力值为

$$N_k=p_krb=0.2\times800\times1000=160000\text{（N）}$$

弹性模量比为

$$\alpha_E=\frac{E_s}{E_c}=\frac{2.0\times10^5}{2.8\times10^4}=7.14$$

截面换算面积为

$$A_0=bh+\alpha_EA_s=1000\times130+7.14\times786=135614\text{（mm}^2\text{）}$$

截面抗裂能力为

$$\alpha_{ct}f_{tk}A_0=0.85\times1.78\times135614=205184\text{（N）}$$
$$>N_k=160000\text{（N）}$$

故满足抗裂要求。

8.3　裂缝宽度验算

引起混凝土裂缝的原因十分复杂，本节只考虑和计算由荷载引起的裂缝开展宽度。规范计算裂缝开展宽度时，采用的是一种综合理论，它认为裂缝的开展宽度主要是由于钢筋和混凝土之间不再保持变形协调而出现相对滑移造成的，同时也与混凝土的保护层厚度有关。

8.3.1　裂缝开展前后的应力状态

为了建立计算裂缝宽度的公式，首先应了解裂缝出现前后构件各截面的应力应变状态。我们以受弯构件的纯弯区段为例加以讨论。

在裂缝出现前，受拉区由钢筋与混凝土共同受力。沿构件长度方向，各截面的受拉钢筋应力及受拉混凝土应力大体上保持均等。

由于各截面的混凝土实际抗拉强度稍有差异，当荷载增加到一定程度，在某一最弱的截面（如图 8-8 中的 a 截面），首先出现第一条裂缝。有时也可能在几个地方同时发生第一批裂缝。在裂缝截面，裂开的混凝土不再承受拉力，原先由受拉混凝土承担的拉力转移到由钢筋承担。所以，裂缝截面的钢筋应力会突然增加，钢筋的应变也有一个突变。加上

原来因受拉而张紧的混凝土在裂缝出现瞬间将分别向裂缝两边回缩，所以裂缝一出现就会有一定的宽度。

受拉张紧的混凝土在向裂缝两边回缩时，混凝土和钢筋产生相对滑移。但因受到钢筋与混凝土黏结作用的影响，混凝土不会很快回缩到完全放松的无应力状态。离裂缝截面越远，黏结力累计越大，混凝土回缩就越小。因此，在远离裂缝的截面，混凝土存在拉应力，而且距裂缝越远，混凝土承担的拉应力越大，钢筋的拉应力就越小。当达到某一距离后，钢筋与混凝土的应力又恢复到未裂前的均匀状态。

当荷载稍有增加时，在应力大于混凝土实际抗拉强度处又将出现第二条裂缝（图 8-8 中的 b 截面）。第二条裂缝出现后，该截面的混凝土脱离工作，应力下降到零，钢筋应力突增。在裂缝出现后，沿构件长度方向，钢筋与混凝土的应力随着裂缝位置而变化的状况如图 8-9 所示。

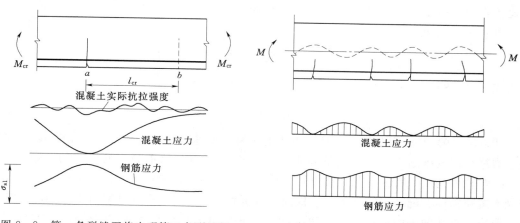

图 8-8　第一条裂缝至将出现第二条裂缝间　　　　图 8-9　中和轴、钢筋及混凝土应力
　　　　　混凝土及钢筋应力分布　　　　　　　　　　　　随裂缝位置变化的情况

由于混凝土质量的不均匀，致使裂缝的间距总是有疏有密，裂缝开展的宽度有大有小。裂缝的间距越大，裂缝开展的越宽；荷载越大，裂缝开展的越宽。

8.3.2　平均裂缝宽度

如果把混凝土的性质理想化，当荷载达到抗裂弯矩 M_{cr} 时，出现第一条裂缝。在裂缝截面，混凝土拉应力下降为零，钢筋应力突增至 σ_s。离开裂缝截面，混凝土仍然受拉，且离裂缝截面越远，受力越大，在应力达到 f_{tk} 处，就是出现第二条裂缝的地方。接着又会相继出现第三、第四条裂缝……所以，理论上裂缝是等间距分布，而且也几乎是同时发生的。此后，荷载的增加只引起裂缝开展宽度加大而不再产生新的裂缝，而且各条裂缝的宽度，在同一荷载下也是相等的。

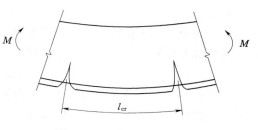

图 8-10　裂缝宽度计算图

由图 8-10 可知，裂缝开展后，在钢筋重心处的裂缝宽度 ω_m 应等于两条相邻裂缝之间的钢筋伸长与混凝土伸长之差，即

139

$$\omega_{\mathrm{m}} = \varepsilon_{\mathrm{sm}} l_{\mathrm{cr}} - \varepsilon_{\mathrm{cm}} l_{\mathrm{cr}} \qquad (8-17)$$

式中　$\varepsilon_{\mathrm{sm}}$、$\varepsilon_{\mathrm{cm}}$——相邻的两条裂缝间钢筋及混凝土的平均应变；

　　　　l_{cr}——裂缝间距。

混凝土的拉伸变形极小，可以近似认为 $\varepsilon_{\mathrm{cm}} = 0$，则式（8-17）可改写为

$$\omega_{\mathrm{m}} = \varepsilon_{\mathrm{sm}} l_{\mathrm{cr}} \qquad (8-18)$$

裂缝截面上混凝土不承担拉力，而裂缝之间的混凝土承担拉力，所以裂缝截面处钢筋应变 ε_{s} 相对最大，非裂缝截面的钢筋应变逐渐减小，在整个 l_{cr} 段长度内，钢筋的平均应变 $\varepsilon_{\mathrm{sm}}$ 比裂缝截面处钢筋的应变 ε_{s} 小（见图 8-9）。我们用受拉钢筋应变不均匀系数 ψ 来表示裂缝之间因混凝土承受拉力而对钢筋应变所引起的影响，它是钢筋平均应变 $\varepsilon_{\mathrm{sm}}$ 与裂缝截面钢筋应变 ε_{s} 的比值，即 $\psi = \varepsilon_{\mathrm{sm}}/\varepsilon_{\mathrm{s}}$。显然 ψ 不会大于 1。ψ 值越小，表示混凝土参与承受拉力的程度越大；ψ 值越大，表示混凝土承受拉力的程度越小，各截面中钢筋的应力就比较均匀；当 $\psi = 1$ 时，表示混凝土完全脱离工作。

由 $\psi = \varepsilon_{\mathrm{sm}}/\varepsilon_{\mathrm{s}}$ 得

$$\varepsilon_{\mathrm{sm}} = \psi \varepsilon_{\mathrm{s}} = \psi \frac{\sigma_{\mathrm{s}}}{E_{\mathrm{s}}}$$

代入式（8-18），得

$$\omega_{\mathrm{m}} = \psi \frac{\sigma_{\mathrm{s}}}{E_{\mathrm{s}}} l_{\mathrm{cr}} \qquad (8-19)$$

式（8-19）是根据黏结滑移理论得出的裂缝宽度基本计算公式。裂缝宽度 ω_{m} 主要取决于裂缝截面的钢筋应力 σ_{s}、裂缝间距 l_{cr} 和裂缝间纵向受拉钢筋应变不均匀系数 ψ，其中，σ_{s} 与构件的受力特征有关，可分别计算；影响 ψ 值的因素很多，除钢筋应力外，还与混凝土抗拉强度、配筋率等有关，应根据试验资料给出；l_{cr} 与钢筋和混凝土之间的黏结强度（取决于钢筋的表面形状）、钢筋的直径 d、钢筋的有效配筋率 ρ_{te} 以及混凝土的保护层厚度 c 有关。根据实验资料，推导出的裂缝间距的半经验半理论公式为

$$l_{\mathrm{cr}} = k_1 c + k_2 \frac{d}{\rho_{\mathrm{te}}} \qquad (8-20)$$

式中　k_1、k_2——由试验资料确定的试验常数。

8.3.3　裂缝宽度验算公式

由于混凝土质量的不均匀，裂缝的间距大小不一，每条裂缝开展的宽度有大有小。所以衡量裂缝开展宽度是否超过允许值，应以最大宽度为准。同时在荷载长期作用下裂缝宽度更有所增长。

规范规定，对于使用上要求限制裂缝宽度的钢筋混凝土构件，按荷载效应标准值组合所求得的最大裂缝宽度 $\omega_{\max}$ 不应超过附表 5-1 规定的允许值，即

$$\omega_{\max} \leqslant [\omega_{\max}]$$

对于矩形、T 形及 I 形截面的钢筋混凝土受拉、受弯和偏心受压构件，按荷载效应的标准组合的最大裂缝宽度 $\omega_{\max}$（以 mm 计）按式（8-21）计算，即

$$\omega_{\max} = \alpha \frac{\sigma_{\mathrm{sk}}}{E_{\mathrm{s}}} \left(30 + c + 0.07 \frac{d}{\rho_{\mathrm{te}}} \right) \qquad (8-21)$$

式中　α——考虑构件受力特征和荷载长期作用的综合影响系数，对受弯和偏心受压构件，

取 $\alpha = 2.1$；对偏心受拉构件，取 $\alpha = 2.4$；对轴心受拉构件，取 $\alpha = 2.7$；

c——最外层纵向受拉钢筋外边缘至受拉区边缘的距离（以 mm 计），当 $c > 65\text{mm}$ 时，取 $c = 65\text{mm}$；

d——受拉钢筋直径，mm。当钢筋用不同直径时，式中的 d 改用换算直径 $d = 4A_s / u$，其中 u 为纵向受拉钢筋截面总周长，mm；

ρ_{te}——纵向受拉钢筋的有效配筋率，$\rho_{te} = A_s / A_{te}$，当 $\rho_{te} < 0.03$ 时，取 $\rho_{te} = 0.03$；

A_{te}——有效受拉混凝土截面面积，mm^2，对受弯、偏心受拉及大偏心受压构件，A_{te} 取为其重心与受拉钢筋 A_s 重心相一致的混凝土面积，即 $A_{te} = 2a_s b$（见图 8-11），其中 a_s 为受拉钢筋 A_s 重心至截面受拉边缘的距离，b 为矩形截面的宽度，对有受拉翼缘的 T 形及 I 形截面，b 为受拉翼缘宽度；对全截面受拉的偏心受拉构件，A_{te} 取拉应力较大一侧钢筋的相应有效受拉混凝土截面面积，对轴心受拉

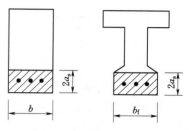

图 8-11 规范中 A_{te} 的取值

构件，A_{te} 取为 $2a_s l_s$，其中 l_s 为沿截面周边配置的受拉钢筋重心连线的总长度；

A_s——受拉区纵向钢筋截面面积，mm^2，对受弯、偏心受拉及大偏心受压构件，A_s 取受拉区纵向钢筋截面面积；对全截面受拉的偏心受拉构件，A_s 取拉应力较大一侧的钢筋截面面积；对轴心受拉构件，A_s 取全部纵向钢筋截面面积；

σ_{sk}——按荷载标准值计算得出的构件纵向受拉钢筋应力，N/mm^2。

试验表明，对于偏心受压构件，当 $e_0 / h_0 < 0.55$ 时，正常使用阶段裂缝宽度较小，均能符合要求，故可不必验算。对于直接承受重复荷载作用的水电站厂房吊车梁，卸载后裂缝可部分闭合，同时吊车满载的可能性也不大，故可将计算所得的最大裂缝宽度 ω_{max} 乘以系数 0.85。

按荷载标准值计算得出的构件纵向受拉钢筋应力 σ_{sk} 由下列公式计算。

1. 轴心受拉构件

计算公式：

$$\sigma_{sk} = \frac{N_k}{A_s} \qquad (8-22)$$

式中 N_k——按荷载标准值计算的轴向拉力值。

2. 受弯构件

在正常使用荷载作用下，假定裂缝截面的受压区混凝土处于弹性阶段，应力图形为三角形分布；受拉区混凝土作用忽略不计，根据截面应变平截面假定，可求得应力图形的内力臂 z，一般可近似地取 $z = 0.87h_0$，如图 8-12 所示。故

$$\sigma_{sk} = \frac{M_k}{0.87h_0 A_s} \qquad (8-23)$$

式中 M_k——按荷载标准值计算的弯矩值。

141

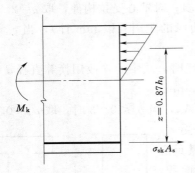

图 8-12　受弯构件截面应力图形

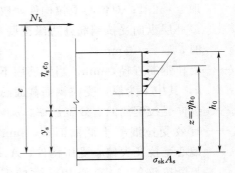

图 8-13　大偏心受压构件截面应力图形

3. 大偏心受压构件

在正常使用荷载下，大偏心受压构件的截面应力图形的假设与受弯构件相同（见图 8-13）。规范给出了计算钢筋应力的计算公式为

$$\sigma_{sk} = \frac{N_k}{A_s}\left(\frac{e}{z} - 1\right) \tag{8-24}$$

$$z = \left[0.87 - 0.12\ (1 - \gamma_f')\ \left(\frac{h_0}{e}\right)^2\right]h_0 \tag{8-25}$$

$$e = \eta_s e_0 + y_s \tag{8-26}$$

$$\eta_s = 1 + \frac{1}{4000\ \dfrac{e_0}{h_0}}\left(\frac{l_0}{h}\right)^2 \tag{8-27}$$

式中　N_k——按荷载标准值计算的轴向压力值；

　　　e——轴向压力作用点至纵向受拉钢筋合力点的距离；

　　　z——纵向受拉钢筋合力点至受压区合力点的距离；

　　　η_s——使用阶段的偏心距增大系数，当 $l_0/h < 14$ 时，取 $\eta_s = 1.0$；

　　　y_s——截面重心至纵向受拉钢筋合力点的距离；

　　　γ_f'——受压翼缘面积与腹板有效面积的比值，$\gamma_f' = \dfrac{(b_f' - b)\ h_f'}{bh_0}$，其中 b_f'、h_f' 分别为

　　　　受压翼缘的宽度、高度，当 $h_f' > 0.2h_0$ 时，取 $h_f' = 0.2h_0$。

4. 偏心受拉构件（矩形截面）

对于偏心受拉构件，按荷载标准值计算时，纵向受拉钢筋应力的统一表达式为

$$\sigma_{sk} = \frac{N_k}{A_s}\left(1 \pm 1.1\ \frac{e_s}{h_0}\right) \tag{8-28}$$

式中　N_k——按荷载标准值计算的轴向拉力值；

　　　e_s——轴向拉力作用点至纵向受拉钢筋（对全截面受拉的偏心受拉构件，为拉应
　　　　力较大一侧的钢筋）合力点的距离，mm。

式（8-28）右边括号内，对于大偏心受拉构件取加号，对于小偏心受拉构件取减号。

当计算所得的最大裂缝宽度 ω_{max} 超过规范规定的允许值时，则认为不满足裂缝宽度的要求，应采取相应措施，以减小裂缝宽度。例如适当减小钢筋直径；采用变形钢筋；必要

时可适当增加配筋量，以降低使用阶段的钢筋应力。对于抗裂和限制裂缝宽度而言，最有效的方法是采用预应力混凝土结构，其内容将在第 10 章中介绍。

【例 8－2】 某钢筋混凝土矩形截面简支梁，属 3 级建筑物，处于露天环境，正常使用状况下承受荷载标准值如图 8－14 所示。$G_k=35kN$，$Q_k=48kN$，$g_k=4kN/m$（包括自重），$q_k=2.5kN/m$；梁截面尺寸为 $b×h=250mm×600mm$，梁的计算跨度 $l_0=6.19m$，混凝土强度等级选用 C25，纵向受力筋用 HRB335 级。经计算，配置 6Φ20 的纵向受拉钢筋，混凝土的保护层厚度 $c=25mm$，试验算梁的裂缝宽度是否满足要求。

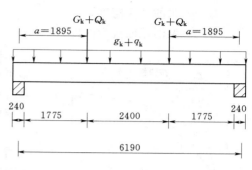

图 8－14　梁的计算简图（单位：mm）

解 （1）基本资料。露天环境属于二类环境，保护层厚度 $c=35mm$，$[\omega_{max}]=0.3mm$；受弯构件，$\alpha=2.1$；纵向受拉钢筋 6Φ20，钢筋截面积 $A_s=1885mm^2$，钢筋直径 $d=20mm$，$E_s=2.0×10^5N/mm^2$；受拉钢筋双排布置，$a_s=c+d+e/2=35+20+30/2=70$（mm），$h_0=h-a_s'=600-70=530$（mm）。

（2）按荷载标准值计算跨中截面的最大弯矩。

$$M_k=(M_{Gk}+M_{Qk})+(M_{gk}+M_{qk})$$

$$=(35+48)×1.895+\frac{1}{8}×(4+2.5)×6.19^2=188.42(kN·m)$$

（3）裂缝宽度验算。纵向受拉钢筋有效配筋率为

$$\rho_{te}=\frac{A_s}{A_{te}}=\frac{A_s}{2a_sb}=\frac{1885}{2×70×250}=0.0539$$

纵向受拉钢筋应力 σ_{sk} 为

$$\sigma_{sk}=\frac{M_k}{0.87h_0A_s}=\frac{188.42×10^6}{0.87×530×1885}=216.8（N/mm^2）$$

最大裂缝宽度为

$$\omega_{max}=\alpha\frac{\sigma_{sk}}{E_s}\left(30+c+0.07\frac{d}{\rho_{te}}\right)$$

$$=2.1×\frac{216.8}{2.0×10^5}×\left(30+35+0.07×\frac{20}{0.0539}\right)=0.21（mm）<[\omega_{max}]=0.3（mm）$$

满足要求。

8.4 变 形 验 算

对需要控制变形的构件，应进行变形验算。构件的挠度计算值不应超过规范规定的允许值，即 $f_{max}≤[f_{max}]$。变形验算只限于受弯构件的挠度验算。

由《工程力学》可知，对于匀质弹性材料梁，计算挠度的公式为

$$f=S\frac{Ml_0^2}{EI} \tag{8-29}$$

式中　　S——与荷载形式、支承条件有关的系数。例如承受均布荷载的简支梁的跨中挠度，$S=5/48$；跨中承受一集中荷载作用的简支梁的跨中挠度，$S=1/12$；

　　　　l_0——梁的计算跨度；

　　　　EI——梁的截面抗弯刚度。

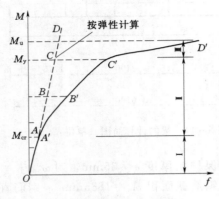

图 8-15　适筋梁的挠度曲线

对于均质线弹性材料，当梁的截面尺寸和材料已定，则截面的抗弯刚度 EI 为一常数。由式（8-29）可知弯矩 M 与挠度 f 呈线性关系，如图 8-15 中虚线所示。

钢筋混凝土梁不是弹性体，它具有一定的塑性性质，变形模量不是常数；另外，钢筋混凝土梁随着受拉区裂缝的产生和发展，截面有所削弱而使截面的惯性矩不断地减小，也不再保持为常值。因此，钢筋混凝土梁随着荷载的增加，其刚度值逐渐降低，实际的弯矩与挠度成曲线关系，所以，首先要了解钢筋混凝土梁的挠度试验。

8.4.1　钢筋混凝土受弯构件的挠度试验

钢筋混凝土适筋梁的 $M—f$ 曲线大体上可分为三个阶段（见图 8-15）。

1. 阶段 Ⅰ

阶段 Ⅰ 为裂缝出现之前。曲线 OA' 与直线 OA 非常接近，临近出现裂缝时，曲线微向下弯，f 值增加稍快。这是由于受拉混凝土出现了塑性变形，其变形模量略有降低造成的。

2. 阶段 Ⅱ

阶段 Ⅱ 为出现裂缝后。$M—f$ 曲线发生明显的转折，出现了第一个转折点（A'）。这是因为混凝土塑性发展，变形模量降低，以及截面开裂，并随着荷载的增加，裂缝不断扩展，截面抗弯刚度逐步降低，曲线 $A'B'$ 偏离直线的程度随荷载的增加而非线性增加。正常使用阶段的挠度验算，主要是指这个阶段的挠度验算。

3. 阶段 Ⅲ

阶段 Ⅲ 为钢筋屈服时。$M—f$ 曲线上出现了第二个转折点（C'）。此时，截面刚度急剧降低，弯矩微小增加就会引起挠度的剧增。

对于钢筋混凝土梁，如果仍用材料力学公式（8-29）中的刚度 EI 计算挠度，显然不能反映梁的实际情况。因此，对钢筋混凝土梁，用抗弯刚度 B 取代式（8-29）中的 EI。刚度 B 确定后就可用材料力学的公式计算梁的挠度，即

$$f=S\frac{Ml_0^2}{B} \tag{8-30}$$

8.4.2　受弯构件的短期刚度 B_s

1. 不出现裂缝的构件

对于不出现裂缝的钢筋混凝土受弯构件，由于截面未削弱，I 值不受影响，但混凝土受拉区塑性的出现，造成其弹性模量有所降低，梁的实际刚度比 EI 值稍低，所以只需将

刚度 EI 稍加修正，即可反映不出现裂缝的钢筋混凝土梁的实际情况。规范采用式（8-31）计算 B_s，即

$$B_s = 0.85 E_c I_0 \qquad (8-31)$$

式中　B_s——不出现裂缝的钢筋混凝土受弯构件的短期刚度；

　　　E_c——混凝土的弹性模量；

　　　I_0——换算截面对其重心轴的惯性矩，按式（8-8）计算；

　　0.85——考虑混凝土出现塑性时弹性模量降低的系数。

2. 出现裂缝的构件

对于出现裂缝的钢筋混凝土受弯构件，根据大量试验数据，采用线性回归法推导出矩形、T 形及 I 形截面构件的短期刚度计算公式为

$$B_s = (0.025 + 0.28 \alpha_E \rho)(1 + 0.55 \gamma'_f + 0.12 \gamma_f) E_c b h_0^3 \qquad (8-32)$$

式中　B_s——出现裂缝的钢筋混凝土受弯构件的短期刚度；

　　　ρ——纵向受拉钢筋的配筋率，$\rho = \dfrac{A_s}{b h_0}$，$b$ 为截面肋宽；

　　　γ'_f——受压翼缘面积与腹板有效面积的比值，$\gamma'_f = \dfrac{(b'_f - b) h'_f}{b h_0}$，其中 b'_f、h'_f 为受压翼缘宽度及高度，当 $h'_f > 0.2 h_0$ 时，取 $h'_f = 0.2 h_0$；

　　　γ_f——受拉翼缘面积与腹板有效面积的比值，$\gamma_f = \dfrac{(b_f - b) h_f}{b h_0}$，其中 b_f、h_f 为受拉翼缘宽度及高度。

8.4.3 受弯构件的长期刚度 B

钢筋混凝土梁在荷载长期作用下，由于混凝土的徐变和收缩的影响，造成梁刚度的进一步降低，因而挠度将随时间的增加而增大。

规范规定，矩形、T 形及 I 形截面受弯构件的长期刚度 B 可按式（8-33）计算：

$$B = 0.65 B_s \qquad (8-33)$$

式中　B_s——荷载效应标准组合作用下，受弯构件的短期刚度，按式（8-31）、式（8-32）计算。

8.4.4 受弯构件的挠度计算

钢筋混凝土受弯构件的刚度 B 知道后，挠度值就可按工程力学公式求得，仅需将 B 代替公式中弹性体刚度 EI 即可。

受弯构件所求得的挠度计算值 f 不应超过规范规定的挠度允许值 $[f]$，即

$$f_{max} \leqslant [f] \qquad (8-34)$$

式中　$[f]$——挠度允许值，见附表 5-2。

应当指出，按式（8-31）、式（8-32）计算受弯构件的刚度 B_s 时，在等截面构件中，可假设各同号弯矩区段内的刚度相等，并取用该段内最大弯矩处的刚度。当计算跨度内的支座截面刚度不大于跨中截面刚度的 2 倍或不小于跨中截面刚度的 1/2 时，该跨也可按等刚度构件进行计算，其构件刚度仍然取最大弯矩截面的刚度。

若验算挠度不能满足要求时，则表示构件的截面抗弯刚度不足。由式（8-31）、式（8-32）可知，增加截面尺寸、提高混凝土强度等级、增加配筋量及选用合理的截面（如

T 形或 I 形等）都可提高构件的刚度，但合理而有效的措施是增大截面的高度。

【例 8-3】 验算［例 8-2］中梁的变形。已知：$[f]=l/200$，$E_s=2.0\times10^5\mathrm{N/mm^2}$，$E_c=2.8\times10^4\mathrm{N/mm^2}$。

解 （1）挠度计算公式。

两对称的集中荷载产生的跨中最大挠度为

$$f=\left(\frac{P_k a l_0^2}{8}-\frac{P_k a^3}{6}\right)\times\frac{1}{B}$$

均布荷载产生的跨中最大挠度为

$$f=\frac{5p_k l_0^4}{384}\times\frac{1}{B}$$

式中　P_k、p_k——集中荷载及均布荷载的标准值。

（2）计算梁的短期刚度 B_s。

$$\alpha_E=\frac{E_s}{E_c}=\frac{2.0\times10^5}{2.8\times10^4}=7.14$$

$$\rho=\frac{A_s}{bh_0}=\frac{1885}{250\times530}=0.0142$$

$$\gamma_f'=\gamma_f=0$$

$$B_s=(0.025+0.28\alpha_E\rho)(1+0.55\gamma_f'+0.12\gamma_f)E_c bh_0^3$$
$$=(0.025+0.28\times7.14\times0.0142)\times2.8\times10^4\times250\times530^3=5.564\times10^{13}(\mathrm{N\cdot mm^2})$$

（3）计算梁的长期刚度 B。

$$B=0.65B_s=0.65\times5.564\times10^{13}=3.616\times10^{13}\ (\mathrm{N\cdot mm^2})$$

（4）验算梁的挠度。荷载效应标准值组合下

$$P_k=G_k+Q_k=35+48=83\ (\mathrm{kN})$$

$$p_k=g_k+q_k=4+2.5=6.5\ (\mathrm{kN/m})$$

$$f_s=\left(\frac{P_k a l_0^2}{8}-\frac{P_k a^3}{6}+\frac{5p_k l_0^4}{384}\right)\times\frac{1}{B}$$

$$=\left(\frac{83\times1.895\times6.19^2}{8}-\frac{83\times1.895^3}{6}+\frac{5\times6.5\times6.19^4}{384}\right)\times10^{12}\times\frac{1}{3.616\times10^{13}}$$

$$=21.66\mathrm{mm}<[f_{max}]=[l/200]=6190/200=30.95\ (\mathrm{mm})$$

满足要求。

学 习 指 导

本章讨论了正常使用极限状态的验算方法，分别介绍了钢筋混凝土构件的抗裂验算、裂缝宽度验算和变形验算的方法。

学习本章时，要明确进行正常使用极限状态验算目的，并注意与承载能力极限状态计算的区别。

本章所介绍的计算公式多为经验公式，符号和系数较多，不要死记硬背。只要求简单

了解公式中各符号的意义及建立时所依据的应力状态，并能够应用基本公式分别进行抗裂验算、裂缝宽度验算和变形验算。

学习本章时应注意以下几点：

（1）承载能力极限状态计算的目的是为了保证结构和构件的安全可靠的工作，任何建筑物都必须进行承载能力计算。而正常使用极限状态验算是在承载力计算的前提下针对某些使用上有特殊要求的构件进行的验算。因此，在进行正常使用极限状态验算时，荷载和材料强度均取用其标准值，而不是它们的设计值。

（2）抗裂验算是针对在使用上要求不出现裂缝的构件而进行的验算。验算中引入了折算截面的概念，将钢筋的面积换算为混凝土的面积，从而把整个截面看作由同一种材料组成。然后借助于工程力学公式建立钢筋混凝土构件的抗裂验算公式。提高构件抗裂能力主要措施是加大构件截面尺寸或提高混凝土的强度等级。

（3）在使用阶段允许构件出现裂缝，但限制裂缝宽度在一定范围内的验算称为裂缝宽度验算。

（4）变形验算是针对使用上需控制挠度值的结构构件而进行的验算。变形验算采用了工程力学中挠度的计算公式，但由于混凝土是非匀质的弹塑性材料，截面刚度随荷载的增加而降低，故需先计算构件的截面刚度。

思 考 题

8-1 为什么要进行正常使用极限状态的验算？验算时荷载及材料强度怎样选择？

8-2 如何避免或减小钢筋混凝土的裂缝宽度？

8-3 塑性影响系数 γ 是根据什么原则定出来的？它在受弯、偏心受拉、偏心受压及轴心受拉构件中的相对大小是怎样的？

8-4 画出轴心受拉和受弯构件抗裂验算所依据的应力图形。

8-5 影响构件刚度的主要因素是什么？提高构件刚度的最有效的措施是什么？

8-6 长期荷载作用下，梁的刚度为什么会进一步降低？怎样考虑这一影响因素？

8-7 试总结计算构件裂缝宽度的步骤。

8-8 试总结计算构件挠度的步骤。

8-9 试述主梁的主要计算内容。

习 题

8-1 钢筋混凝土压力水管，2级建筑物。内水压力 $p_k = 0.25 \text{N/mm}^2$，荷载的分项系数 $\gamma_Q = 1.2$，内水半径 $r = 0.7\text{m}$，壁厚120mm，采用C30混凝土，HRB335级钢筋。试计算配筋 A_s 并验算水管的抗裂是否满足要求。

8-2 某桁架下弦为偏心受拉构件，截面为矩形 $b \times h = 200\text{mm} \times 300\text{mm}$，混凝土强度等级为C20，钢筋用HRB335级，保护层厚度 $c = 30\text{mm}$，取 $a_s = a'_s = 40\text{mm}$；按正截面

承载力计算靠近轴向力一侧需配钢筋 3 Φ 18；已知荷载效应标准值组合下计算的轴向拉力 $N_k = 180\text{kN}$，弯矩 $M_k = 18\text{kN} \cdot \text{m}$；允许最大裂缝宽度 $[\omega_{max}] = 0.3\text{mm}$，试验算此种情况下裂缝宽度是否满足要求？

8-3　某矩形截面大偏心受压柱，采用对称配筋。截面尺寸 $b \times h = 300\text{mm} \times 500\text{mm}$，柱的计算长度 $l_0 = 5.8\text{m}$；受拉和受压钢筋均为 3 Φ 25；混凝土为 C25，钢筋为 HRB335 级；混凝土保护层厚度 $c = 30\text{mm}$。荷载效应标准值组合下计算的轴向压力 $N_k = 300\text{kN}$，弯矩 $M_k = 149\text{kN} \cdot \text{m}$，$[\omega_{max}] = 0.3\text{mm}$。试验算裂缝最大宽度是否满足要求？

8-4　钢筋混凝土矩形截面简支梁（属于 2 级建筑物），处于露天环境。截面尺寸 $b \times h = 250\text{mm} \times 600\text{mm}$，计算跨度 $l_0 = 7\text{m}$；混凝土 C20，纵向钢筋用 HRB335 级；使用期间承受均布荷载，荷载标准值为：永久荷载标准值 $g_k = 10\text{kN/m}$（包括自重）；可变荷载标准值 $q_k = 9.5\text{kN/m}$。试求纵向受拉钢筋截面面积 A_s，并验算最大裂缝开展宽度是否满足要求？

8-5　验算习题 8-4 变形是否满足要求。已知挠度允许值 $[f] = l_0/250$。

第9章　钢筋混凝土梁板结构及刚架结构

教学要求：了解梁板结构的分类，掌握单向板梁板结构的设计步骤；掌握计算简图的绘制、荷载的简化，学会查表计算结构内力；掌握肋形梁板的截面设计及构造要求；了解双向板梁板结构的构造要求及设计计算；了解刚架结构、牛腿结构的构造要求。

9.1　概　　述

梁板结构是由板、次梁及主梁组成，也称肋形结构。钢筋混凝土梁板结构是水工结构中应用较广泛的一种结构形式。如水电站厂房的屋面，水闸的工作桥、交通桥、闸门、胸墙，隧洞进口的工作平台，码头的工作平台以及扶壁式挡土墙等。

梁板结构整体性好、刚度大、抗震性能强、抗渗性好，且灵活性较大，能适应各类荷载、平面布置、孔洞布置等。

图 9-1 是常见的肋形梁板结构。荷载的传递途径为：作用在楼面上的竖向荷载通过板传给次梁，再由次梁传给主梁，主梁传给柱或墙，最后传给基础。

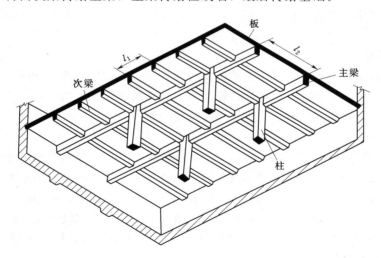

图 9-1　梁板结构

由于梁柱布置不同，板的受力情况就不同，梁板结构可分为两种类型：单向板梁板结构和双向板梁板结构。

当梁格布置使板的两个跨度比 $l_2/l_1 \geqslant 3$ 时，板上荷载绝大部分沿短跨 l_1 方向传给支撑梁，计算时仅考虑在短跨方向受弯，故称为单向板梁板结构。

当 $l_2/l_1 \leqslant 2$ 时，板上荷载沿两个方向传递给四边的支撑构件，计算时需考虑两个方向受弯，故称为双向板梁板结构。

当 $2<l_2/l_1<3$ 时，宜按双向板计算，当按沿短边方向受力的单向板计算时，应沿长边方向布置足够数量的构造钢筋。

单向板梁板结构计算简单、施工方便、应用较普遍。双向板梁板结构比较经济、平面布置美观，但计算和构造较复杂。

钢筋混凝土梁板结构的设计步骤：①梁格布置；②梁、板计算简图，梁板内力计算；③截面设计；④绘制配筋图。

9.2　整体式单向板梁板结构

9.2.1　梁格布置

进行梁格布置时，一般应满足以下要求：

（1）使用要求。如对于水电站厂房结构，柱子的间距需满足机组布置要求，楼板上要留出大小、形状不同的孔洞，以安装机电设备及管道线路，为满足这些要求，梁格的布置就不规则。

（2）尽量做到经济，技术合理。柱距决定梁的跨度，梁的间距决定板的跨度。一般板的跨度以 1.5～2.8m 为宜，次梁跨度以 4.0～6.0m 为宜，主梁跨度以 5.0～8.0m 为宜。板的厚度一般为 60～120mm，有较大荷载时板厚可取 120～200mm，装配间楼板搁置大型设备时，板厚可取 250mm 以上。

（3）避免集中荷载直接作用在板上，在机器支座与隔墙的下面设置梁，使集中荷载直接作用在梁上。

9.2.2　计算简图

整体式梁板结构由板、次梁和主梁整体浇筑在一起，设计时应将其分解为板、次梁、主梁分别计算。内力计算前，先画出计算简图，计算简图要表示出板或梁的计算跨度、跨数、支座的性质以及荷载的形式、大小和作用位置等。

1. 支座简化

如图 9-2 所示，单向板梁板楼盖，四周为砖墙承重，可忽略墙对梁板的转动约束，视为铰支座。板的中间支承为次梁，次梁的中间支承为主梁，计算时均不考虑将支承处的刚性约束视为铰支座，由此引起的误差用折算荷载来调整，这样，板和次梁可简化为多跨铰支的连续板梁；主梁的中间支承是柱，当主梁的线刚度与柱的线刚度之比大于 4 时，可视为铰支座，当主梁的线刚度与柱的线刚度之比小于等于 4 时，柱对主梁的内力影响较大，应按刚架进行计算。

2. 荷载计算

（1）荷载类型。作用在板和梁上的荷载一般有两种：永久荷载和可变荷载。

永久荷载包括梁板自重、面层重、固定设备重等。可变荷载如结构作用时的人群、可移动的设备重等，其标准值可从荷载规范中查得。

（2）荷载作用形式。板取单位宽度的板条计算，沿板跨单位长度方向上的荷载为均布荷载 g 或 q；次梁承受由板传来的均布荷载 gl_1、ql_1 及次梁自重；主梁承受次梁传来的集中荷载 $G=gl_1l_2$、$Q=ql_1l_2$ 及主梁自重，主梁自重是均布荷载，但与次梁传来的荷载相比

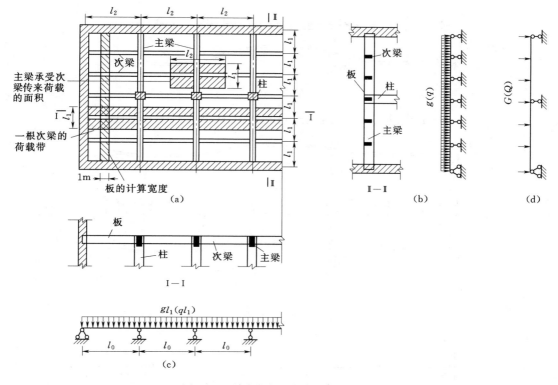

图 9-2　单向板梁板结构与计算简图

较小，为简化计算，将次梁之间的一段主梁自重换算成集中荷载 G_1，与次梁传来的集中荷载合并计算。荷载的分配范围和板梁计算简图见图 9-2。

3. 荷载修正

板和次梁的中间支座均假定为铰支座，没有考虑次梁对板、主梁对次梁的转动约束影响，实际上，当板在弯曲时将带动次梁发生扭转，次梁的抗扭刚度对板的转动起约束作用，板内的相应弯矩值减小，类似的情况也发生在次梁与主梁之间，如图 9-3 所示。

为了使计算结果符合实际情况，工程中通常采用调整荷载来修正，即在荷载总值不变的情况下加大永久荷载减小活荷载，以调整后折算荷载代替实际作用的荷载进行内力计算。

修正后的折算恒荷载 g' 及折算活荷载 q' 如下：

板：$g' = g + \dfrac{1}{2}q$，$q' = \dfrac{1}{2}q$；

次梁：$g' = g + \dfrac{1}{4}q$，$q' = \dfrac{3}{4}q$；

主梁：$g' = g$，$q' = q$（不做调整）。

4. 计算跨度与跨数

（1）计算跨度 l_0。连续梁板的计算跨度是相邻两支座反力作用点之间的距离。l_0 与支座的形式、构件的截面尺寸以及内力计算的方法有关。

按弹性理论计算时，梁板的计算跨度 l_0 按下列规定采用（见图 9-4）：

151

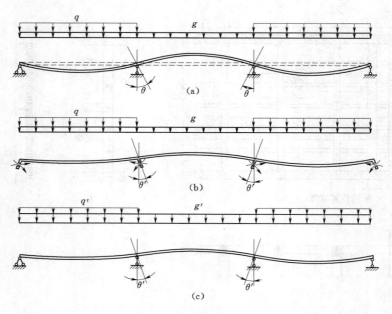

图 9 - 3　连续板、梁的折算荷载

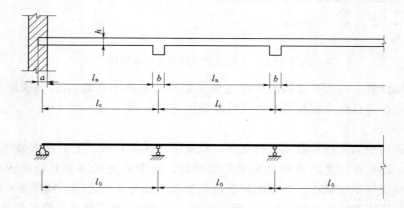

图 9 - 4　连续梁、板的计算跨度

连续板：

边跨

$$
\left.
\begin{array}{l}
l_0 = l_n + \dfrac{h}{2} + \dfrac{b}{2} \\[3mm]
l_0 = l_n + \dfrac{b}{2} + \dfrac{a}{2}
\end{array}
\right\} \quad 取较小值
$$

中间跨　　　　　　　　　　　$l_0 = l_c$

连续梁：

边跨

$$
\left.
\begin{array}{l}
l_0 = l_c \\[3mm]
l_0 = 1.025 l_n + \dfrac{b}{2}
\end{array}
\right\} \quad 取较小值
$$

中间跨 $l_0 = l_c$

当中间支座宽度 b 较大时，按下列数值采用：

连续板：当 $b > 0.1l_c$ 时，取 $l_0 = 1.1l_n$；

连续梁：当 $b > 0.05l_c$ 时，取 $l_0 = 1.05l_n$。

按上述方法计算的跨度，跨度相差不超过 10% 时，内力计算时按等跨计算，但应注意在计算跨中弯矩时，还按各自的计算跨度计算；计算支座弯矩时取相邻两跨计算跨度的平均值。

计算剪力时，计算跨度取 $l_0 = l_n$。

（2）跨数。五跨或五跨以内的连续梁、板，跨数按实际考虑；跨数超过五跨的连续梁、板，当各跨荷载相同，且跨度相差不超过 10% 时，按五跨等跨连续梁板计算，各中间跨的内力按第三跨的内力处理。

9.2.3　按弹性理论计算内力

弹性理论方法是把钢筋混凝土板、梁看作均质弹性构件用结构力学的方法计算内力。水工建筑中的梁板一般按弹性理论方法进行计算。连续梁板的内力可用力法或力矩分配法进行计算，实际工程中多利用现成的图表进行计算。

1. 应用图表计算内力

计算图表的类型很多，本书只介绍等跨、等刚度的连续梁板在常用荷载作用下的内力计算表（见附录六），供设计时采用。

均布荷载作用时
$$\left.\begin{array}{l} M = k_1 g l_0^2 + k_2 q l_0^2 \\ V = k_3 g l_0 + k_4 q l_0 \end{array}\right\} \tag{9-1}$$

集中荷载作用时
$$\left.\begin{array}{l} M = k_1 G l_0 + k_2 Q l_0 \\ V = k_3 G + k_4 Q \end{array}\right\} \tag{9-2}$$

式中　g、q——单位长度上的均布永久荷载及活荷载的设计值；

　　G、Q——集中永久荷载及集中活荷载的设计值；

　　k_1、k_2——弯矩系数，由附录六附表中相应栏查出；

　　k_3、k_4——剪力系数，由附录六附表中相应栏查出；

　　l_0——梁板的计算跨度，计算剪力时为 l_n。

附录六适用于等跨、等刚度的连续梁、板，若梁、板各跨的截面尺寸不相同，但相邻跨的截面惯性矩之比小于等于 1.5 时，按等刚度计算。若不等跨，相差不超过 10% 时，按等跨计算，计算支座弯矩时，其计算跨度取该支座相邻两跨的平均值，计算跨中弯矩时，用该跨的计算跨度。

2. 活荷载的最不利布置原则

永久荷载的作用位置、大小不变，而活荷载的作用位置是变化的，为了求得连续梁、板各截面可能发生的最大弯矩和最大剪力，必须确定其对应的可变荷载的位置。可变荷载的相应布置与永久荷载组合起来，会在某一截面上产生最大内力。这就是该截面的荷载最不利组合。

利用影响线的原理，可得到活荷载的最不利位置。连续梁的内力影响线形状图，如图 9-5 所示。

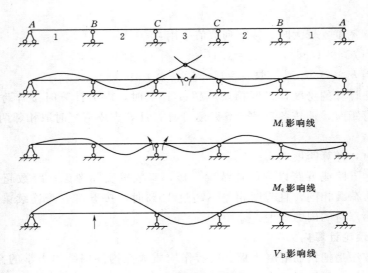

图 9-5　连续梁的内力影响线

根据图 9-5，得到了连续梁、板最不利活荷载的布置原则：

（1）求某跨跨内最大正弯矩时，除在该跨布置活荷载外，再隔跨布置活荷载。

（2）求某跨跨内最大负弯矩（即最小弯矩）时，该跨不布置活荷载，在相邻跨布置活荷载，然后再隔跨布置活荷载。

（3）求某支座最大负弯矩时，在该支座左右两跨布置活荷载，然后再隔跨布置活荷载。

（4）求某支座截面最大剪力时，其活荷载的布置与求该支座最大负弯矩的布置相同。

按以上原则，五跨连续梁、板在求各截面最大（最小）内力时，均布活荷载的最不利布置方式，如表 9-1 所示。

表 9-1　　　　　　　　五跨连续梁求最不利内力时均布活荷载布置图

活 荷 载 布 置 图	最大或最小内力		
	最大弯矩	最小弯矩	最大剪力
	M_1、M_3	M_2	V_A
	M_2	M_1、M_3	
		M_B	V_B^l、V_B^r
		M_C	V_C^l、V_C^r

注　M、V 的下角 1、2、3、A、B、C 分别为截面代号，上角 l、r 分别为截面左、右边代号。

3. 内力包络图

根据每一种荷载的布置情况都可绘制出相应的内力图（M、V 图）。对某一确定截面，以永久荷载作用所产生的内力为基础，叠加上该截面作用的最不利活荷载时所产生的内力，便可得到该截面的最大（最小）内力。将每个截面的最大（最小）内力用图形表示出来，这个图形就叫做内力包络图。绘制内力包络图的方法如下：

（1）绘制永久荷载作用下的弯矩图、剪力图。

（2）绘制最不利活荷载作用下的弯矩图、剪力图。

（3）将永久荷载作用下的内力图与各种最不利活荷载作用下的内力图相叠加，其外包线即为内力包络图。

图 9-6 是承受均布荷载的五跨连续梁的弯矩、剪力包络图，其中粗实线所围成的图形为弯矩包络图、剪力包络图。

弯矩包络图用来计算配置连续梁各截面的纵向钢筋，剪力包络图用来计算和配置箍筋和弯起钢筋，连续板一般不需绘制内力包络图。

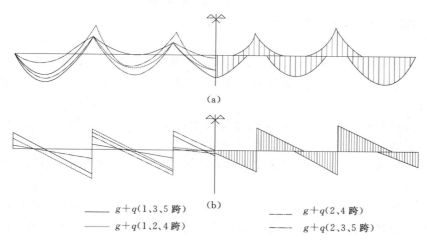

(a)

(b)

———— $g+q$(1、3、5 跨)　　　　———— $g+q$(2、4 跨)

———— $g+q$(1、2、4 跨)　　　　———— $g+q$(2、3、5 跨)

图 9-6　连续梁的内力包络图

4. 支座截面内力的调整

按弹性理论方法计算连续梁、板的内力时，其计算跨度一般取支座中心线之间的距离 l_c，因而支座最大负弯矩发生在支座中心处，但梁与支座整体浇筑时，如图 9-7(b) 所示梁的高度在支座处较大，截面抗力也较大，不会破坏；而支座边缘处弯矩也较大，但截面高度却比中心线处小很多，故支座边缘处为危险截面，在配筋计算时，按支座边缘处进行计算。为简化计算，可按式（9-3）计算支座边缘处弯矩：

$$M = |M_c| - |V_0|\frac{b}{2} \tag{9-3}$$

式中　M_c——支座中心处弯矩；

V_0——按简支梁计算的支座反力；（V_0 的计算见图 9-8）；

b——支座宽度。

若支座宽度 b 较大，计算跨度取 $l_0 = 1.1l_n$（板）或 $l_0 = 1.05l_n$（梁）时，则可按下式

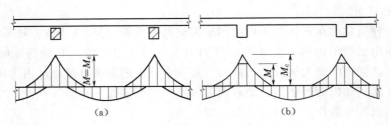

图 9-7   连续梁板支座截面弯矩的调整

近似计算支座边缘处的弯矩。

板：

$$M=|M_c|-0.05l_n|V_0| \qquad (9-4)$$

梁：

$$M=|M_c|-0.025l_n|V_0| \qquad (9-5)$$

注意，若板、梁直接搁置在墩墙上，如图 9-7(a) 所示，不进行截面内力调整。

图 9-8 V_0 的计算图形

9.2.4   单向板肋形结构的截面设计和构造要求

1. 连续板的截面设计特点

连续板为受弯构件，取 1m 板宽计算连续板各截面的最大内力，按单筋矩形截面进行截面设计，连续板各跨跨中最大弯矩截面和支座截面应分别进行计算，板的经济配筋率为 0.4%～0.8%。

对于连续板来说，板的宽度较大而外荷载相对较小，连续板的剪力一般由混凝土承担，故不必进行斜截面承载力计算，也不需配置腹筋。

在现浇梁板结构中，对于四周与梁整体浇筑的板，其中间跨截面、中间支座截面的计算弯矩可减少 20%。

为使板具有一定的刚度，板不能太薄，一般要求连续板其厚度不小于跨度的 1/40。

计算出各控制截面的钢筋面积后，按照先内跨后外跨，先跨中后支座的程序选择钢筋的直径和间距。

2. 连续板的构造要求

连续板的构造要求主要包括板在支座上的支承长度、配筋形式和构造钢筋。

(1) 板的最小支承长度。支承在砌体上时，不应小于 100mm；支承在混凝土及钢筋混凝土上时，不应小于 100mm；支承在钢结构上时，不应小于 80mm。板的支承长度也不宜小于板的厚度 h。此外，板的支承长度还应满足受力钢筋在支座内的锚固长度要求。

(2) 连续板的纵向钢筋。连续板的纵向钢筋的配筋形式有两种：弯起式 [见图 9-9(a)] 和分离式 [见图 9-9(b)]。弯起式配筋是将跨中钢筋的一部分（跨中所配钢筋的 1/3～2/3）弯起伸入支座来承受负弯矩（板中受力钢筋直通伸入支座的截面面积不小于跨中钢筋截面面积的 1/3，其间距不应大于 400mm）。弯起角一般采用 30°，当板厚大于 120mm 时可用 45°；如弯起的钢筋不足以承受支座负弯矩筋，要另加配直钢筋。弯起式配筋整体性较好，用钢量少，但施工复杂。当板厚大于 120mm 时或经常承受活动荷载时可用弯起式配筋。分离式配筋是将跨中钢筋和支座钢筋分别配置，全部采用直钢筋。采用分离式配筋时，跨中正弯矩钢筋宜全部伸入支座。用于跨中的直钢筋可以每跨都切断，如图 9-9(b) 的 A 所示，也可以连续几跨不切断，如图 9-9(b) 的 B 所示。此种配筋，设计、施工都很方便，但用钢量稍高，且整体性较差，不宜用于承受活动荷载的板中。

对于弯起式配筋，应注意相邻两跨跨中及中间支座钢筋直径、间距的协调，间距的变化要有规律，钢筋直径种类不宜过多，否则规格复杂，施工中容易出错。

受力钢筋为 HPB235 级钢筋时，为了保证钢筋锚固可靠，两端采用半圆弯钩，对于上部负弯矩钢筋，为了保证施工时不改变钢筋的位置，宜做成直钩，直抵板底，以便固定钢筋。

连续板中受力钢筋的弯起点和切断点原则上应按照抵抗弯矩图确定，实际上，当相邻两跨跨度相差不超过 20% 时，可不必绘制抵抗弯矩图。而按图 9-9 所示的构造要求确定。图中 a 值，当 $\dfrac{q}{g} \leqslant 3$ 时，$a = \dfrac{l_n}{4}$；当 $\dfrac{q}{g} > 3$ 时，$a = \dfrac{l_n}{3}$。l_n 为板的净跨，g 和 q 分别为均布恒荷载和均布活荷载。

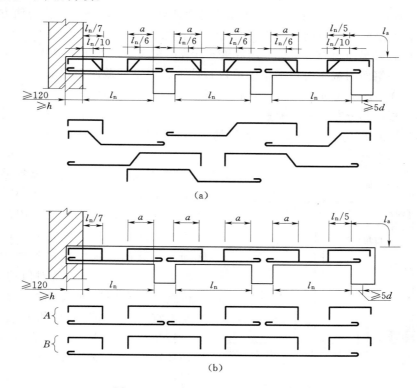

图 9-9　连续板受力钢筋的配置方式

板中纵向受力钢筋的间距：当板厚 $h \leqslant 200\text{mm}$ 时，不应大于 200mm；当 $200\text{mm} < h \leqslant 1500\text{mm}$ 时，不应大于 250mm；当 $h > 1500\text{mm}$ 时，不应大于 300mm。

纵向受力钢筋在支座中的锚固。简支板或连续板的下部纵向受力钢筋伸入支座的长度 l_{as} 不应小于 $5d$，d 为下部纵向受力钢筋的直径。当采用焊接网配筋时，其末端至少应有一根横向钢筋配置在支座边缘内，如图 9-10(a) 所示。如不能符合上述要求时，应在受力钢筋末端制成弯钩［见图 9 - 10(b)］或加焊附加的横向锚固钢筋［见图 9 - 10(c)］。

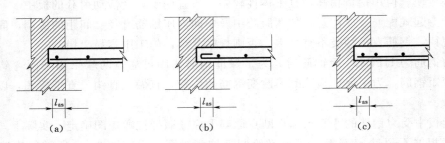

图 9 - 10　焊接网在板的简支支座上的锚固

（3）连续板中构造钢筋的配置。连续板中构造钢筋主要有分布钢筋、嵌入墙内的板面附加钢筋、垂直于主梁的板面构造钢筋和板内孔洞周边的构造钢筋。

1）分布钢筋。单向板除沿弯矩方向配置受力筋外，还要在垂直于受力筋方向布置分布钢筋。其作用是固定受力钢筋位置，抵抗混凝土收缩和温度变化引起的应力，承担并分布板上局部荷载引起的内力，承受一定数量的计算时未考虑的弯矩。规范规定：单向板中单位长度的分布钢筋的截面面积不小于单位长度上受力钢筋截面面积的 15% （集中荷载作用时为 25%），分布钢筋的直径不小于 6mm，分布钢筋的间距不宜大于 250mm。承受分布荷载的厚板，其分布钢筋的配置可不受上述规定的限制，此时，分布钢筋直径可采用 10~16mm，间距为 200~400mm。分布钢筋均匀布置在受力钢筋的内侧，在受力钢筋弯折处应布置分布钢筋。

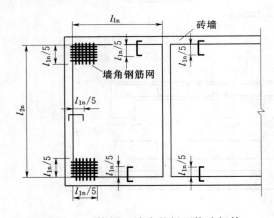

图 9 - 11　嵌固于墙内的板面构造钢筋

2）嵌入墙内的板面附加钢筋。板边嵌固于砖墙内的板（如图 9 - 11 所示），计算时按简支考虑，实际上受嵌固的影响，在支承处会产生一定的负弯矩，因此，要在嵌固支承处的板顶面增加附加钢筋，其数量按承受跨中最大弯矩绝对值的 1/4 计算。该构造钢筋自墙边伸入板内的长度从墙边算起不宜小于板短边跨度的 1/5；在墙角附近，板顶面常发生与墙成大约 45°角的裂缝，故在板角处应沿两个垂直方向布置板面附加钢筋。

3）垂直于主梁的板面构造钢筋。板与主梁梁肋连接处实际上也会产生一定的负弯矩，计算时没考虑，现浇板的受力钢筋又与梁的肋部平行，故应在板与主梁连接处板的顶面，沿梁肋方向每米长度内配置不少于 5 根与梁肋垂直的构造钢筋，其直径不小于 8mm，且单位长度内的总截面面积不应小于板中单位长度内受力钢筋截面面积的 1/3，伸入板中的长度从梁肋边算起每边不小于板计算跨度的 1/4，如图 9 - 12 所示。

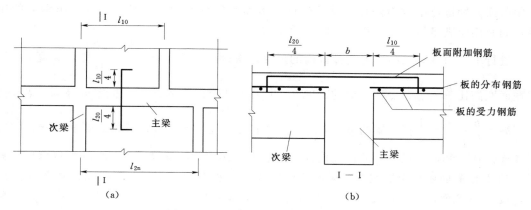

图 9-12　垂直于主梁的板面附加钢筋

4）板内孔洞周边的构造钢筋。在厂房的楼板上，由于使用要求要开一些孔洞，这些孔洞削弱了板的整体作用，因此，对这些留有孔洞的板，除应对板进行承载力验算外，可按以下方式进行构造处理：

a. 当 b 或 d（b 为垂直于板的受力钢筋方向的孔洞宽度，d 为圆孔直径）小于 300mm 并小于板宽的 1/3 时，可不设附加钢筋，只将受力钢筋间距作适当调整，或将受力钢筋绕过孔洞周边，不予切断。

b. 当 b 或 d 在 300～1000mm 之间时，应在孔洞边每侧配置附加钢筋，每侧的附加钢筋截面面积不应小于洞口宽度内被切断的钢筋截面面积的 1/2，且不小于 2 根直径为 10mm 的钢筋，当板厚大于 200mm 时，宜在板的顶、底部均配置附加钢筋。

c. 当 b 或 d 大于 1000mm 时，除按上述规定配置附加钢筋外，在矩形孔洞四周还应配置 45° 方向的构造钢筋；在圆孔周边还应配置不少于 2 根直径为 10mm 的环向钢筋，搭接长度为 30d，并设置直径不小于 8mm、间距不大于 300mm 的放射状径向钢筋，如图 9-13 所示。

d. 当 b 或 d 大于 1000mm，并在孔洞附近有较大集中荷载作用时，宜在洞边加设肋梁。当 b 或 d 大于 1000mm 而板厚小于 0.3b 或 0.3d 时，也应在洞边加设肋梁。

图 9-13　板内孔洞周边的附加钢筋
（a）矩形孔口；（b）圆形孔口

3. 连续梁的截面设计特点

在单向板梁板结构中，主梁和次梁都为多跨连续梁，为此，要对主梁和次梁的支座和

159

跨中截面分别进行承载力计算，且要进行正截面和斜截面承载力计算，计算出钢筋的用量，同时还应满足裂缝宽度和变形验算的要求。

进行承载力计算之前，要初拟截面的尺寸。次梁按高跨比 $\frac{h}{l_0}=\frac{1}{18}\sim\frac{1}{12}$ 拟定梁高 h，按照截面宽高比 $\frac{b}{h}=\frac{1}{3}\sim\frac{1}{2}$ 拟定梁的宽度 b；主梁按高跨比 $\frac{h}{l_0}=\frac{1}{14}\sim\frac{1}{8}$ 拟定梁高 h，按照截面宽高比 $\frac{b}{h}=\frac{1}{3}\sim\frac{1}{2}$ 拟定梁的宽度 b。尺寸拟定之后进行截面设计，由于板和次梁、主梁整体连接在一起，在进行梁的截面设计时，应把板作为梁的翼缘，此时要注意区分所计算截面是 T 形截面还是矩形截面，梁的跨中区段产生正弯矩，下部受拉，翼缘板处于受压区，按 T 形截面计算；在支座处产生负弯矩，上部受拉，翼缘处于受拉区，应按矩形截面（$b\times h$）进行计算。

在计算主梁支座处负弯矩区段正截面承载力时，由于此处主、次梁的纵向受力钢筋均设在上部，且交叉重叠，一般将主梁的受力钢筋放置在次梁受力钢筋的下面，如图 9-14 所示，主梁截面的有效高度 h_0 应减小，按下列要求计算 h_0：

受力钢筋为单排时 $\qquad\qquad h_0=h-60\text{mm}$

受力钢筋为双排时 $\qquad\qquad h_0=h-80\text{mm}$

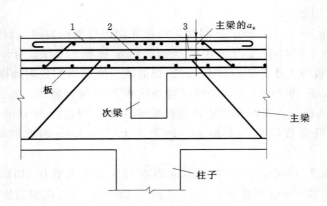

图 9-14 主梁支座截面钢筋的布置示意图
1—板的支座钢筋；2—次梁支座钢筋；3—主梁支座钢筋

4. 连续梁的构造要求

（1）梁的最小支承长度。支承在砌体上，当梁的截面高度不大于 500mm 时，支承长度不应小于 180mm；当梁的截面高度大于 500mm 时，支承长度不应小于 240mm；支承在钢筋混凝土梁、柱上时，支承长度不应小于 180mm。此外，梁的支承长度还应满足纵向受力钢筋在支座处的锚固长度要求。

（2）连续梁的纵向受力钢筋构造要求。

1）连续梁配筋时，先根据跨中最大弯矩配置纵向受力钢筋（此种钢筋不宜少于 3 根，直径不宜超过 2 种），然后，将部分钢筋根据斜截面承载力需要，弯起伸入支座，用来承担支座的负弯矩。如相邻两跨弯起的钢筋不能满足支座正截面承载力需要时，可在支座上加配直钢筋，此种钢筋不宜少于 2 根，并置于梁角处，便于与架立钢筋连接。当从跨中弯起的钢筋，不能满足斜截面承载力需要时，可加配斜筋或吊筋（注意，不能做成浮筋）。受力钢筋的弯起和切断点位置，应根据抵抗弯矩图来确定。但为了简化设计工作，对于次梁，当跨度相差不超过 20% ，且梁上均布荷载 q 与永久荷载 g 之比 $\frac{q}{g} \leqslant 3$ 时，由于梁的弯矩图变化不大，可不绘制抵抗弯矩图，其纵向钢筋的弯起、切断点位置可直接按图 9-15 所示规定布置，否则应该根据抵抗弯矩图来确定纵向钢筋的弯起、切断点位置。

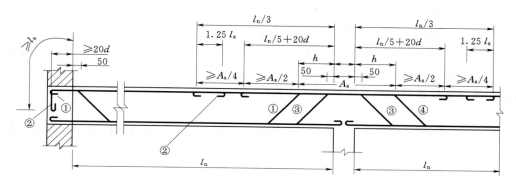

图 9-15 均布荷载作用下等跨连续次梁的钢筋布置

①、④—弯起钢筋可同时用于抗弯及抗剪；②—架立钢筋兼作负弯矩筋；③—弯起钢筋或鸭筋仅用于抗剪

2）在端支座处，计算不需弯起钢筋，仍应将弯起部分钢筋伸至支座顶面，承担可能产生的负弯矩。

3）当跨中产生负弯矩时，需在梁的顶部配置抵抗负弯矩的纵向受力钢筋，否则只需配置架立钢筋即可。

4）主梁与次梁交接处，主梁两侧承受次梁传来的集中荷载，可能在主梁中下部发生斜向裂缝，为了防止裂缝，规范规定，集中荷载应全部由附加横向钢筋（箍筋或吊筋）承担，附加横向钢筋应布置在 $s = 2h_1 + 3b$ 的长度范围内（如图 9-16 所示），附加横向钢筋宜采用箍筋，当采用吊筋时，其弯起段应伸至梁上边缘，且末端水平段长度不应小于 $20d$ 。

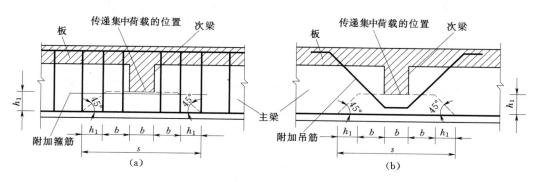

图 9-16 主次梁交接处的附加箍筋或吊筋的布置

附加横向钢筋所需的总截面面积按式（9-6）计算：

$$A_{sv} \geqslant \frac{KF}{f_{yv}\sin\alpha} \qquad\qquad (9-6)$$

式中　　K——承载力安全系数；

$\quad\ A_{sv}$——承受集中荷载所需的附加横向钢筋总截面面积，当采用附加吊筋时，A_{sv}应为吊筋左、右弯起段截面面积之和；

$\qquad F$——作用在梁的下部或梁截面高度范围内的集中荷载设计值；

$\qquad \alpha$——附加横向钢筋与梁轴线间的夹角；

$\quad\ f_{yv}$——附加横向钢筋的抗拉强度设计值。

当梁的支座处的剪力较大时，可以加支托，将梁局部加高，来满足梁斜截面承载力的要求，支托的尺寸可查有关规范。

9.2.5　单向板肋形结构设计实例

1. 设计资料

某水电站生产副厂房为 3 级水工建筑物，采用钢筋混凝土现浇单向板肋形楼盖，结构布置如图 9-17 所示。楼盖设计条件如下：

（1）厂房按正常运行状况设计。

（2）楼面均布活荷载标准值为 6kN/m²。

（3）楼面面层用 20mm 厚水泥砂浆抹面（密度为 20kN/m³），板底及梁用 15mm 厚混合砂浆粉底（密度为 17kN/m³）。

（4）混凝土强度等级 C20；主梁和次梁的主筋采用 HRB335 级钢筋，其余均采用 HPB235 级钢筋。

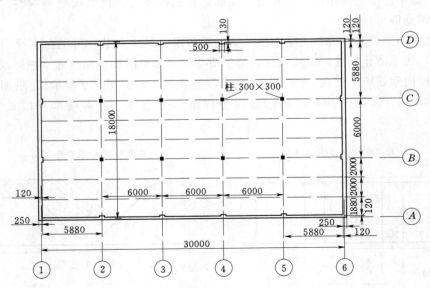

图 9-17　厂房楼盖结构平面布置图（单位：mm）

2. 初拟构件尺寸及确定系数

板的跨度为 2.0m，厚 80mm；次梁的跨度为 6.0m，截面尺寸为 200mm×450mm；

主梁的跨度为 6.0m，截面尺寸为 300mm×600mm；承重墙 A、D 轴线厚为 240mm，1、6 轴线厚为 370mm。

该厂房为 3 级水工建筑物，基本组合，结构承载力安全系数为 $K=1.2$。

3. 板的设计

(1) 计算简图。板为 9 跨连续板，其结构尺寸见图 9-18(a)，为了便于用表格计算，计算简图按 5 跨考虑，如图 9-18(b) 所示。

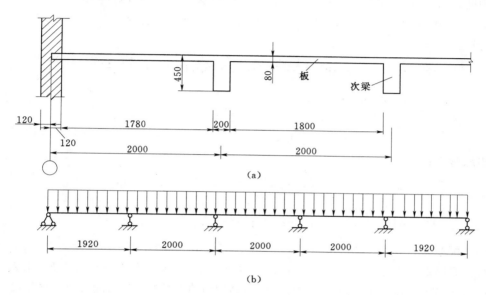

图 9-18 板的计算简图（单位：mm）

计算跨度：

$$l_0 = l_n + \frac{h}{2} + \frac{b}{2} = 1.78 + \frac{0.08}{2} + \frac{0.2}{2} = 1.92 \ (\text{m})$$

边跨

$$l_0 = l_n + \frac{b}{2} + \frac{a}{2} = 1.78 + \frac{0.2}{2} + \frac{0.12}{2} = 1.94 \ (\text{m})$$

取较小值，所以 $l_0 = 1.92\text{m}$

中间跨　$l_0 = l_c = 2.0\text{m}$

(2) 荷载计算。取 1m 板宽进行计算

恒荷载：板自重　　　　 $0.08 \times 1 \times 25 = 2.0 \ (\text{kN/m})$

　　　　20mm 厚抹面　 $0.02 \times 1 \times 20 = 0.4 \ (\text{kN/m})$

　　　　15mm 厚抹底　 $0.015 \times 1 \times 17 = 0.255 \ (\text{kN/m})$

　　　　标准值　　　　 $g_k = 2.655\text{kN/m}$

　　　　设计值　　　　 $g = 1.05 \times 2.655 = 2.79 \ (\text{kN/m})$

活荷载：标准值　　　　 $q_k = 6.0 \times 1 = 6.0 \ (\text{kN/m})$

　　　　设计值　　　　 $q = 1.2 \times 6.0 = 7.2 \ (\text{kN/m})$

考虑到次梁对板的转动约束，折算荷载为

$$g' = g + q/2 = 2.79 + 7.2 \times 1/2 = 6.39 \ (\text{kN/m})$$

$$q' = q/2 = 7.2 \times 1/2 = 3.6 \ (\text{kN/m})$$

163

（3）内力计算。按弹性体系进行计算，由于边跨与中间跨的跨度相差不到 10%，可采用等跨表格计算。

查附录六，弯矩计算值为

$$M=k_1 g' l_0^2 + k_2 q' l_0^2$$

跨中弯矩：

边跨　　$M_1 = 0.0781 \times 6.39 \times 1.92^2 + 0.1 \times 3.6 \times 1.92^2 = 3.17$（kN·m）

中间跨　$M_2 = 0.0331 \times 6.39 \times 2^2 + 0.0787 \times 3.6 \times 2^2 = 1.98$（kN·m）

　　　　$M_3 = 0.0462 \times 6.39 \times 2^2 + 0.0855 \times 3.6 \times 2^2 = 2.41$（kN·m）

支座弯矩：

$$M_B = -\left[0.105 \times 6.39 \times \left(\frac{1.92+2.0}{2}\right)^2 + 0.119 \times 3.6 \times \left(\frac{1.92+2.0}{2}\right)^2\right]$$

$$= -4.22\ （kN·m）$$

$$M_C = -(0.079 \times 6.39 \times 2^2 + 0.111 \times 3.6 \times 2^2)$$

$$= -3.62\ （kN·m）$$

支座边缘弯矩：

$$M'_B = M_B - \frac{b}{2} V_0 = -\left(4.22 - \frac{0.2}{2} \times \frac{9.99 \times 2}{2}\right) = -3.22\ （kN·m）$$

$$M'_C = M_C - \frac{b}{2} V_0 = -\left(3.62 - \frac{0.2}{2} \times \frac{9.99 \times 2}{2}\right) = -2.62\ （kN·m）$$

（4）配筋计算。板厚为 80mm 厚，h_0 取为 55mm，混凝土 C20，查附表 2-4 $f_c = 9.6$ N/mm²；HPB235 级钢筋，$f_y = 210$N/mm²；钢筋混凝土结构承载力安全系数 $K = 1.2$。配筋计算见表 9-2。考虑到水电站厂房发电机组对结构的动力影响，板的配筋采用弯起式。

表 9-2　　　　　　　　　　**板 配 筋 计 算 表**

截　　　面		1	B	2		C		3	
				边板带	中板带	边板带	中板带	边板带	中板带
弯矩计算值 M（×10⁶ N·mm）		3.17	4.22	1.98	0.8×1.98	2.62	0.8×2.62	2.41	0.8×2.41
弯矩设计值 M（×10⁶ N·mm）		3.17	4.22	1.98	1.58	2.62	2.10	2.41	1.93
$\alpha_s = \dfrac{KM}{f_c b h_0^2}$		0.131	0.174	0.0818	0.065	0.108	0.087	0.100	0.080
$\xi = 1 - \sqrt{1-2\alpha_s}$		0.141	0.193	0.085	0.067	0.115	0.091	0.106	0.083
$A_s = \xi b h_0 \dfrac{f_c}{f_y}$		354	485	213	168	289	229	267	209
选用钢筋（mm²）	边板带	Φ6/8@100（393）	Φ6/8@100+Φ6@200（534）	Φ6@100（283）		Φ6@100（283）		Φ6@100（283）	
	中板带	Φ8@120（419）	Φ6/8@120+Φ8@240（536）		Φ6@120（236）		Φ6@120（236）		Φ6@120（236）

注　中板带的中间跨及中间支座，由于板四周与梁整体连接，可考虑拱的作用，故将该处弯矩减少 20%，即乘以 0.8 系数。

(5) 板配筋详图。在板的配筋详图（见图 9-24）中，除按计算配置受力钢筋外，尚应设置下列构造钢筋：

1）分布钢筋：按规定选用 Φ6@250。

2）板面附加钢筋：按规定选 Φ6@200，设置于墙边。

3）主梁顶部附加钢筋：按规定选 Φ8@200，设置于主梁顶部的板面。

4. 次梁设计

(1) 计算简图。次梁为 5 跨连续梁，其结构尺寸如图 9-19(a) 所示，计算简图如图 9-19(b) 所示。

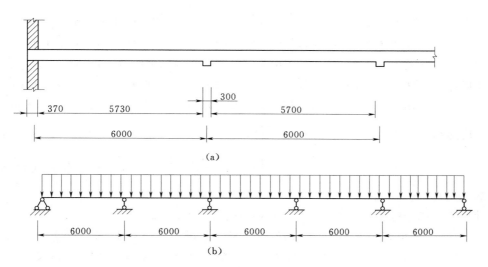

图 9-19 次梁计算简图（单位：mm）

计算跨度：

$$l_0 = l_c = 6.0\text{m}$$

边跨 $\quad l_0 = 1.025 l_n + \dfrac{b}{2} = 1.025 \times 5.73 + \dfrac{0.3}{2} = 6.02 \ (\text{m})$ $\quad\left.\right\}$ 取较小值则 $l_0 = 6.0\text{m}$

中间跨 $\quad l_0 = l_c = 6.0\text{m}$

(2) 荷载计算。计算单元见图 9-20。

恒荷载：板传来 $\qquad 2.655 \times 2 = 5.31 \ (\text{kN/m})$

梁自重 $\qquad 0.2 \times (0.45 - 0.08) \times 25 = 1.85 \ (\text{kN/m})$

标准值 $\qquad g_k = 7.16\text{kN/m}$

设计值 $\qquad g = 1.05 \times 7.16 = 7.52 \ (\text{kN/m})$

活荷载：标准值 $\qquad q_k = 6.0 \times 2.0 = 12 \ (\text{kN/m})$

设计值 $\qquad q = 1.2 \times 12.0 = 14.4 \ (\text{kN/m})$

考虑到主梁对次梁的转动约束，折算荷载为

$$g' = g + q/4 = 7.52 + 14.4 \times 1/4 = 11.12 \ (\text{kN/m})$$

$$q' = (3/4)q = (3/4) \times 14.4 = 10.8 \ (\text{kN/m})$$

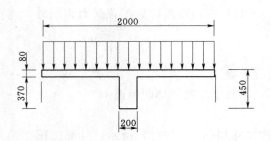

图 9-20 荷载计算单元（单位：mm）

（3）内力计算。查附录六得

弯矩计算值为

$$M = k_1 g' l_0^2 + k_2 q' l_0^2$$

剪力计算值为

$$V = k_3 g' l_0 + k_4 q' l_0$$

1）弯矩：

跨中弯矩

$$M_1 = 0.078 \times 11.12 \times 6^2 + 0.1 \times 10.8 \times 6^2 = 70.1 \ (\text{kN} \cdot \text{m})$$

$$M_2 = 0.0331 \times 11.12 \times 6^2 + 0.0787 \times 10.8 \times 6^2 = 43.85 \ (\text{kN} \cdot \text{m})$$

$$M_3 = 0.0462 \times 11.12 \times 6^2 + 0.0855 \times 10.8 \times 6^2 = 51.74 \ (\text{kN} \cdot \text{m})$$

支座弯矩 $\quad M_B = -(0.105 \times 11.12 \times 6^2 + 0.119 \times 10.8 \times 6^2) = -88.3 \ (\text{kN} \cdot \text{m})$

$$M_C = -(0.079 \times 11.12 \times 6^2 + 0.111 \times 10.8 \times 6^2) = -74.78 \ (\text{kN} \cdot \text{m})$$

支座边缘弯矩 $\quad M'_B = M_B - \dfrac{b}{2} V_0 = -\left(88.3 - \dfrac{0.3}{2} \times \dfrac{21.92 \times 6}{2}\right) = -78.44 \ (\text{kN} \cdot \text{m})$

$$M'_C = M_C - \dfrac{b}{2} V_0 = -\left(74.78 - \dfrac{0.3}{2} \times \dfrac{21.92 \times 6}{2}\right) = -64.92 \ (\text{kN} \cdot \text{m})$$

2）剪力：

计算跨度取净跨度：边跨 $l_0 = 5.73\text{m}$，中间跨 $l_0 = 5.7\text{m}$

$$V_A = 0.394 \times 11.12 \times 5.73 + 0.447 \times 10.8 \times 5.73 = 52.77 \ (\text{kN})$$

$$V_B^l = -(0.606 \times 11.12 \times 5.7 + 0.62 \times 10.8 \times 5.7) = -76.58 \ (\text{kN})$$

$$V_B^r = 0.526 \times 11.12 \times 5.7 + 0.598 \times 10.8 \times 5.7 = 70.15 \ (\text{kN})$$

$$V_C^l = -(0.474 \times 11.12 \times 5.7 + 0.576 \times 10.8 \times 5.7) = -65.5 \ (\text{kN})$$

$$V_C^r = 0.5 \times 11.12 \times 5.7 + 0.591 \times 10.8 \times 5.7 = 68.07 \ (\text{kN})$$

（4）配筋计算。

1）正截面计算。跨中按 T 形截面计算，支座按矩形截面计算。截面高度 $h = 450\text{mm}$，肋宽 $b = 200\text{mm}$，翼缘高度 $h'_f = 80\text{mm}$，截面有效高度 $h_0 = 410\text{mm}$。

混凝土的强度等级 C20，$f_c = 9.6\text{N/mm}^2$，$f_t = 1.1\text{N/mm}^2$；受力钢筋为 HRB335 级钢筋，$f_y = 300\text{N/mm}^2$；结构承载力安全系数 $K = 1.2$。

跨中 T 形截面类型判别：

翼缘宽度 $\quad \left. \begin{array}{l} b'_f = \dfrac{l}{3} = \dfrac{6}{3} = 2 \ (\text{m}) \\[2mm] b'_f = b + s_n = 0.2 + 1.8 = 2.0 \ (\text{m}) \end{array} \right\}$ 取较小值，$b'_f = 2\text{m}$，则

$$b'_f h'_f f_c \left(h_0 - \dfrac{h'_f}{2}\right) = 2000 \times 80 \times 9.6 \times \left(410 - \dfrac{80}{2}\right) = 568 \ (\text{kN} \cdot \text{m})$$

$$> M_{\max} = KM_1 = 1.2 \times 70.1\text{kN} = 84.12 \ (\text{kN} \cdot \text{m})$$

属于第一类 T 形截面。

正截面配筋计算，见表 9-3。

表 9 - 3 正 截 面 配 筋 计 算 表

截　面	1	B	2	C	3
弯矩设计值 $M(\times 10^6 \text{N} \cdot \text{mm})$	70.1	78.44	43.85	64.92	51.74
$f_c b h_0^2$ 或 $f_c b_f' h_0^2 (\times 10^6 \text{N} \cdot \text{mm})$	3227.5	322.75	3227.5	322.75	3227.5
$\alpha_s = \dfrac{KM}{f_c b h_0^2}$ 或 $\alpha_s = \dfrac{KM}{f_c b_f' h_0^2}$	0.026	0.292	0.016	0.241	0.019
$\xi = 1 - \sqrt{1 - 2\alpha_s}$	0.026	0.354	0.016	0.281	0.019
$A_s = \xi b h_0 \dfrac{f_c}{f_y}$ 或 $A_s = \xi b_f' h_0 \dfrac{f_c}{f_y}$	691	930	425	735	505
选用钢筋（mm²）	3 Φ 18 (763)	2 Φ 18+1 Φ 22 (889)	2 Φ 18 (509)	3 Φ 18 (763)	2 Φ 18 (509)

2）斜截面承载力计算

截面尺寸验算：

$$\frac{h_w}{b} = \frac{410 - 80}{200} = 1.65 < 4.0$$

$$0.25 f_c b h_0 = 0.25 \times 9.6 \times 200 \times 410 = 196800 \ (\text{N})$$

$$= 196.8 \ (\text{kN}) > KV_{max} = KV_B' = 1.2 \times 76.58 = 91.9 \ (\text{kN})$$

说明截面尺寸满足要求。

$$V_c = 0.7 f_t b h_0 = 0.7 \times 1.1 \times 200 \times 410 = 63140 \ (\text{N}) = 63.14 \ (\text{kN})$$

$$< KV_{min} = KV_A = 1.2 \times 52.77 = 63.3 \ (\text{kN})$$

因此，需进行斜截面受剪承载力计算。

横向钢筋计算：设箍筋选用 Φ6@150 双肢箍筋。

配箍率 $$\rho_{sv} = \frac{A_{sv}}{bs} = \frac{2 \times 28.3}{200 \times 150} = 0.19\% > \rho_{min} = 0.15\%$$

符合 HPB235 级钢筋配箍率的规定。

$$V_{cs} = V_c + V_{sv} = 0.7 f_t b h_0 + 1.25 f_{yv} \frac{A_{sv}}{s} h_0$$

$$= 0.7 \times 1.1 \times 200 \times 410 + 1.25 \times 210 \times \frac{2 \times 28.3}{150} \times 410$$

$$= 103751 \ (\text{N}) = 103.751 \ (\text{kN}) > KV_{max} = KV_B' = 91.90 \ (\text{kN})$$

满足斜截面承载力要求。

（5）次梁配筋详图。次梁配筋及构造见图 9 - 25。边跨跨中截面配置 3 根纵向受力钢筋，其中②号钢筋设于梁角，①号钢筋在边支座附近弯起以增强斜截面的受剪承载力。支座截面抵抗负弯矩的纵向受力钢筋的截断位置参照图 9 - 15 确定，角点处钢筋截断后另设 2 Φ 12 架立钢筋与之绑扎连接。

5．主梁设计

（1）计算简图。主梁共 3 跨，其结构尺寸见图 9 - 21(a)。梁两端搁置在砖墙上，中部由 300mm×300mm 截面的柱支承，因梁的线刚度与柱的线刚度之比大于 4，可视为中部铰支的 3 跨连续梁，计算简图见图 9 - 21(b)。

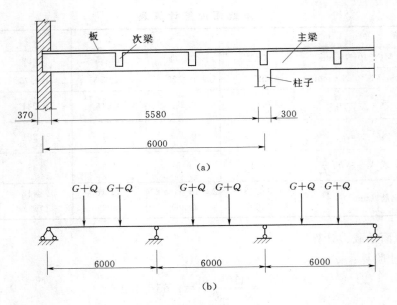

图 9-21 主梁计算简图（单位：mm）

计算跨度：

$$l_0 = l_c = 6.0\text{m}$$

边跨

$$l_0 = 1.025l_n + \frac{b}{2} = 1.025 \times (6.0 - 0.12 - 0.15) + \frac{0.3}{2} = 6.0 \ (\text{m})$$

取较小值 $l_0 = 6.0\text{m}$

中间跨 $l_0 = l_c = 6.0\text{m}$

（2）荷载计算。

恒荷载：次梁传来的集中荷载　　　$7.16 \times (6.0 - 0.3) = 40.81$ （kN）

主梁自重（化为集中荷载）　$0.3 \times 0.6 \times 2.0 \times 25 = 9$ （kN）

标准值　　　　　　　　　　$G_k = 49.81\text{kN}$

设计值　　　　　　　　　　$G = 1.05 \times 49.81 = 52.3$ （kN）

活荷载：标准值　　　　　　　　$Q_k = 6.0 \times 2.0 \times 6 = 72$ （kN）

设计值　　　　　　　　　$Q = 1.2 \times 72 = 86.4$ （kN）

（3）内力计算。查附表六得

弯矩计算值为　　　　　　　　　$M = k_1 G l_0 + k_2 Q l_0$

剪力计算值为　　　　　　　　　$V = k_3 G + k_4 Q$

荷载作用点及最不利位置见图 9-22。

1）弯矩：

跨中弯矩 $M_1 = (0.244 \times 52.3 + 0.289 \times 86.4) \times 6 = 226.38$ （kN·m）

$M_2 = (0.067 \times 52.3 + 0.2 \times 86.4) \times 6 = 124.7$ （kN·m）

支座弯矩 $M_B = -(0.267 \times 52.3 + 0.311 \times 86.4) \times 6 = -245$ （kN·m）

支座边缘弯矩 $M_B' = M_B - \dfrac{b}{2} V_0 = -\left[245 - \dfrac{0.3}{2} \times (52.3 + 86.4)\right] = -224.2$ （kN·m）

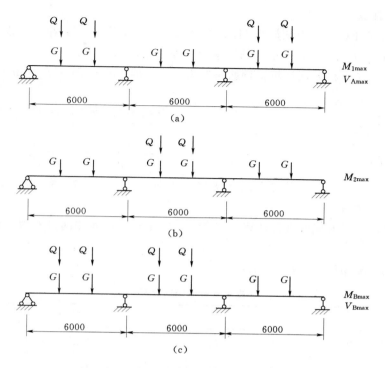

图 9-22 主梁荷载最不利位置（单位：mm）

2）剪力：

$$V_A = 0.733 \times 52.3 + 0.866 \times 86.4 = 113.16 \ (\text{kN})$$

$$V_B^l = -(1.267 \times 52.3 + 1.311 \times 86.4) = -179.53 \ (\text{kN})$$

$$V_B^r = 1.0 \times 52.3 + 1.222 \times 86.4 = 157.88 \ (\text{kN})$$

主梁的内力包络图如图 9-23 所示。

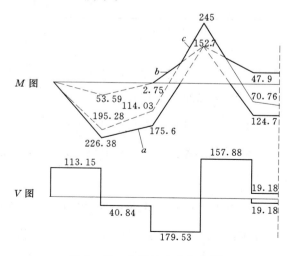

图 9-23 主梁的内力包络图

169

（4）配筋计算。

1）纵向钢筋计算。受力钢筋为 HRB335 级，$f_y = 300 \text{N/mm}^2$；混凝土强度等级 C20，$f_c = 9.6 \text{N/mm}^2$，$f_t = 1.1 \text{N/mm}^2$；结构承载力安全系数 $K = 1.2$。

跨中截面：按 T 形截面计算，钢筋布置为一排，$h_0 = h - 45 = 555$（mm）。

翼缘宽度：

$$b_f' = \frac{l}{3} = \frac{6}{3} = 2 \text{（m）}$$

$$b_f' = b + s_n = 0.2 + 5.8 = 6.0 \text{（m）}$$

取较小值，$b_f' = 2\text{m}$，则

$$b_f h_f' f_c \left(h_0 - \frac{h_f'}{2} \right) = 2000 \times 80 \times 9.6 \times \left(555 - \frac{80}{2} \right) = 791 \text{（kN} \cdot \text{m）}$$

$$> M_{max} = K M_1 = 1.2 \times 226.38 = 271.66 \text{（N} \cdot \text{m）}$$

属于第一类 T 形截面。

支座截面：按矩形截面进行计算，肋宽 b = 300mm，钢筋按两排布置，则 $h_0 = h - 80 = 520$（mm）。

主梁正截面配筋计算见表 9-4。

表 9-4　　　　　　　　　　　主梁正截面配筋计算

截　　面	1	B	2
弯矩设计值 M（$\times 10^6 \text{N} \cdot \text{mm}$）	226.38	224.2	124.7
$f_c b h_0^2$ 或 $f_c b_f' h_0^2$（$\times 10^6 \text{N} \cdot \text{mm}$）	5914	779	5914
$\alpha_s = \dfrac{KM}{f_c b h_0^2}$ 或 $\alpha_s = \dfrac{KM}{f_c b_f' h_0^2}$	0.046	0.345	0.025
$\xi = 1 - \sqrt{1 - 2\alpha_s}$	0.047	0.444	0.026
$A_s = \xi b h_0 \dfrac{f_c}{f_y}$ 或 $A_s = \xi b_f' h_0 \dfrac{f_c}{f_y}$	1673	2217	910
选用钢筋（mm^2）	2 Φ 25 + 2 Φ 20 (1610)	4 Φ 20 + 2 Φ 25 (2239)	2 Φ 25 (982)

注　1. $A_s > \rho_{min} b h_0 = 0.2\% \times 300 \times 565 = 339$（$\text{mm}^2$）。

　　2. 支座 $\xi = 0.444 < 0.85 \xi_b = 0.85 \times 0.55 = 0.4675$。

2）横向钢筋计算。

截面尺寸验算：

$$h_w / b = (520 - 80)/300 = 1.47 < 4.0$$

$$0.25 f_c b h_0 = 0.25 \times 9.6 \times 300 \times 520 = 374400 \text{（N）} = 374.4 \text{（kN）}$$

$$> K V_{max} = K V_B^l = 1.2 \times 179.53 \text{（kN）} = 215.436 \text{（kN）}$$

说明截面尺寸满足要求。

$$V_c = 0.7 f_t b h_0 = 0.7 \times 1.1 \times 300 \times 520 = 120120 \text{（N）} = 120.12 \text{（kN）}$$

$$< K V_{min} = K V_A = 1.2 \times 113.16 \text{（kN）} = 135.79 \text{（kN）}$$

故支座处截面需按计算配置横向钢筋。

设箍筋选用Φ8@150双肢箍筋，则

配箍率
$$\rho_{sv} = \frac{A_{sv}}{bs} = \frac{2 \times 50.3}{300 \times 150} = 0.22\% > \rho_{min} = 0.15\%$$

符合 HPB235 级钢筋配箍率的规定。

$$V_{cs} = V_c + V_{sv}$$

$$= 0.7 f_t b h_0 + 1.25 f_{yv} \frac{A_{sv}}{s} h_0$$

$$= 0.7 \times 1.1 \times 300 \times 520 + 1.25 \times 210 \times \frac{2 \times 50.3}{150} \times 520$$

$$= 211666 \ (N) = 211.666 \ (kN)$$

$$< KV_{max} = KV'_B = 1.2 \times 179.53 \ (kN) = 215.436 \ (kN)$$

$$> KV'_B = 1.2 \times 157.88 \ (kN) = 189.456 \ (kN)$$

$$> KV_A = 1.2 \times 113.16 \ (kN) = 135.792 \ (kN)$$

故 B 支座处左边需设弯起钢筋。

第一排弯起钢筋（弯起角度 $\alpha = 45°$）计算：

$$A_{sb} = \frac{KV'_B - V_{cs}}{f_y \sin 45°} = \frac{(215.436 - 211.666) \times 10^3}{300 \times 0.707} = 18 \ (mm^2)$$

第一排弯起 $1\Phi20$（$314mm^2$），满足要求。第一排弯起钢筋的弯起点至支座边缘的距离为：$s_1 + h - c - c'$，$s_1 = 100mm < s_{max}$，则 $s_1 + h - c - c' = 100 + 600 - 30 - 30 = 640$（mm），该截面上剪力设计值为 $V_2 = 179.53kN$，也应弯起 $1\Phi20$（$314mm^2$）。

第二排弯筋弯起点至支座边缘的距离为 $640 + 250 + 600 - 30 - 30 = 1430$（mm），该处的剪力设计值 $V_2 = 179.53kN$，应弯起第三排钢筋，考虑到第三排弯筋的位置在附加横向钢筋处，且第三排弯筋的截面面积很小，故不再弯起第三排钢筋，而让附加横向钢筋去抵抗该剪力。

支座 A 及支座 B 右侧均不需弯起钢筋，考虑到 A 支座可能产生负弯矩和构造要求，也可弯起 $2\Phi20$（$628mm^2$）。

3）附加横向钢筋。

次梁传来集中力

$$F = G + Q = 52.3 + 86.4 = 138.7 \ (kN)$$

在集中荷载位置设附加吊筋，弯起角 $\alpha = 45°$，则

$$A_{sv} = \frac{KF}{f_{yv} \sin\alpha} = \frac{1.2 \times 138.7 \times 10^3}{300 \times 0.707} = 785 \ (mm^2)$$

选用 $2\Phi25$（$982mm^2$）。

（5）主梁配筋详图。主梁的配筋及构造见图 9-26。纵向受力钢筋的弯起和截断位置，根据弯矩、剪力包络图及 M_R 抵抗弯矩图来确定。

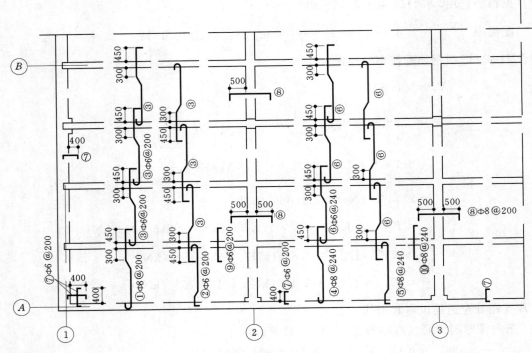

图 9-24　板配筋详图（单位：mm）

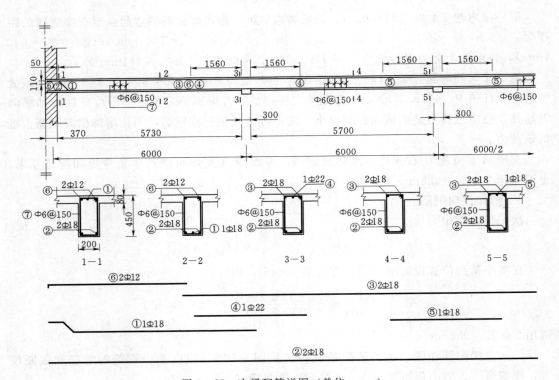

图 9-25　次梁配筋详图（单位：mm）

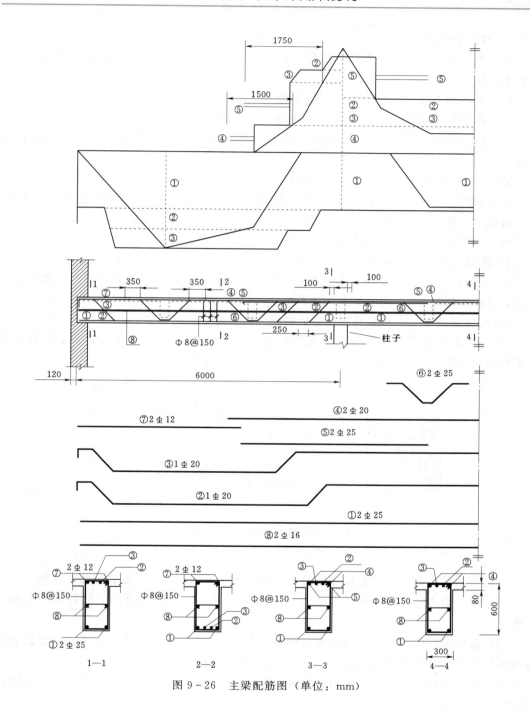

图 9-26　主梁配筋图（单位：mm）

9.3　整体式双向板梁板结构

整体式双向板梁板结构，在两个方向上的跨度之比 $l_2/l_1 \leqslant 2$（$2 < l_2/l_1 < 3$ 时尽量按双向板），板上的荷载分别沿短跨和长跨两方向传至四边的支承构件上。

9.3.1　双向板的试验结果

经对四边简支的正方形板和四边简支的长方形板做均布荷载作用下的破坏试验，得出了以下的试验结果。

（1）对四边简支的正方形板，试验表明：

1）荷载较小，混凝土出现裂缝前，板基本处于弹性状态。

2）随着荷载增加，第一批裂缝出现在板底中间部分，然后沿着对角线方向向四角扩展。

3）在接近破坏时，板顶面四角附近也出现与对角线垂直且大体成一圆形的裂缝。

4）板面裂缝一出现，就加剧了板底裂缝进一步扩展，最后，跨中钢筋达到屈服强度，整个板就随之破坏，见图 9-27(a)、(b) 所示。

（2）对四边简支的长方形板，试验表明：

1）荷载较小时，板基本处于弹性状态。

2）随荷载的增加，第一批裂缝出现在板底面中部且平行于长边方向，然后随着荷载增加，这些裂缝沿 45°方向不断向四角扩展。

3）在接近破坏时，板顶面四角先后出现与对角线垂直的裂缝。

4）板面的这些裂缝的出现，使板底面沿 45°方向的裂缝进一步扩展，最后，跨中受力钢筋达到屈服，板随之破坏，如图 9-27(c)、(d) 所示。

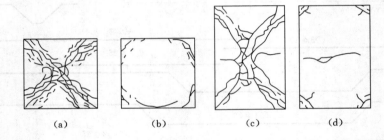

（a）　　　　　（b）　　　　　（c）　　　　　（d）

图 9-27　简支双向板的破坏特征

(a) 正方形板板底；(b) 正方形板板面；(c) 长方形板板底；(d) 长方形板板面

（3）不论是正方形板还是长方形板，受到荷载作用后，板的四角均有翘起趋势。

（4）板传给四边支座的压力并不是沿四边均匀分布，而是各边的中部较大，而两端较小。

（5）板中钢筋的布置方向与破坏荷载的大小没有显著关联，但平行于板边配置钢筋的板与平行于对角线配置钢筋的板相比，第一批裂缝出现相对较迟。

（6）配筋率相同时，采用较细的钢筋较为有利，钢筋用量相同时，板中间排列较密比均匀排列效果更好一些。

以上试验结果，对双向板的计算和构造都是非常重要的。

9.3.2　弹性方法计算内力

弹性计算方法是根据弹性薄板小挠度理论假定进行的，在工程设计中，大多依据板的荷载情况、支承情况，利用已制定的表格进行计算。

1. 单块双向板的计算

受均布荷载作用的单向板，首先看其四边支承情况，然后看其边界条件（沿 x 方向和沿 y 方向的跨度之比），查附录七中的系数 α，按式（9-7）进行计算：

$$M = \alpha \times q l^2 \tag{9-7}$$

式中　M——相应于不同支承情况的单位板宽内跨中的弯矩计算值或支座中点的弯矩计算值；

　　　　l——板的短边跨长（l_x、l_y 较小者）；

　　　　q——作用在双向板上的均布荷载，kN/m^2。

注意：附录七的表格适用于 $\mu = \dfrac{1}{6}$ 的钢筋混凝土板，若所查的参考书的表格为 $\mu = 0$ 的表格，则要进行换算。

2. 连续双向板的计算

连续双向板的计算，可通过将连续的双向板化简为单块板进行计算。

首先根据所求弯矩进行最不利荷载的组合，根据最不利荷载组合来确定将连续双向板简化成四周不同支承的单块板。具体按下面方法简化：

（1）求跨中最大弯矩。当板上作用均布永久 g 和均布活荷载 q 时，最不利荷载按图 9-28(a)所示的棋盘形式进行布置，对于这种棋盘式的活荷载布置情况 ［见图 9-28(b)］，可简化为满布的 $q' = g + \dfrac{q}{2}$ ［见图 9-28(c)］ 和一上一下作用的 $q'' = \dfrac{q}{2}$ ［见图 9-28(d)］ 两种荷载之和。在满布荷载 q' 作用下，因为荷载对称，可以近似认为各区格板都固定支承在支座上 ［见图 9-28(e)］；在一上一下荷载 q'' 作用下，属于反对称荷载作用，

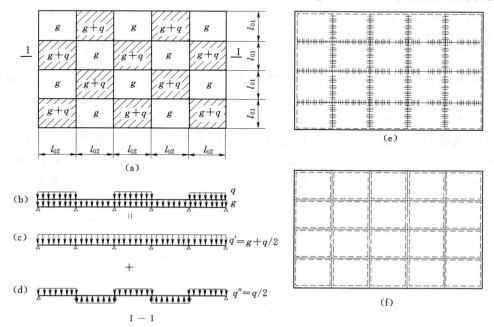

图 9-28　多跨连续双向板的活荷载最不利布置

可近似地认为中间支座为简支［见图 9-28(f)］，四周都按实际情况考虑。根据这两种荷载情况和支承情况按单块板计算出跨内弯矩再将弯矩相叠加，就可以得到活荷载在最不利位置时所产生的最大（最小）弯矩。

（2）求支座中点最大弯矩。最不利荷载组合为：将全部荷载布满各跨。因为荷载对称，将中间支座近似地认为固定，四边按实际情况考虑，然后按单块板计算出各跨的支座中点弯矩。

若不等跨，则取相邻两跨板的同支座弯矩的平均值作为该支座中点的计算弯矩。

9.3.3　双向板的截面设计与构造

1. 双向板的截面设计

对于四边与梁整体连接的双向板，在竖向荷载作用下，周边支承梁对板同单向板一样也会产生推力使弯矩减少，考虑此种有利影响，可将一些截面的设计弯矩乘以折减系数予以减少。

对于中间跨的跨中截面及中间支座截面，乘以 0.8。

对于边跨的跨中截面和从板边缘算起第二支座截面，当 $l_2/l_1 < 1.5$ 时，乘以 0.8，当 $1.5 < l_2/l_1 < 2$ 时，乘以 0.9（l_2 为沿板边缘的计算跨度；l_1 为垂直于板边缘的计算跨度）。角区格不予减少。

板中的受力钢筋是纵横交叉配置的，短跨方向的弯矩较大，钢筋应排在下面，长跨方向的弯矩较小，钢筋应排在上面，故两个方向的截面有效高度 h_0 不同。

短跨方向的截面有效高度 $h_{01} = h - a_s$（$a_s = c + \dfrac{d}{2}$，或查表求出）；

长跨方向的截面有效高度 $h_{02} = h_{01} - d = h - a_s - d$，$d$ 为板中钢筋的直径。一般情况下，a_s 取 20mm，d 取 10mm。

根据矩形截面正截面承载力计算受力钢筋的面积。

2. 构造要求

双向板板厚不小于 80mm 时，只要厚度满足一定的要求，对板就可不进行裂缝和变形验算。

按弹性方法计算的跨中最大弯矩，是中间板带的最大弯矩，靠近支座的边缘板带的弯矩比中间板带的弯矩小，因此布置钢筋时，边缘板带配筋可比中间板带减少，为施工方便，可将板在两个方向上各分为三个板带，边缘板带板宽为 $l_1/4$（l_1 为较小的跨度）。如图 9-29 所示，中间板带按跨中最大弯矩计算配置钢筋，边缘板带减为各跨相应中间板带钢筋用量的一半，但每米宽度内不少于 3 根。

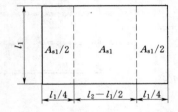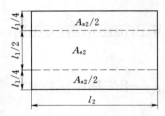

图 9-29　边缘板带与中间板带的配筋量

连续双向板支座上的配筋按最大负弯矩进行计算配筋,沿支座全长均匀布置,不分板带,不减少。

若采用弯起式配筋,由两邻跨跨中钢筋各弯起 1/2～1/3 来承担支座负弯矩,不足时另加直钢筋,弯起式配筋虽然整体性好一些,但施工复杂,故为方便施工,连续双向板一般采用分离式配筋。

9.3.4 双向板支承梁的计算特点

双向板上的荷载是沿着两个方向传递给四边的支承梁上的,精确地计算双向板传给支承梁的荷载较为困难,设计时采取近似方法分配板传给支承梁的荷载。对每一块板,从四角作 45°线与平行长边的中线相交(如图 9-30 所示)将板分成四小块,每一小块面积上的荷载传递到相邻的梁上,这样,除梁自重和直接作用在梁上的荷载外,短跨梁承受三角形分布荷载,长跨梁承受梯形分布的荷载,如图 9-30 所示。

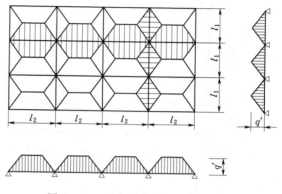

图 9-30 双向板支承梁的荷载分配

双向板支承梁的内力计算仍用弹性理论方法计算,先将三角形分布的荷载或梯形分布的荷载按图 9-30 所示转化为均布荷载 q_E(参看附录八),然后利用附录七求出最不利荷载组合下的梁的内力。

双向板支承梁的截面设计、裂缝及变形验算、构造配筋等,与支承单向板的梁相同。

9.3.5 双向板设计实例

1. 设计资料

某引水工程的工作平台采用双向板梁板结构如图 9-31 所示,板四边与边梁整体现浇在一起,板厚 150mm,边梁截面尺寸 250mm×600mm。该工程属 3 级水工建筑物,结构承载力安全系数 $K=1.2$。已知恒载设计值 $g=4kN/m^2$,活载设计值 $q=12kN/m^2$,混凝土强度等级 C20($f_c=9.6N/mm^2$),钢筋采用 RRB400($f_y=360N/mm^2$)。

2. 弯矩计算

由于结构的对称性,该平台可分为 A、B 两种区格。活荷载最不利布置如下:

(1)当求支座中点最大弯矩时,活荷载满布:

$$p=g+q=4+12=16 \ (kN/m^2)$$

(2)当求跨中最大弯矩时,活荷载按棋盘式布置,并分解为:

1)满布荷载

$$p'=g+q/2=4+12/2=10 \ (kN/m^2)$$

2)一上一下

$$p''=\pm q/2=12/2=6 \ (kN/m^2)$$

区格 A:$l_x=4.8m$,$l_y=6.0m$,$l_x/l_y=0.8$,由附录七查得弯矩系数 α 如表 9-5 所示。

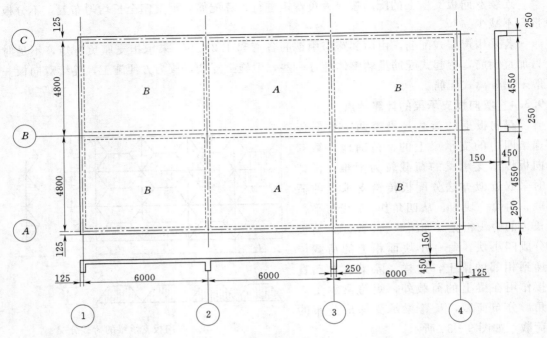

图 9-31　工作平台结构布置图（单位：mm）

表 9-5　　　　　　　　　　**区格 A 弯矩系数 α**

荷　　载	支承条件	M_x	M_y	M_x^0	M_y^0
p	四边固定	0.0295	0.0189	−0.0664	−0.0559
p'	四边固定	0.0295	0.0189	−0.0664	−0.0559
p''	三边简支一边固定	0.0459	0.0258	−0.1007	

荷载 p 作用下的支座弯矩：

$$M_x^0 = -0.0664 \times 16 \times 4.8^2 = -24.48 \ (\text{kN} \cdot \text{m})$$

$$M_y^0 = -0.0559 \times 16 \times 4.8^2 = -20.61 \ (\text{kN} \cdot \text{m})$$

荷载 $p' + p''$ 作用下的跨中弯矩及外支座弯矩：

$$M_x = 0.0295 \times 10 \times 4.8^2 + 0.0459 \times 6 \times 4.8^2 = 13.14 \ (\text{kN} \cdot \text{m})$$

$$M_y = 0.0189 \times 10 \times 4.8^2 + 0.0258 \times 6 \times 4.8^2 = 7.92 \ (\text{kN} \cdot \text{m})$$

$$M_x^0 = -0.0664 \times 10 \times 4.8^2 - 0.1007 \times 6 \times 4.8^2 = -29.22 \ (\text{kN} \cdot \text{m})$$

注意：为了计算方便，跨中和支座内的弯矩没有进行折减。

区格 B：$l_x = 4.8\text{m}$，$l_y = 6.0\text{m}$，$l_x / l_y = 0.8$，由附录七查得弯矩系数 α 如表 9-6 所示。

表 9-6   **区格 B 弯矩系数 α**

荷 载	支承条件	M_x	M_y	M_x^0	M_y^0
p	四边固定	0.0295	0.0189	−0.0664	−0.0559
p'	四边固定	0.0295	0.0189	−0.0664	−0.0559
p''	两边简支两边固定	0.0390	0.0263	−0.0883	−0.0748

荷载 p 作用下的支座弯矩：

$$M_x^0 = -0.0664 \times 16 \times 4.8^2 = -24.48 \ (\text{kN} \cdot \text{m})$$

$$M_y^0 = -0.0559 \times 16 \times 4.8^2 = -20.61 \ (\text{kN} \cdot \text{m})$$

荷载 $p' + p''$ 作用下的跨中弯矩及外支座弯矩：

$$M_x = 0.0259 \times 10 \times 4.8^2 + 0.0390 \times 6 \times 4.8^2 = 11.36 \ (\text{kN} \cdot \text{m})$$

$$M_y = 0.0189 \times 10 \times 4.8^2 + 0.0263 \times 6 \times 4.8^2 = 7.99 \ (\text{kN} \cdot \text{m})$$

$$M_x^0 = -0.0664 \times 10 \times 4.8^2 - 0.0883 \times 6 \times 4.8^2 = -27.51 \ (\text{kN} \cdot \text{m})$$

$$M_y^0 = -0.0559 \times 10 \times 4.8^2 - 0.0748 \times 6 \times 4.8^2 = -23.22 \ (\text{kN} \cdot \text{m})$$

3. 截面配筋

假定钢筋选用直径为 10mm，结构处于露天环境，混凝土保护层最小厚度取 25mm，短边方向跨中截面的有效高度 $h_{01} = h - c - d/2 = 150 - 25 - 10/2 = 120$ （mm），长边方向跨中截面的有效高度 $h_{02} = h_{01} - d = 120 - 10 = 110$ （mm），支座截面的 $h_0 = 120$mm，结构承载力安全系数 $K = 1.2$。配筋计算见表 9-7。

表 9-7   **配 筋 表**

截 面	区 格 A					区 格 B					
	内支座		跨 中		外支座	内支座		跨 中		外支座	
方向	l_x	l_y	l_x	l_y	l_x	l_x	l_y	l_x	l_y	l_x	l_y
弯矩计算值 M $(10^6 \text{N} \cdot \text{mm})$	24.48	20.61	13.14	7.92	29.22	24.48	20.61	11.36	7.99	27.51	23.22
h_0 (mm)	120	110	120	110	120	120	110	120	110	120	120
$a_s = \dfrac{KM}{f_c b h_0^2}$	0.204	0,204	0.109	0.079	0.243	0.204	0.204	0.101	0.079	0.229	0.193
$\xi = 1 - \sqrt{1 - 2a_s}$	0.231	0.231	0.116	0.082	0.283	0.231	0.231	0.107	0.080	0.264	0.216
$A_s = \xi b h_0 \dfrac{f_c}{f_y}$	770	706	387	250	943	770	706	357	245	880	720
选配配筋	ΦR10 @100 (785mm²)	ΦR10 @110 (714mm²)	ΦR10 @200 (393mm²)	ΦR10 @300 (262mm²)	ΦR10 @80 (982mm²)	ΦR10 @100 (785mm²)	ΦR10 @110 (714mm²)	ΦR10 @200 (393mm²)	ΦR10 @300 (262mm²)	ΦR10 @80 (982mm²)	ΦR10 @100 (785mm²)

4. 配筋图

双向板配筋图见图 9-32，有关构造要求说明如下：

（1）为便于施工工作平台按分离式配筋。

（2）沿 l_x 方向的钢筋应放置在 l_y 方向钢筋的外侧。

（3）由于跨中配筋量较小，且为符合受力筋间距不大于 300mm 的要求，l_x、l_y 两个方向上钢筋用量均按相应的最大值选配，没有按板带进行减半。如选配的细直径钢筋且间距较密时，应对板边带进行减半配置。

由于板与边梁整体浇筑，计算时视为固定支座，因此板中受力钢筋应可靠地锚固于边梁中，锚固长度 l_a 不小于 $40d$。

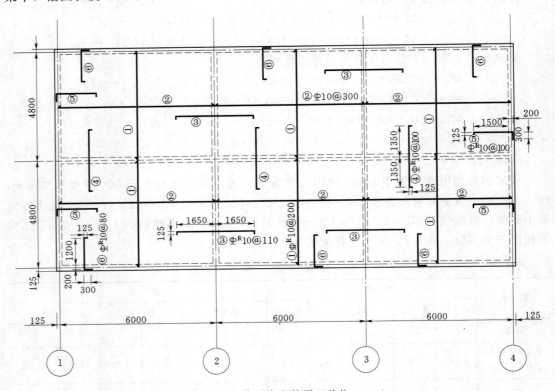

图 9-32　工作平台配筋图（单位：mm）

9.4　刚　架　结　构

由横梁和立柱刚性连接所组成的承重结构称为刚架结构。刚架结构具有较好的整体性。在水工建筑、工业建筑中应用相当广泛，如图 9-33(a)、(b) 所示的支承渡槽槽身、支承水闸工作桥桥面的承重刚架；又如图 9-33(c)、(d) 所示的刚架仓库、折线式刚架厂房等。

刚架的分类：按层数分可分为单层刚架（$H \leqslant 5m$）和多层刚架（$H > 5m$）；按跨数分可分为单跨刚架和多跨刚架。根据使用要求选择刚架的层数和跨数。

刚架立柱与基础的连接有铰接和固接两种形式，采取哪种形式主要取决于土壤的特性。支承刚架结构的地基条件较差时采用铰接方式，这样可以减少地基不均匀沉降引起的

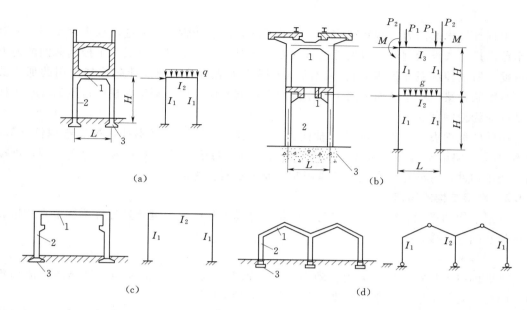

图 9-33 刚架结构

1—横梁；2—柱；3—基础

附加内力；支承刚架结构的地基条件较好或为混凝土结构时采用固接，有利于施工和增加刚架结构的整体刚度。

9.4.1 刚架结构的设计要点

整体式刚架结构由梁、柱构成平面和空间结构，对于空间结构，为简化计算，可忽略刚度较小方向的影响，把结构偏安全地当作平面刚架结构进行计算。

1. 计算简图

如图 9-33(b) 所示的工作桥承重刚架的计算简图，构件截面重心连线为刚架的轴线，表示出刚架的高度和跨度、主梁与横梁的连接形式、柱子与基础的连接；表示出荷载的形式、数值和作用位置；还应表示出各构件的截面惯性矩。

因为必须用到截面惯性矩，同时确定自重时也要用到截面尺寸，故在内力计算之前，先假定构件的截面尺寸，内力计算之后再加以调整，如果各构件的相对惯性矩的变化超过 3 倍，应重新计算内力。

荷载处理：荷载的形式、数值、作用位置根据实际资料确定，刚架的横梁自重是均布荷载，但当上部结构传来的荷载主要是集中荷载时，也可将横梁自重化为集中荷载处理；将风荷载视为集中荷载，作用在刚架的柱顶处。

如果刚架横梁两端有支托，但其支座截面和跨中截面的高度比值 $h_z/h < 1.6$ 或截面惯性矩比值 $I_z/I < 4$ 时，可不考虑支托的影响，按等截面横梁刚架进行计算。

2. 内力计算

刚架的内力计算，可按结构力学方法进行，刚架内力计算是一项相当繁重的工作，设计中一般都借助于计算机程序来完成。多层刚架也可采用实用上足够准确的近似计算方法计算，工程上一般常用刚架利用现成的计算公式和图表进行计算。

3. 截面设计

根据计算出的内力（M、N、V），按最不利荷载组合后，即可进行承载力计算，从而确定截面尺寸和配置钢筋。对构件进行截面设计时，往往是以一个或几个控制截面的内力为依据。所谓控制截面是指对构件配筋和下部块体结构或基础设计起控制作用的那些截面。对刚架横梁以跨中截面和两个支座截面为控制截面；对于刚架立柱以每层的柱顶、柱底处截面为控制截面。

构件的截面设计，对于横梁，轴向力 N 一般较小，可忽略不计，按受弯构件计算，若 N 不能忽略则按偏心受压（拉）构件进行计算；对于立柱，主要内力为 M、N，可按偏心受压构件进行计算。有风荷载作用时，要采用对称配筋。

9.4.2　刚架结构的构造

刚架结构的横梁、主柱的构造与一般梁、柱基本相同，关键要处理好梁柱节点构造和立柱与基础的连接。

1. 节点构造

刚架的节点处在弯矩、剪力、轴力共同作用下，应力状态很复杂，且会产生应力集中，因此，必须采取措施来保证刚架节点有足够的强度。

在立柱交接处，应力分布与其内折角的形状有很大关系，内折角越平缓，交接处的应力集中越小（如图 9-34 所示），故在设计时，要将横梁与立柱交接处的内折角做成斜坡状的支托，支托高 $h_1 = （0.5\sim1.0） h$（h 为柱截面的高度），斜面与水平线成 45° 或 30°，如图 9-34(a) 所示。若转角处的弯矩较小，可将转角做成直角或加一个不大的填角。

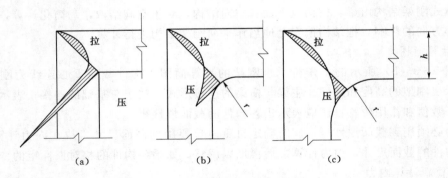

图 9-34　内折角形状对应力的影响
(a) $r=0$；(b) $r=0.5h$；(c) $r=h$

有支托时，必须沿支托表面设置附加钢筋，如图 9-35(b) 所示，直钢筋根数不少于 4 根，直径与横梁沿底面伸入节点的钢筋直径相同，伸入梁内的长度 l_{a1} 当受拉时取 $1.2l_a$ 且不小于 300m，当受压时取 $0.85l_a$，且不小于 200mm，伸入柱内的长度 l_{a2} 当受拉时取 l_a，不受拉时须伸至柱中心线，且 l_{a2} 不小于 l_{as}，支托内箍筋要适当加密，支托终点处增加两个附加箍筋，附加箍筋的直径与梁内箍筋的直径相同。

为了保证刚架节点的整体性，梁柱中受力钢筋的锚固至关重要。

在刚架梁的顶层节点中，梁与柱的受力钢筋若采用柱内绑扎搭接方式〔如图 9-36

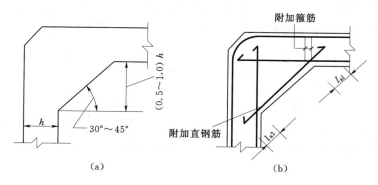

图 9-35 支托尺寸及配筋

(a) 支托尺寸；(b) 附加钢筋

(a) 所示]，则搭接长度 l_s 不应小于 $1.5l_a$；若采用部分柱筋梁内搭接方式 [如图 9-36(b) 所示]，或节点内搭接方式 [如图 9-36(c) 所示]，则 l_s 不应小于 $1.5l_a+5d$ （d 为纵筋的直径）；若采用简易柱内搭接方式 [如图 9-36(d) 所示]，则 l_s 不应小于 $1.7l_a+10d$。伸入柱内的梁筋或伸入梁中柱筋应分批切断，每批切断不超过 4 根，切断点相距不宜小于 $20d$。

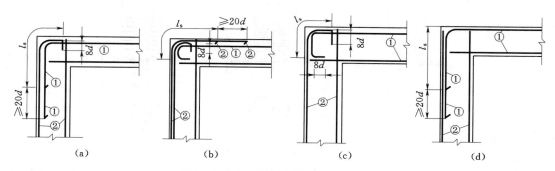

图 9-36 钢架顶层钢筋的锚固与搭接

①—梁筋；②—柱筋

在刚架中间层节点处，上部纵筋在节点内的锚固长度应符合规范要求，并应伸过节点中心线。当钢筋在节点内的水平锚固长度不够时，应伸至对面柱后再向下弯折，经弯折后的水平投影长度不应小于 $0.4l_a$，垂直投影长度不应小于 $15d$（d 为纵向钢筋的直径），如图 9-37 所示。

2. 立柱与基础的连接

立柱可采用预制和现浇两种方法制作，刚架立柱与基础的连接方法要根据立柱的制作方法来定，不论是现浇柱还是预制柱与基础的连接都有铰接和固接两种。

（1）现浇立柱与基础的连接。现浇立柱与基础固接的作法：从基础内伸出插筋与柱内钢筋相连接，然后浇筑柱子的混凝土。插筋的直径、根数、间距和柱内钢筋相同。插筋一般应伸至基础底部，如图 9-

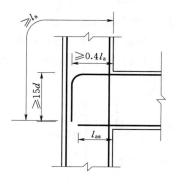

图 9-37 刚架中间节点钢筋的锚固

38(a) 所示。当基础高度较大时，也可将基础四角处的插筋伸至基础底部，而其余插筋只伸至基础顶面以下，满足锚固长度 l_a 的要求即可，如图 9-38(b) 所示。

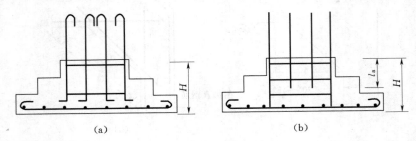

(a)　　　　　　　　　　　　　　　　(b)

图 9-38　现浇立柱与基础固接

　　现浇立柱与基础铰接的作法：在连接处将柱子截面减小为原截面的 1/2～1/3，并用交叉钢筋、垂直钢栓或高等肋钢筋连接（如图 9-39 所示）在紧邻此铰的柱和基础中应增设箍筋和钢筋网，这样可将此处的弯矩削减到实用上可以忽略的程度。柱中的轴向力由钢筋和保留的混凝土来传递，按局部受压核算。

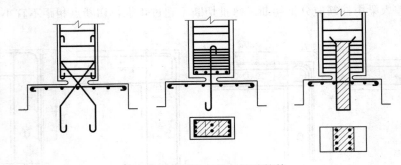

图 9-39　现浇立柱与基础铰接

　　(2) 预制柱与基础的连接。预制立柱与基础的连接不论是铰接还是固接都采用杯形基础。

　　预制柱与基础的固接作法：按一定要求将柱子插入杯形基础的杯口中，周围回填不低于 C20 的细石混凝土即可，如图 9-40 所示。

　　预制柱与基础的铰接作法：先在杯底填 50mm 厚不低于 C20 的细石混凝土，将柱子插入杯口内后，周围再用沥青麻丝等填实，如图 9-41 所示。

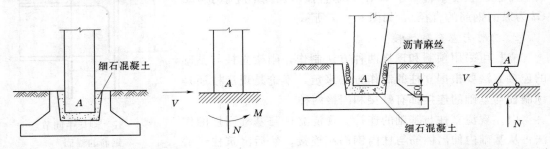

图 9-40　预制立柱与基础固接　　　　　图 9-41　预制立柱与基础铰接

9.5 钢筋混凝土牛腿设计

用来支承吊车梁、屋架等构件，从柱内伸出的短悬臂构件，是柱上极为重要的传力部位，工程上称为"牛腿"。

牛腿的应用较广泛：如水电站厂房柱中、渡槽和水闸工作桥的支承刚架顶端等。

根据牛腿竖向力 F_v 的作用点至下柱边缘的距离 a 的大小，一般将牛腿分为两类：$a \leqslant h_0$ 时为短牛腿，$a > h_0$ 时为长牛腿，h_0 为牛腿根部与下柱交接处垂直截面的有效高度，$h_0 = h - a_s$。水电站厂房支承吊车梁、屋架等牛腿多为短牛腿，故本节内容只讲述短牛腿的设计。

9.5.1 牛腿截面尺寸的确定

牛腿的宽度与立柱同宽，只需确定牛腿的高度就行。牛腿的高度按斜截面抗裂为控制条件。

1. 确定牛腿高度

先初拟牛腿高度 h，按式（9-8）进行验算。

$$F_{vk} \leqslant \beta \left(1 - 0.5 \frac{F_{hk}}{F_{vk}} \right) \frac{f_{tk} b h_0}{0.5 + \dfrac{a}{h_0}} \tag{9-8}$$

式中　F_{vk}——由荷载标准值计算得出的作用于牛腿顶部的竖向力值，N；

　　　F_{hk}——由荷载标准值计算得出的作用于牛腿顶部的水平拉力值，N；

　　　β——裂缝控制系数，对水电站厂房立柱的牛腿，取 0.65，对承受静荷载作用的牛腿，取 0.8；

　　　a——竖向力作用点至下柱边缘的水平距离，应考虑安装偏差 20mm；当考虑 20mm 安装偏差后的竖向力作用点仍位于下柱截面以内时，取 $a = 0$；

　　　b——牛腿的宽度；

　　　h_0——牛腿与下柱交接处的垂直截面有效高度；取 $h_0 = h_1 - a_s + c\tan\alpha$，在此，$h_1$、$a_s$、$c$ 的意义见图 9-42 所示，当 $\alpha > 45°$ 时，取 $\alpha = 45°$。

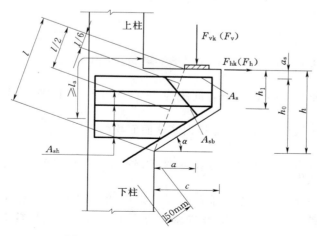

图 9-42　牛腿尺寸及配筋构造要求

2. 确定牛腿的外形尺寸

验算满足要求后，按下列要求来确定牛腿的外形尺寸：

（1）牛腿外边缘高度 $h_1 \geqslant \dfrac{h}{3}$，且不小于 200mm。

（2）吊车梁外边缘至牛腿外缘的距离 $c_1 \geqslant 100$mm。

（3）牛腿顶面在竖向力标准值 F_{vk} 作用下，其局部受压应力 σ（$\sigma = \dfrac{F_{vk}}{b \times b'}$，$b$ 为牛腿宽度，b' 为垫块宽度）不应超过 $0.75f_c$，否则应加大受压面积，提高混凝土强度等级或配置钢筋网片等有效措施。

（4）牛腿底面 α 不应大于 $45°$，一般取 $45°$，防止斜裂缝出现后可能引起的底面与下柱交接处产生严重的应力集中。

9.5.2　牛腿的钢筋配置

1. 受力钢筋

当牛腿的剪跨比 a/h_0 不小于 0.2 时，牛腿中承受竖向力所需的受拉钢筋和承受水平拉力所需的水平锚筋组成的受力钢筋的总面积 A_s 按式（9-9）计算：

$$A_s \geqslant K\left(\frac{F_v a}{0.85 f_y h_0} + 1.2\frac{F_h}{f_y}\right) \tag{9-9}$$

式中　K——承载力安全系数，按附表 1-1 采用；

$\quad\quad F_v$——作用在牛腿顶部的竖向力设计值；

$\quad\quad F_h$——作用在牛腿顶部的水平拉力设计值。

受力钢筋宜采用 HRB335 级或 HRB400 级钢筋。

承受竖向力所需的受拉钢筋的配筋率（以 bh_0 计）不应小于 0.2%，也不宜大于 0.6%。且根数不宜少于 4 根，直径不应小于 12mm。受拉钢筋不得下弯兼作弯起钢筋，而应全部直通至牛腿外边缘沿斜边伸入柱内不少于 150mm，在柱内的锚固长度要符合有关规定。承受水平拉力的锚筋应焊在预埋件上，且不应少于 2 根，直径不应小于 12mm。

2. 水平箍筋和弯起钢筋

牛腿中除了应配受力钢筋外，还应配水平箍筋，规范规定：

水平箍筋的直径不应小于 6mm，间距为 $100\sim150$mm，且在上部 $\dfrac{2}{3}h_0$ 范围内水平箍筋的总面积不应小于承受竖向力的受拉钢筋截面面积的 1/2。

当牛腿的剪跨比 $\dfrac{a}{h_0} \geqslant 0.3$ 时，应设置弯起钢筋 A_{sb}，弯起钢筋宜采用 HRB335 级或 HRB400 级钢筋。并设置在牛腿上部 $l/6\sim l/2$ 之间的范围内，其截面面积不应小于承受竖向力的受拉钢筋截面面积的 1/2，配筋率不应小于 0.15%，其根数不应少于 2 根，直径不小于 12mm，如图 9-41 所示。

学 习 指 导

本章学习重点是：梁板结构的类型，单向板梁板结构的设计计算全过程，并通过课程设计等学会计算简图的绘制，荷载的简化，查表计算内力，截面配筋计算，以及抵抗弯矩图的绘制。在单向板梁板结构设计熟练之后，可进行整体式双向板梁板结构的板的配筋计算，了解刚架结构的设计要点及其构造要求，了解牛腿的构造。

主要内容如下：

（1）梁板结构分为两种类型：单向板梁板结构和双向板梁板结构。

（2）梁板结构是由板、次梁及主梁组成，也称肋形结构。其荷载的传递途径为：作用在楼面上的竖向荷载通过板传给次梁，再由次梁传给主梁，主梁传给柱或墙，最后传给基础。

（3）钢筋混凝土梁板结构的设计步骤：进行梁格布置，建立梁板计算简图，梁板内力计算，截面设计，绘制配筋图。

（4）整体式单向板梁板结构的设计：梁格布置、计算简图的支座简化、荷载计算、荷载修正、计算跨度与跨数、查表计算内力，求出最不利荷载组合下的梁板结构的内力，并进行内力的调整，最后根据内力进行配筋，绘制配筋图。

（5）连续梁板的构造要求：连续板的配筋形式有分离式和弯起式两种。连续板的分布筋和附加钢筋的构造要求。连续梁配筋时，先根据跨中最大弯矩配置纵向受力钢筋，然后将部分钢筋根据斜截面承载力需要，弯起伸入支座，用来承担支座的负弯矩。受力钢筋的弯起和切断点位置，应根据抵抗弯矩图来确定。对于次梁，可不绘制抵抗弯矩图，而其纵向钢筋的弯起、切断点位置可直接按规定布置，对于主梁则应根据抵抗弯矩图来确定纵向钢筋的弯起、切断点位置。主梁与次梁交接处，主梁两侧承受次梁传来的集中荷载，集中荷载应全部由附加横向钢筋承担。

（6）整体式双向板梁板结构，在工程设计中，大多依据板的荷载情况、支承情况，利用已制定的表格进行计算。分为单块双向板的计算和连续双向板的计算两种情况。了解双向板的截面设计与构造。

（7）由横梁和立柱刚性连接所组成的承重结构称为刚架结构。刚架结构具有较好的整体性。刚架的分类：按层数分可分为单层刚架和多层刚架；按跨数分可分为单跨刚架和多跨刚架。根据使用要求平选择刚架的层数和跨数。

（8）刚架结构的横梁、主柱的构造与一般梁、柱基本相同，关键要处理好梁柱节点构造和立柱与基础的连接。刚架的节点处在弯矩、剪力、轴力共同作用下，应力状态很复杂，且会产生应力集中，因此，必须采取措施来保证刚架节点有足够的强度。立柱与基础的连接，立柱可采用预制和现浇两种方法制作，刚架立柱与基础的连接方法要根据立柱的制作方法来定，不论是现浇柱还是预制柱与基础的连接都有铰接和固接两种。

（9）用来支承吊车梁、屋架等构件，从柱内伸出的短悬臂构件，是柱上极为重要的传力部位，工程上称为"牛腿"。进行牛腿截面尺寸的确定和牛腿的钢筋配置。

思 考 题

9-1 钢筋混凝土梁板结构有哪几种类型？说明各自的受力特点。

9-2 现浇梁板结构中单向板和双向板是如何划分的？

9-3 现浇单向板梁板结构中的板、次梁、主梁的计算简图如何确定？

9-4 为什么在计算支座截面配筋时，应取支座边缘的弯矩？

9-5 连续板的配筋有几种形式？它们各自的特点是什么？

9-6 立柱与基础的连接有哪几种形式？

9-7 牛腿中是否必须设置弯起钢筋？纵向受拉钢筋能否兼作弯起钢筋？

9-8 在刚架结构中，如何采用正确的构造措施来保证节点的整体性？

习 题

9-1 五跨连续板的板带如图 9-43 所示，受恒荷载标准值 $g_k = 3.5 kN/m^2$，活荷载标准值 $q_k = 4.5 kN/m^2$，混凝土强度等级为 C20，HPB235 级钢筋，次梁截面尺寸 $b \times h = 200mm \times 450mm$。板厚 80mm，试进行板的配筋计算，并绘制配筋图（按 3 级建筑物计算）。

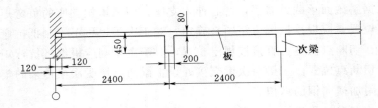

图 9-43 五跨连续板（单位：mm）

9-2 五跨连续次梁如图 9-44 所示，两端支承在 370mm 厚的砖墙上，中间支承在 $b \times h = 300mm \times 600mm$ 主梁上，承受板传来的恒荷载标准值 $g_k = 8kN/m$，活荷载标准值 $q_k = 12kN/m$，混凝土强度等级 C20，采用 HRB335 级钢筋，试确定次梁截面尺寸并进行配筋计算（按 2 级建筑物计算）。

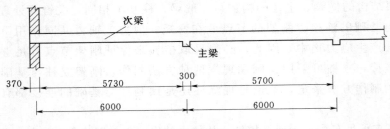

图 9-44 五跨连续次梁（单位：mm）

第 10 章 预应力混凝土结构简介

教学要求: 掌握预应力混凝土的工作原理,以及施加预应力的方法。预应力混凝土结构构件对混凝土和钢筋的要求。掌握预应力损失的种类以及组合。

10.1 预应力混凝土的基本概念

混凝土是一种抗压性能好而抗拉性能较差的结构材料,抗拉强度仅为抗压强度的 $1/8$ ~$1/9$,受拉极限应变一般只有 0.1×10^{-3}~0.15×10^{-3},抗裂性能差。因此在使用时不允许出现裂缝的普通钢筋混凝土构件中,受拉钢筋的应力仅为 20~30N/mm^2。即使使用时允许开裂的构件,当裂缝最大允许宽度 $[\omega_{max}]=0.2$~0.3mm 时,钢筋应力只有 150 ~200N/mm^2。可见,普通钢筋混凝土中高强钢筋得不到充分利用,因而采用高强钢筋是不经济的。而提高混凝土的强度等级对提高构件的抗裂性能的作用极其有限。

为了更好地利用混凝土的抗压性能,避免混凝土过早的出现裂缝,采用预应力混凝土结构是最好的方法。预应力混凝土构件是在承受外荷载作用之前,先对混凝土预加压力,使其在构件截面上产生的预压应力来抵消外荷载引起的部分或全部拉应力。这样,在外荷载作用下,构件裂缝就能延缓出现或不出现,充分发挥高强度钢筋的作用,改善混凝土的受拉性能,满足使用要求。

预应力的作用可以用图 10-1 来说明。简支梁在外荷载作用下,梁下部产生的拉应力,如图 10-1(b) 所示。如果在荷载作用之前,先给梁施加一个偏心压力 N,使梁的下部产生预压应力,如图 10-1(a) 所示,那么,在外荷载作用后,截面上的应力分布将是两者的叠加,如图 10-1(c) 所示,梁的下部应力可以是压应力(即 $\sigma_1-\sigma_3>0$),也可以是数值较小的拉应力(即 $\sigma_1-\sigma_3<0$)。

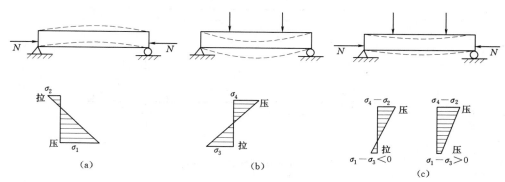

图 10-1 预应力简支梁的基本受力原理
(a) 预应力作用;(b) 外荷载作用;(c) 预应力与外荷载共同作用

预应力混凝土构件与普通混凝土构件相比具有以下特点。

（1）抗裂性和耐久性好。由于混凝土中存在预压应力，可以避免开裂和限制裂缝的开展，减少构件发生锈蚀的可能性，提高构件的抗渗性、抗腐蚀性和耐久性。

（2）刚度大，变形小。因为混凝土不开裂，提高了构件的刚度，预加偏心压力使受弯构件产生的反拱，可以减小构件在荷载作用下的总挠度。

（3）节约材料，减轻自重。由于预应力构件利用材料合理，从而提高结构的经济指标，特别适合建造大跨度承重结构。

预应力混凝土构件也存在不足之处，如施工工序复杂，工期较长，施工制作所需要的机械设备与技术条件较高。

10.2　施加预应力的方法

在构件上建立预应力，一般是通过张拉钢筋来实现的。根据张拉钢筋和浇筑混凝土的先后顺序不同，可分为先张法和后张法两种。

10.2.1　先张法

先张法是指首先在台座上或钢模内张拉钢筋，然后浇筑混凝土的一种施工方法。具体过程是：先在专门的台座上张拉钢筋，然后用锚具将钢筋临时固定在台座上，再浇筑混凝土构件，待混凝土达到一定强度（一般不低于混凝土设计强度的 75%）后，从台座上切断或放松钢筋（简称放张）。在钢筋弹性回缩时，利用钢筋与混凝土之间的黏结力，使混凝土受到压力作用，从而产生预压应力，如图 10-2 所示。

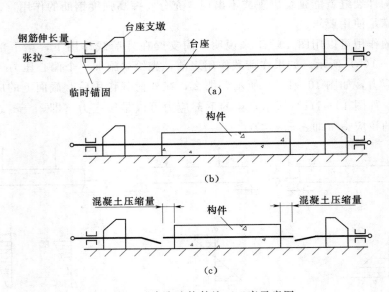

图 10-2　先张法构件施工工序示意图

先张法施工工序比较简单，工序少、效率高、质量易保证，但需要有专门的张拉台座，不适于现场施工，主要用于生产大批量的小型预应力构件和直线形配筋构件。

10.2.2　后张法

后张法是指先浇筑混凝土构件，然后直接在构件上张拉预应力钢筋的一种施工方法。具体过程是：先浇捣混凝土构件，并在预应力钢筋设计位置上预留孔道，待混凝土达到一定强度（一般不低于混凝土设计强度的 75%）后，将预应力钢筋穿入孔道，利用构件本身作为承力台座张拉钢筋，随着钢筋的张拉，构件混凝土同时受到压缩，张拉完毕后用锚具将预应力钢筋锚固在构件上，如图 10-3 所示。在后张法构件中，预应力靠构件两端的工作锚具传给混凝土。

后张法不需要专门台座，可根据设计要求现场制作成曲线或折线形，应用比较灵活。但增加了留孔、灌浆等工序，施工比较复杂；所用锚具要留在构件内，因而耗钢量较大。主要用来制作大型预应力构件。

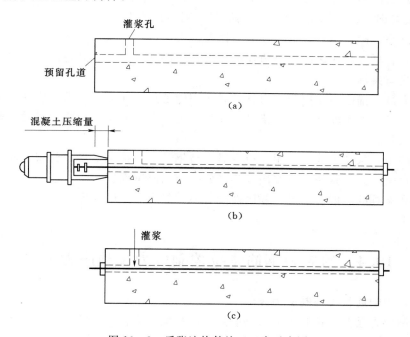

图 10-3　后张法构件施工工序示意图

10.3　预应力混凝土的材料与张拉机具

10.3.1　预应力钢筋

1. 对预应力钢筋的基本要求

预应力混凝土结构对钢筋的基本要求是：

（1）强度高。预应力钢筋的张拉应力在构件的整个制作和使用过程中会出现各种应力损失，这些损失的总和有时可达到 200N/mm² 以上。

（2）与混凝土要有较好的黏结力。特别是在先张法中，预应力钢筋与混凝土之间必须有较高的黏结强度。

（3）要有足够的塑性和良好的加工性能。钢材强度越高，其塑性越低。钢筋塑性太低时，特别是处于低温或冲击荷载条件下，可能发生脆性断裂。钢筋要有良好的焊接性能、冷镦和热镦性能等。

2．预应力钢筋的种类

目前我国常用的预应力钢筋有以下几种：冷轧带肋钢筋、热处理钢筋、碳素钢丝、刻痕钢丝、钢绞线等。

10.3.2 混凝土

预应力混凝土构件对混凝土有下列要求：

（1）采用高强度混凝土，以适应高强度预应力钢筋的需要，保证钢筋充分发挥作用，有效减小构件的截面尺寸和自重。在预应力混凝土构件中，混凝土的强度等级不宜低于C30；采用碳素钢丝、钢绞线或热处理钢筋时，则不宜低于C40。

（2）收缩小、徐变小，以减小预应力损失。

（3）快硬、早强，使之能尽早施加预应力，加快施工进度，提高设备利用率。

10.3.3 锚具与夹具

锚具和夹具是锚固与张拉预应力钢筋时所用的工具。通常把锚固在构件端部，与构件连成一体共同受力不再取下的称为锚具；在张拉过程中用来张拉钢筋，以后可取下来重复使用的称为夹具。

在先张法中，张拉钢筋时要用张拉夹具夹持钢筋，张拉完毕后，要用锚固夹具将钢筋临时锚固在台座上。后张法中也要用锚具来张拉与锚固钢筋。

对锚具和夹具的一般要求是：锚固性能可靠，具有足够的强度和刚度，滑移小，构造简单，节省钢材。

10.4 预应力钢筋张拉控制应力及预应力损失

10.4.1 预应力钢筋张拉控制应力 σ_{con}

张拉控制应力是指张拉时预应力钢筋达到的最大应力值，也就是张拉设备所控制的张拉力除以预应力钢筋面积所得的应力值，以 σ_{con} 表示。σ_{con} 值一般情况下不宜超过表 10 - 1 所列数值。

表 10 - 1　　　　　　张拉控制应力允许值 $[\sigma_{con}]$

项　次	钢　筋　种　类	张　拉　方　法	
		先张法	后张法
1	消除应力钢丝、钢绞线	$0.75 f_{ptk}$	$0.75 f_{ptk}$
2	螺纹钢筋	$0.75 f_{ptk}$	$0.70 f_{ptk}$
3	钢棒	$0.70 f_{ptk}$	$0.65 f_{ptk}$

在下列情况下，表 10 - 1 中 $[\sigma_{con}]$ 值可提高 $0.05 f_{ptk}$：

（1）要求提高构件在施工阶段的抗裂性能而在使用阶段受压区设置的预应力钢筋；

（2）要求部分抵消由应力松弛、摩擦、钢筋分批张拉以及预应力钢筋与台座之间的温差等因素产生的预应力损失。

表 $10-1$ 中 f_{ptk} 为预应力钢筋的抗拉强度标准值。因为张拉钢筋时仅涉及到材料本身，与构件设计无关，故 $[\sigma_{con}]$ 直接与标准值相联系。

10.4.2　预应力损失

由于张拉工艺和材料特性等原因，预应力钢筋在张拉时所建立的拉应力，在构件制作和使用过程中会受到损失。产生预应力损失的原因很多，下面分别讨论引起预应力损失的原因、减小预应力损失的措施。

1. 张拉端锚具变形和钢筋内缩引起的损失 σ_{l1}

构件在张拉预应力钢筋达到控制应力 σ_{con} 后，便把预应力钢筋锚固在台座或构件上。由于预应力回弹方向与张拉时拉伸方向相反，当锚具、垫板与构件之间的缝隙被压紧时，预应力钢筋在锚具中的内缩会造成钢筋应力降低，由此形成的预应力损失称为 σ_{l1}。对预应力直线形钢筋和曲线形钢筋（用在后张法构件），σ_{l1} 按不同的公式计算。

为减小锚具变形引起预应力损失除认真按照施工程序操作外，还可以采用如下减小损失的方法：

(1) 选择变形小或预应力钢筋滑移小的锚具，减少垫板的块数。

(2) 对于先张法选择长的台座。

2. 预应力钢筋与孔道壁之间的摩擦引起的损失 σ_{l2}

用后张法张拉预应力钢筋时，由于钢筋与孔道壁之间产生摩擦力，使张拉端到锚固端之间的实际预拉应力值逐渐降低，由此形成的预应力损失称为 σ_{l2}。

减小摩擦损失的方法有以下两种：

(1) 采用两端张拉。两端张拉比一端张拉可减少 $1/2$ 摩擦损失值。

(2) 采用"超张拉"工艺。所谓超张拉即第一次张拉至 $1.1\sigma_{con}$，持荷 2min，再卸荷至 $0.85\sigma_{con}$，持荷 2min，最后张拉至 σ_{con}。这样可使摩擦损失减小，比一次张拉到位的预应力分布更均匀。

3. 混凝土采用蒸汽养护时预应力钢筋与张拉台座之间的温差引起的损失 σ_{l3}

对于先张法预应力混凝土构件，当进行蒸汽养护升温时，新浇筑的混凝土尚未硬化，由于钢筋温度高于台座温度，于是钢筋产生相对伸长，预应力钢筋中的应力将降低，造成预应力损失；当降温时，混凝土已经硬化，混凝土与钢筋之间已建立起黏结力，两者将一起回缩，故钢筋应力将不能恢复到原来的张拉应力值。σ_{l3} 仅在先张法中存在。

为了减小此项损失可采用下列措施：

(1) 在构件进行蒸汽养护时采用"二次升温制度"，即第一次一般升温 20℃，然后恒温。当混凝土强度达到 $7\sim10N/mm^2$ 时，预应力钢筋与混凝土部结在一起。第二次再升温至规定养护温度。这时，预应力钢筋与混凝土同时伸长，故不会再产生预应力损失。

(2) 采用钢模制作构件，并将钢模与构件一同整体放入蒸汽室养护，则不存在温差引起的预应力损失。

4. 预应力钢筋的应力松弛引起的损失 σ_{l4}

钢筋应力松弛是指钢筋在高应力作用下，在钢筋长度不变的条件下，钢筋应力随时间增长而降低的现象。钢筋应力松弛使预应力值降低，造成的预应力损失称为 σ_{l4}。试验表明，松弛损失与下列因素有关：

（1）初始应力。张拉控制应力高，松弛损失就大，损失的速度也快。

（2）钢筋种类。松弛损失按下列钢筋种类依次减小：碳素钢丝及钢绞线、冷轧带肋钢筋、冷拉钢筋及热处理钢筋。

（3）时间。1h 及 24h 的松弛损失分别约占总松弛损失（以 1000h 计）的 50% 和 80%。

（4）温度。温度越高，松弛损失越大。

（5）张拉方式。采用超张拉可比一次张拉的松弛损失减小（2%～10%）σ_{con}。

减少松弛损失的措施：

（1）采用超张拉工艺。

（2）采用低松弛损失的钢材。

5. 混凝土收缩和徐变引起的损失 σ_{l5}

混凝土在空气中结硬时发生体积收缩，而在预应力作用下，混凝土将沿压力作用方向产生徐变。收缩和徐变都使构件缩短，预应力钢筋随之回缩，因而造成预应力损失 σ_{l5}。

由于混凝土收缩和徐变引起的预应力损失是各项损失中最大的一项，在直线形预应力配筋构件中约占总损失的 50%，而在曲线形预应力配筋构件中占总损失的 30% 左右。因此，应当重视采取各种有效措施减小混凝土的收缩和徐变。通常采用高标号水泥，减少水泥用量，降低水灰比，振捣密实，加强养护，并控制混凝土预压应力值 σ_{pc}、σ'_{pc} 不超过 $0.5 f'_{cu}$。

6. 螺旋式预应力钢筋（或钢丝）挤压混凝土引起的损失 σ_{l6}。

环形结构构件的混凝土被螺旋式预应力钢筋箍紧，混凝土受预应力钢筋的挤压会发生局部压陷，构件直径减小，使得预应力钢筋回缩而引起的预应力损失称 σ_{l6}。σ_{l6} 的大小与构件的直径有关，构件直径越小，压陷变形的影响越大，预应力损失越大。当构件直径大于 3m 时，损失值可忽略不计；当构件小于或等于 3m 时，$\sigma_{l6} = 30\text{N/mm}^2$。

上述各项预应力损失并非同时发生，而是按不同张拉方式分阶段发生。通常把在混凝土预压前的损失称为第一批损失 σ_{lI}（先张法指放张前的损失，后张法指卸去千斤顶前的损失），在混凝土预压后的损失称为第二批损失 σ_{lII}。总损失 $\sigma_l = \sigma_{lI} + \sigma_{lII}$。各批预应力损失的组合见表 10-2。

表 10-2　　　　　　　　　　　　　各阶段预应力损失值的组合

项　次	预应力损失值的组合	先张法构件	后张法构件
1	混凝土预压前的（第一批）损失 σ_{lI}	$\sigma_{l1} + \sigma_{l2} + \sigma_{l3} + \sigma_{l4}$	$\sigma_{l1} + \sigma_{l2}$
2	混凝土预压前的（第二批）损失 σ_{lII}	σ_{l5}	$\sigma_{l4} + \sigma_{l5} + \sigma_{l6}$

注　先张法构件第一批损失值计入 σ_{l2} 是指有折线式配筋的情况。

预应力损失值的计算与实际值之间可能有误差，为了确保构件安全，当按上述各项损失计算得出的总损失值 σ_l 小于下列数值时，则按下列数值采用：

先张法构件　　　　　　　　　　100N/mm²

后张法构件　　　　　　　　　　80N/mm²

学 习 指 导

　　学习本章内容首先要掌握预应力混凝土的工作原理，即为了更好地利用混凝土的抗压性能，避免混凝土过早的出现裂缝，预应力混凝土构件是在承受外荷载作用之前，先对混凝土预加压力，使其在构件截面上产生的预压应力来抵消外荷载引起的部分或全部拉应力。

　　一般是通过张拉钢筋来实现对混凝土施加压力。根据张拉钢筋和浇筑混凝土的先后次序分为先张法和后张法。为了达到更好的预应力效果，对钢筋和混凝土材料要有具体的要求。如何控制张拉时预应力钢筋达到的最大应力值，要根据不同的钢筋种类和张拉的方法满足规范的要求。预应力钢筋在张拉时所建立的拉应力，在构件制作和使用过程中会受到损失，产生预应力损失的原因很多，要理解引起预应力损失的原因、掌握损失值的计算及减小预应力损失的措施。

　　先张法和后张法的预应力损失的原因不尽相同，故先张法构件和后张法构件要考虑不同的组合。

思 考 题

10-1　简述预应力混凝土的工作原理

10-2　什么是先张法？什么是后张法？它们各有哪些优缺点？

10-3　预应力混凝土结构构件对混凝土和钢筋有哪些要求？

10-4　如何定义张拉控制应力？为什么先张法的张拉控制应力比后张法要高些？

10-5　什么是预应力损失？预应力损失有哪几种？预应力损失值如何组合？

10-6　预应力混凝土结构构件与普通混凝土结构构件比较有哪些优点？

附 录

附录一 混凝土结构构件的承载力安全系数

承载能力极限状态计算时，混凝土结构构件的承载力安全系数 K 应不小于附表 1-1 的规定。

附表 1-1   混凝土结构构件的承载力安全系数 K

水工建筑物级别		1		2、3		4、5	
荷载效应组合		基本组合	偶然组合	基本组合	偶然组合	基本组合	偶然组合
钢筋混凝土、预应力混凝土		1.35	1.15	1.20	1.00	1.15	1.00
素混凝土	按受压承载力计算的受压构件、局部承压	1.45	1.25	1.30	1.10	1.25	1.05
	按受拉承载力计算的受压构件、受弯构件	2.20	1.90	2.00	1.70	1.90	1.60

注 1. 水工建筑物的级别应根据现行《水利水电工程等级划分及洪水标准》（SL 252—2000）确定。

    2. 结构在使用、施工、检修期的承载力计算，安全系数 K 应按表中基本组合取值；对地震及校核洪水位的承载力计算，安全系数应按表中偶然组合取值。

    3. 当荷载效应组合由永久荷载控制时，表列安全系数 K 应增加 0.05。

    4. 当结构的受力情况较为复杂、施工特殊困难、缺乏成熟的设计方法或结构有特殊要求时，承载力安全系数宜适当提高。

附录二 材料强度的标准值、设计值及材料的弹性模量

一、钢筋和混凝土的强度标准值

普通钢筋的强度标准值应按附表 2-1 采用；预应力钢筋的强度标准值 f_{ptk} 应按附表 2-2 采用；混凝土强度标准值应按附表 2-3 采用。

附表 2-1   普通钢筋强度标准值

种 类		符号	直径 d （mm）	f_{yk} 或 f_{pyk} 或 f_{stk} 或 f_{ptk} （N/mm²）
热轧钢筋	HPB235（Q235）	Φ	8~20	235
	HRB335（20MnSi）	Φ	6~50	335
	HRB400（20MnSiV、20MnSiNb、20MnTi）	Φ	6~50	400
	RRB400（K20MnSi）	Φ R	8~40	400

注 1. 热轧钢筋直径 d 系指公称直径。

    2. 当采用直径大于 40mm 的钢筋时，应有可靠的工程经验。

附表 2-2　　　　　　　　　　　　预应力钢筋强度标准值

种　类		符号	公称直径 d （mm）	f_{ptk} （N/mm^2）
钢绞线	1×2	ΦS	5，5.8	1570，1720，1860，1960
			8，10	1470，1570，1720，1860，1960
			12	1470，1570，1720，1860
	1×3		6.2，6.5	1570，1720，1860，1960
			8.6	1470，1570，1720，1860，1960
			8.74	1570，1670，1860
			10.8，12.9	1470，1570，1720，1860，1960
	1×3I		8.74	1570，1670，1860
	1×7		9.5，11.1，12.7	1720，1860，1960
			15.2	1470，1570，1670，1720，1860，1960
			15.7	1770，1860
			17.8	1720，1860
	(1×7) C		12.7	1860
			15.2	1820
			18.0	1720
消除应力钢丝	光圆	ΦP	4，4.8，5	1470，1570，1670，1770，1860
			6，6.25，7	1470，1570，1670，1770
	螺旋肋	ΦH	8，9	1470，1570
			10，12	1470
	刻痕	ΦI	≤5	1470，1570，1670，1770，1860
			>5	1470，1570，1670，1770
钢棒	螺旋槽	ΦHG	7.1、9、10.7、12.6	1080、1230、1420、1570
	螺旋肋	ΦHR	6、7、8、10、12、14	
螺纹钢筋	PSB 785	ΦPS	18、25、32、36、40	980
	PSB 830			1030
	PSB 930			1080
	PSB 1080			1230

注　1. 钢绞线直径 d 系指钢绞线外接圆直径，即现行国家标准《预应力混凝土用钢绞线》GB/T 5224 中的公称直径 D_n；钢丝、热处理钢筋及螺纹钢筋的直径 d 均指公称直径。

2. 1×3I 为 3 根刻痕钢丝捻制的钢绞线；(1×7)C 为 7 根钢丝捻制又经模拔的钢绞线。

附表 2-3　　　　　　　　　　混凝土强度标准值　　　　　　　　　单位：N/mm^2

强度种类	符号	混凝土强度等级									
		C15	C20	C25	C30	C35	C40	C45	C50	C55	C60
轴心抗压	f_{ck}	10.0	13.4	16.7	20.1	23.4	26.8	29.6	32.4	35.5	38.5
轴心抗拉	f_{tk}	1.27	1.54	1.78	2.01	2.20	2.39	2.51	2.64	2.74	2.85

二、混凝土强度设计值和弹性模量

在结构设计时，混凝土强度设计值和弹性模量应分别按附表2-4、附表2-5采用。

附表 2-4　　　　　　　　　　　混 凝 土 强 度 设 计 值　　　　　　　　　单位：N/mm²

强度种类	符号	混凝土强度等级									
		C15	C20	C25	C30	C35	C40	C45	C50	C55	C60
轴心抗压	f_c	7.2	9.6	11.9	14.3	16.7	19.1	21.1	23.1	25.3	27.5
轴心抗拉	f_t	0.91	1.10	1.27	1.43	1.57	1.71	1.80	1.89	1.96	2.04

注　计算现浇钢筋混凝土轴心受压和偏心受压构件时，如截面的长边或直径小于300mm，则表中的混凝土强度设计值应乘以系数0.8；当构件质量（如混凝土浇筑、截面和轴线尺寸等）确有保证时，可不受此限制。

附表 2-5　　　　　　　　　　　混 凝 土 弹 性 模 量 E_c　　　　　　　　单位：10⁴N/mm²

混凝土强度等级	C15	C20	C25	C30	C35	C40	C45	C50	C55	G60
E_c	2.20	2.55	2.80	3.00	3.15	3.25	3.35	3.45	3.55	3.60

注　1. 本表为28d龄期时混凝土受压或受拉弹性模量 E_c。

　　2. 混凝土的泊松比 ν_c 可取为0.167。

　　3. 混凝土的剪变模量 G_c 可按附表1-5中混凝土弹性模量 E_c 的0.4倍采用。

三、钢筋的强度设计值和弹性模量

普通钢筋的抗拉强度设计值 f_y 及抗压强度设计值 f_y' 应按附表2-6采用；预应力钢筋的抗拉强度设计值 f_{py} 及抗压强度设计值 f_{py}' 应按附表2-7采用。钢筋弹性模量按附表2-8采用。当构件中配有不同种类的钢筋时，每种钢筋应采用各自的强度设计值。

附表 2-6　　　　　　　　　　　钢 筋 强 度 设 计 值　　　　　　　　　单位：N/mm²

种　类		符号	f_y	f_y'
热轧钢筋	HPB235（Q235）	Φ	210	210
	HRB335（20MnSi）	Φ	300	300
	HRB400（20MnSiV、20MnSiNb、20MnTi）	Φ	360	360
	RRB400（K20MnSi）	ΦR	360	360

注　在钢筋混凝土结构中，轴心受拉和小偏心受拉构件的钢筋抗拉强度设计值大于300N/mm²时，仍应按300N/mm²取用。

附表 2-7　　　　　　　　　　　预 应 力 钢 筋 强 度 设 计 值　　　　　　单位：N/mm²

种　类		符号	f_{ptk}	f_{py}	f_{py}'
钢绞线	1×2 1×3 1×3I 1×7 (1×7)C	ΦS	1470	1040	390
			1570	1110	
			1670	1180	
			1720	1220	
			1770	1250	
			1820	1290	
			1860	1320	
			1960	1380	

续表

种 类		符号	f_{ptk}	f_{py}	f'_{py}
消除应力钢丝	光圆 螺旋肋 刻痕	φP φH φI	1470	1040	410
			1570	1110	
			1670	1180	
			1770	1250	
			1860	1320	
钢棒	螺旋槽	φHG	1080	760	400
			1230	870	
	螺旋肋	φHR	1420	1005	
			1570	1110	
螺纹钢筋	PSB 785	φPS	980	650	400
	PSB 830		1030	685	
	PSB 930		1080	720	
	PSB 1080		1230	820	

注 当预应力钢绞线、钢丝的强度标准值不符合附表 2-2 的规定时，其强度设计值应进行换算。

附表 2-8 　　　　　　　**钢筋弹性模量 E_s** 　　　　　　　单位：N/mm²

种 类	E_s
HPB 235 级钢筋	2.1×10^5
HRB 335 级钢筋、HRB 400 级钢筋、RRB 400 级钢筋	2.0×10^5
消除应力钢丝（光圆钢丝、螺旋肋钢丝、刻痕钢丝）	2.05×10^5
钢绞线	1.95×10^5
热处理钢筋、螺纹钢筋	2.0×10^5

注 必要时钢绞线可采用实测的弹性模量。

附录三　钢筋、钢绞线、钢丝的计算面积及公称质量

附表 3-1 　　　　　　　　　　钢筋的计算面积及公称质量表

直径 d （mm）	根数为下列数值时钢筋的计算（mm²）									单根钢筋公称 质量 （kg/m）
	1	2	3	4	5	6	7	8	9	
6	28.3	57	85	113	141	170	198	226	255	0.222
6.5	33.2	66	100	133	166	199	232	265	299	0.260
8	50.3	101	151	201	251	302	352	402	452	0.395
10	78.5	157	236	314	393	471	550	628	707	0.617
12	113.1	226	339	452	565	679	792	904	1018	0.888
14	153.9	308	462	616	770	924	1078	1232	1385	1.210

续表

直径 d (mm)	根数为下列数值时钢筋的计算（mm²）									单根钢筋公称质量（kg/m）
	1	2	3	4	5	6	7	8	9	
16	201.1	402	603	804	1005	1206	1407	1608	1810	1.580
18	254.5	509	763	1018	1272	1527	1781	2036	2290	2.000
20	314.2	628	942	1257	1571	1885	2199	2513	2827	2.470
22	380.1	760	1140	1521	1901	2281	2661	3041	3421	2.980
25	490.9	982	1473	1964	2454	2945	3436	3927	4418	3.850
28	615.8	1232	1847	2463	3079	3695	4310	4926	5542	4.830
32	804.2	1608	2413	3217	4021	4826	5630	6434	7238	6.310
36	1017.9	2036	3054	4072	5089	6107	7125	8143	9161	7.990
40	1256.6	2513	3770	5027	6283	7540	8796	10053	11310	9.870
50	1964	3928	5892	7856	9820	11784	13748	15712	17676	15.42

附表 3-2　　　　钢绞线公称直径、公称截面面积及公称质量表

钢绞线规格	直径 d（mm）	钢绞线公称截面面积（mm²）	单根钢绞线公称质量（kg/m）
1×2	5.0	9.8	0.077
	5.8	13.2	0.104
	8.0	25.1	0.197
	10.0	39.5	0.309
	12.0	56.5	0.444
1×3	6.2	19.8	0.155
	6.5	21.2	0.166
	8.6	37.7	0.296
	8.74	38.6	0.303
	11.2	58.9	0.462
	12.9	84.8	0.666
1×3I	8.74	38.6	0.303
1×7	9.5	54.8	0.430
	11.1	74.2	0.582
	12.7	98.7	0.775
	15.2	140	1.101
	15.7	150	1.178
	17.8	191	1.500
(1×7) C	12.7	112	0.890
	15.2	165	1.295
	18.0	223	1.750

注　钢绞线 d 是指钢绞线截面的外接圆直径，即钢绞线标准 GB5224—95 中的公称直径 D_g。

附表 3－3　　　　各种钢筋间距为下列数值时每米板宽中的钢筋截面面积

钢筋间距 （mm）	钢筋直径（mm）为下列数值时的钢筋截面面积（mm²）															
	6	6/8	8	8/10	10	10/12	12	12/14	14	14/16	16	16/18	18	20	22	25
70	404	561	718	920	1122	1369	1616	1907	2199	2536	2872	3254	3635	4488	5430	7012
75	377	524	670	859	1047	1278	1508	1780	2053	2367	2681	3037	3393	4189	5068	6545
80	353	491	628	805	982	1198	1414	1669	1924	2218	2513	2847	3181	3927	4752	6136
85	333	462	591	758	924	1127	1331	1571	1811	2088	2365	2680	2994	3696	4472	5775
90	314	436	559	716	873	1065	1257	1484	1710	1972	2234	2531	2827	3491	4224	5454
95	298	413	529	678	827	1009	1190	1405	1620	1868	2116	2398	2679	3307	4001	5167
100	283	393	503	644	785	958	1131	1335	1539	1775	2011	2278	2545	3142	3801	4909
110	257	357	457	585	714	871	1028	1214	1399	1614	1828	2071	2313	2856	3456	4462
120	236	327	419	537	654	798	942	1113	1293	1480	1676	1899	2121	2618	3168	4091
125	226	314	402	515	628	767	905	1068	1232	1420	1608	1822	2036	2513	3041	3927
130	217	302	387	495	604	737	870	1027	1184	1366	1547	1752	1957	2417	2924	3776
140	202	280	359	460	561	684	808	954	1100	1268	1436	1627	1818	2244	2715	3506
150	188	262	335	429	524	639	754	890	1026	1183	1340	1518	1696	2094	2534	3272
160	177	245	314	403	491	599	707	834	962	1110	1257	1424	1590	1963	2376	3068
170	166	231	296	379	462	564	665	785	906	1044	1183	1340	1497	1848	2236	2887
180	157	218	279	358	436	532	628	742	855	985	1117	1266	1414	1745	2112	2727
190	149	207	265	339	413	504	595	703	810	934	1058	1199	1339	1653	2001	2584
200	141	196	251	322	393	479	565	668	770	888	1005	1139	1272	1571	1901	2454
220	129	178	228	293	357	436	514	607	700	807	914	1036	1157	1428	1728	2231
240	118	164	209	268	327	399	471	556	641	740	838	949	1060	1309	1584	2045
250	113	157	201	258	314	383	452	534	616	710	804	911	1018	1257	1521	1963
260	109	151	193	248	302	369	435	514	592	682	773	858	979	1208	1462	1888
280	101	140	180	230	280	342	404	477	550	634	718	814	909	1122	1358	1753
300	94	131	168	215	262	319	377	445	513	592	670	759	848	1047	1267	1636
320	88	123	157	201	245	299	353	417	481	554	630	713	795	982	1188	1534
330	86	119	152	195	238	290	343	405	466	538	609	690	771	952	1152	1487

注　钢筋直径写成分式者如 6/8，是指 $\phi6$、$\phi8$ 钢筋间隔配置。

附表 3－4　　　　钢丝公称直径、公称截面面积及公称质量

公 称 直 径 （mm）	公 称 截 面 面 积 （mm²）	公 称 质 量 （kg/m）
4.0	12.57	0.099
4.8	18.10	0.142
5.0	19.63	0.154
6.0	28.27	0.222
6.25	30.68	0.241
7.0	38.48	0.302
8.0	50.26	0.394
9.0	63.62	0.499
10.0	78.54	0.616
12.0	113.10	0.888

附录四　一般构造规定

一、混凝土最小保护层厚度

纵向受力钢筋的混凝土保护层厚度（从钢筋外边缘算起）不应小于钢筋直径及附表4-1所列的数值，同时也不宜小于粗骨料最大粒径的1.25倍。

附表4-1　　　　　　　　　　混凝土最小保护层厚度　　　　　　　　　　单位：mm

项　次	构件类别	环境条件类别				
		一	二	三	四	五
1	板、墙	20	25	30	45	50
2	梁、柱、墩	30	35	45	55	60
3	截面厚度≥3m 的底板及墩墙	40	50	60	65	

注 1. 直接与基土接触的结构底层，保护层厚度适当增大。

2. 有抗冲耐磨要求的结构面层钢筋，保护层厚度适当增大。

3. 混凝土强度等级不低于 C30 且浇筑质量有保证的预制构件或薄板，保护层厚度可按表中数值减小 5mm。

4. 钢筋表面涂塑或结构外表面敷设永久性涂料或面层时，保护层厚度适当减小。

5. 钢筋端头保护层不小于 15mm。

6. 严寒和寒冷地区受冻的部位，保护层厚度还应符合《水工建筑物抗冻设计规范》的规定。

二、钢筋的最小锚固长度

在支座锚固的纵向受拉钢筋，当计算中充分利用其强度时，伸入支座的锚固长度不应小于附表4-2中规定的数值。纵向受压钢筋的锚固长度不应小于表列数值的0.7倍。

附表4-2　　　　　　　　　　受拉钢筋的最小锚固长度 l_a

钢筋类型	混凝土强度等级					
	C15	C20	C25	C30	C35	≥C40
HPB235 级钢筋	$40d$	$35d$	$30d$	$25d$	$25d$	$20d$
HRB335 级钢筋	—	$40d$	$35d$	$30d$	$30d$	$25d$
HRB400 级钢筋、RRB400 级钢筋	—	$50d$	$40d$	$35d$	$35d$	$30d$

注 1. 表中 d 为钢筋直径。

2. 表中光面钢筋的锚固长度 l_a 值不包括弯钩长度。当符合下列条件时，计算的锚固长度应进行修正：

(1) 当 HRB335、HRB400 和 RRB400 级钢筋的直径大于 25mm 时，其锚固长度应乘以修正系数 1.1。

(2) 当 HRB335、HRB400 和 RRB400 级的环氧树脂涂层钢筋，其锚固长度应乘以修正系数 1.25。

(3) 当钢筋在混凝土施工过程中易受扰动（如滑模施工）时，其锚固长度应乘以修正系数 1.1。

(4) 当 HRB335、HRB400 和 RRB400 级钢筋在锚固区的间距大于 180mm，混凝土保护层厚度大于钢筋直径3倍或大于80mm 且配有箍筋时，其锚固长度可乘以修正系数 0.8。

(5) 除构造需要的锚固长度外，当纵向受力钢筋的实际配筋截面积大于其设计计算截面积时，如有充分依据和可靠措施，其锚固长度可乘以设计计算截面积与实际配筋截面积的比值。但对有抗震设防要求及直接承受动力荷载的结构构件，不得采用此项修正。

(6) 构件顶层水平钢筋（其下浇筑的新混凝土厚度大于1m 时）的 l_a 宜乘以修正系数 1.2。

经上述修正后的锚固长度不应小于附表3-2中的计算锚固长度的0.7倍，且不应小于250mm。

三、钢筋混凝土构件的纵向受力钢筋基本最小配筋率 ρ_{min}

钢筋混凝土构件的纵向受力钢筋的配筋率不应小于附表 4-3 规定的数值。

附表 4-3　　　　钢筋混凝土构件的纵向受力钢筋基本最小配筋率 ρ_{min}　　　　单位：%

项次	分类		钢 筋 等 级		
			HPB235	HRB335	HRB400 RRB400
1	受弯或偏心受拉构件的受拉钢筋 A_s				
		梁	0.25	0.20	0.20
		板	0.20	0.15	0.15
2	轴心受压构件的全部纵向钢筋		0.60	0.60	0.55
3	偏心受压构件的受拉或受压钢筋（A_s 或 A_s'）				
		柱、肋拱	0.25	0.20	0.20
		墩墙、板拱	0.20	0.15	0.15

注　1. 项次 1、3 中相应的配筋率是指钢筋截面面积与构件肋宽乘以有效高度的混凝土面积的比值，即 $\rho = \dfrac{A_s}{bh_0}$ 或

$\rho' = \dfrac{A_s'}{bh_0}$；项次 2 中相应的配筋率是指全部纵向钢筋截面面积与柱截面面积的比值。

2. 温度、收缩等因素对结构产生的影响较大时，最小配筋率应适当增大。

附录五　构件抗裂、裂缝宽度、挠度
验算中的有关限值及系数表

一、构件裂缝宽度允许值

需要进行裂缝宽度验算的钢筋混凝土结构构件，其最大裂缝宽度计算值不应超过附表 5-1 所规定的允许值。

附表 5-1　　　　钢筋混凝土结构构件最大裂缝宽度限值 w_{lim}　　　　单位：mm

环境条件类别	钢筋混凝土结构	预应力混凝土结构	
	w_{lim}	裂缝控制等级	w_{lim}
一	0.4	三	0.20
二	0.30	二	——
三	0.25	一	——
四	0.20	一	——
五	0.15		

注　1. 表中的规定适用于采用热轧钢筋的钢筋混凝土结构和采用预应力钢丝、钢绞线及热处理钢筋的预应力混凝土
结构；当采用其他类别的钢筋时，其裂缝控制要求可按专门标准确定。

2. 结构构件的混凝土保护层厚度大于 50mm 时，表列数字可增加 0.05。

3. 当结构构件不具备检修维护条件时，表列最大裂缝宽度限值宜适当减小。

4. 当结构构件承受水压且水力梯度 $i > 20$ 时，表列最大裂缝宽度限值数字宜减小 0.05。

5. 结构构件表面设有专门的防渗面层等防护措施时，最大裂缝宽度限值可适当加大。

6. 对严寒地区，当年冻融循环次数大于 100 时，表列最大裂缝宽度限值宜适当减小。

二、构件挠度允许值

受弯构件的最大挠度应按荷载效应标准组合并考虑长期作用影响进行验算，其计算值应不超过附表 5-2 规定的挠度限值。

附表 5-2　　　　　　　　　　受弯构件的挠度允许值

项　次	构　件　类　型	挠度允许值
1	吊车梁：手动吊车	$l_0/500$
	电动吊车	$l_0/600$
2	渡槽槽身：当 $l_0 \leqslant 10\text{m}$ 时	$l_0/400$
	当 $l_0 > 10\text{m}$ 时	$l_0/500$ （$l_0/600$）
3	工作桥及启闭机下大梁	$l_0/400$ （$l_0/500$）
4	屋盖、楼盖：当 $l_0 < 6\text{m}$ 时	$l_0/200$ （$l_0/250$）
	当 $6\text{m} \leqslant l_0 \leqslant 12\text{m}$ 时	$l_0/300$ （$l_0/350$）
	当 $l_0 > 12\text{m}$ 时	$l_0/400$ （$l_0/450$）

注　1. 表中 l_0 为构件的计算跨度。

　　2. 表中括号内的数字适用于使用上对挠度有较高要求的构件。

　　3. 若构件制作时预先起拱，则在验算最大挠度值时，可将计算所得的挠度减去起拱值；对预应力混凝土构件尚可减去预加应力所产生的反拱值。

　　4. 悬臂构件的允许挠度值按表中相应数值乘 2 取用。

三、截面抵抗矩的塑性系数

矩形、T 形、I 形等截面的截面抵抗矩的塑性系数值如附表 5-3 所列。

附表 5-3　　　　　　　　　　截面抵抗矩的塑性系数 γ_m 值

项　次	截　面　特　征		γ_m	截　面　图　形
1	矩形截面		1.55	
2	翼缘位于受压区的 T 形截面		1.50	
3	对称 I 形或箱形截面	$b_f/b \leqslant 2$，h_f/h 为任意值	1.45	
		$b_f/b > 2$，$h_f/h \geqslant 0.2$	1.40	
		$b_f/b > 2$，$h_f/h < 0.2$	1.35	
4	翼缘位于受拉区的 T 形截面	$b_f/b \leqslant 2$，h_f/h 为任意值	1.50	
		$b_f/b > 2$，$h_f/h \geqslant 0.2$	1.55	
		$b_f/b > 2$，$h_f/h < 0.2$	1.40	

项　次	截　面　特　征	γ_m	截　面　图　形
5	圆形和环形截面	$1.6 - \dfrac{0.24 d_1}{d}$	
6	U 形截面	1.35	

注 1. 对 $b_f' > b_f$ 的 I 形截面，可按项次 2 与项次 3 之间的数值采用；对 $b_f' < b_f$ 的 I 形截面，可按项次 3 与项次 4 之间的数值采用。

2. 根据 h 值的不同，表内数值尚应乘以修正系数：$(0.7 + 300/h)$，其值应不大于 1.1。式中 h 以 mm 计，当 $h > 3000$mm 时，取 $h = 3000$mm。对圆形和环形截面，h 即外径 d。

3. 对于箱形截面，表中 b 值系指各肋宽度的总和。

附录六　均布荷载和集中荷载作用下等跨连续梁的内力系数表

计算公式：均布荷载作用时
$$\left. \begin{array}{l} M = k_1 g l_0^2 + k_2 q l_0^2 \\ V = k_3 g l_0 + k_4 q l_0 \end{array} \right\}$$

集中荷载作用时
$$\left. \begin{array}{l} M = k_1 G l_0 + k_2 Q l_0 \\ V = k_3 G + k_4 Q \end{array} \right\}$$

式中 g、q——单位长度上的均布永久荷载及活荷载的设计值；

G、Q——集中永久荷载及集中活荷载的设计值；

k_1、k_2——弯矩系数，由附表 6-1～附表 6-4 中相应栏内查出；

k_3、k_4——剪力系数，由附表 6-1～附表 6-4 中相应栏内查出；

l_0——梁板的计算跨度，计算剪力时为 l_n。

附表 6-1　　　　　　　　　　　　　　两　跨　梁

序号	荷载简图	k_1 或 k_2			k_3 或 k_4			
		跨中最大弯矩		支座弯矩	剪力			
		M_1	M_2	M_B	V_A	V_B^l	V_B^r	V_C
1		0.070	0.070	-0.125	0.375	-0.625	0.625	-0.375
2		0.096	-0.025	-0.063	0.437	-0.563	0.063	0.063
3		0.156	0.156	-0.188	0.312	-0.688	0.688	-0.312
4		0.203	-0.047	-0.094	0.406	-0.594	0.094	0.094

续表

序号	荷载简图	k_1 或 k_2			k_3 或 k_4			
		跨中最大弯矩		支座弯矩	剪力			
		M_1	M_2	M_B	V_A	V_B^l	V_B^r	V_C
5		0.222	0.222	−0.333	0.667	−1.334	1.334	−0.667
6		0.278	−0.056	−0.167	0.833	−1.167	0.167	0.167
7		0.266	0.266	−0.469	1.042	−1.958	1.958	−1.042
8		0.383	−0.117	−0.234	1.266	−1.734	0.234	0.234

附表 6-2　　　　　　　　　　三　跨　梁

序号	荷载简图	k_1 或 k_2				k_3 或 k_4					
		跨中最大弯矩		支座弯矩		剪力					
		M_1	M_2	M_B	M_C	V_A	V_B^l	V_B^r	V_C^l	V_C^r	V_D
1		0.080	0.025	−0.100	−0.100	0.400	−0.600	0.500	−0.500	0.600	−0.400
2		0.101	−0.050	−0.050	−0.050	0.450	−0.550	0.000	0.000	0.550	−0.450
3		−0.025	0.075	−0.050	−0.050	−0.050	−0.050	0.500	−0.500	0.050	0.050
4		—	—	−0.117	−0.033	0.383	−0.617	0.583	−0.417	0.033	0.033
5		—	—	−0.067	0.017	0.433	−0.567	0.083	0.083	−0.017	−0.017
6		0.175	0.100	−0.150	−0.150	0.350	−0.650	0.500	−0.500	0.650	−0.350
7		0.213	−0.075	−0.075	−0.075	0.425	−0.575	0.000	0.000	0.575	−0.425
8		−0.038	−0.175	−0.075	−0.075	−0.075	−0.075	0.500	−0.500	0.075	0.075
9		—	—	−0.175	−0.050	0.325	−0.675	0.625	−0.375	0.050	0.050
10		—	—	−0.100	0.025	0.400	−0.600	0.125	0.125	−0.025	−0.025
11		0.244	0.067	−0.267	−0.267	0.733	−1.267	1.000	−1.000	1.267	−0.733
12		0.289	−0.133	−0.133	−0.133	0.866	−1.133	0.000	0.000	1.133	−0.866
13		−0.044	0.200	−0.133	−0.133	−0.133	−0.133	1.000	−1.000	0.133	0.133
14		—	—	−0.311	−0.089	0.689	−1.311	1.222	−0.778	0.089	0.089
15		—	—	−0.178	0.044	0.822	−1.178	0.222	0.222	−0.044	−0.044
16		0.313	0.125	−0.375	−0.375	1.125	−1.875	1.500	−1.500	1.875	−1.125
17		0.406	0.188	−0.188	−0.188	1.313	−1.688	0.000	0.000	1.688	−1.313
18		−0.094	0.313	−0.188	−0.188	−0.188	−0.188	1.500	−1.500	0.188	0.188
19		—	—	−0.437	−0.125	1.063	−1.938	1.812	−1.188	0.125	0.125
20		—	—	−0.250	0.062	1.250	−1.750	0.312	0.312	−0.062	−0.062

附表 6-3

四 跨 梁

序号	荷载简图	跨中最大弯矩 k_1 或 k_2				支座弯矩			剪力 k_3 或 k_4							
		M_1	M_2	M_3	M_4	M_B	M_C	M_D	V_A	V_B^l	V_B^r	V_C^l	V_C^r	V_D^l	V_D^r	V_E
1		0.077	0.036	0.036	0.077	−0.107	−0.071	−0.107	0.393	−0.607	0.536	−0.464	0.464	−0.536	0.607	−0.393
2		0.100	−0.045	0.081	−0.023	−0.054	−0.036	−0.054	0.446	−0.554	0.018	0.018	0.482	−0.518	0.054	0.054
3		—	—	—	—	−0.121	−0.018	−0.058	0.380	−0.620	0.603	−0.397	−0.040	−0.040	0.558	−0.442
4		—	—	—	—	−0.036	−0.107	−0.036	−0.036	−0.036	0.429	−0.571	−0.571	−0.429	0.036	0.036
5		—	—	—	—	−0.067	0.018	−0.004	0.433	−0.567	0.085	0.085	−0.022	−0.022	0.004	0.004
6		—	—	—	—	−0.049	−0.054	0.013	−0.049	−0.049	0.496	−0.504	0.067	0.067	−0.013	−0.013
7		0.169	0.116	0.116	0.169	−0.161	−0.107	−0.161	0.339	−0.661	0.553	−0.446	0.446	−0.553	0.661	−0.339
8		0.210	−0.067	0.183	−0.040	−0.080	−0.054	−0.080	0.420	−0.580	0.027	0.027	0.473	−0.527	0.080	0.080
9		—	—	—	—	−0.181	−0.027	−0.087	0.319	−0.681	0.654	−0.346	−0.060	−0.060	0.587	−0.413
10		—	—	—	—	−0.054	−0.161	−0.054	−0.054	−0.054	0.393	−0.607	0.607	−0.393	0.054	0.054
11		—	—	—	—	−0.100	0.027	−0.007	0.400	−0.600	0.127	0.127	−0.033	−0.033	0.007	0.007
12		—	—	—	—	−0.074	−0.080	0.020	−0.074	−0.074	0.493	−0.507	0.100	0.100	−0.020	−0.020

序号	荷载简图	跨中最大弯矩 k_1 或 k_2				支座弯矩			剪力 k_3 或 k_4							
		M_1	M_2	M_3	M_4	M_B	M_C	M_D	V_A	V_B^l	V_B^r	V_C^l	V_C^r	V_D^l	V_D^r	V_E
13	(荷载简图)	0.238	0.111	0.111	0.238	−0.286	−0.191	−0.286	0.714	−1.286	1.095	−0.905	0.905	−1.095	1.286	−0.714
14	(荷载简图)	0.226	0.194	—	0.282	−0.321	−0.048	−0.155	0.679	−1.321	1.274	0.726	0.107	−0.107	1.155	−0.845
15	(荷载简图)	0.286	0.111	−0.222	−0.048	−0.143	−0.095	−0.143	0.857	−1.143	0.048	−0.048	−0.952	−1.048	0.143	0.143
16	(荷载简图)	—	—	—	—	−0.095	−0.286	−0.095	−0.095	−0.095	0.810	−1.190	1.190	−0.810	0.095	0.095
17	(荷载简图)	—	—	—	0.299	−0.178	0.048	−0.012	0.821	−1.178	0.226	0.226	−0.060	−0.060	0.012	0.012
18	(荷载简图)	0.299	0.165	0.165	—	−0.131	−0.143	0.036	−0.131	−0.131	0.988	−1.012	0.178	0.178	−0.036	−0.036
19	(荷载简图)	0.400	−0.167	0.333	−0.101	−0.402	−0.268	−0.402	1.098	−1.902	1.634	−1.366	1.366	−1.634	1.902	−1.098
20	(荷载简图)	—	—	—	—	−0.201	−0.134	−0.201	1.299	−1.701	0.067	0.067	1.433	−1.567	0.201	0.201
21	(荷载简图)	—	—	—	—	−0.452	−0.067	−0.218	1.048	−1.952	1.885	−1.115	−0.151	−0.151	1.718	−1.282
22	(荷载简图)	—	—	—	—	−0.134	−0.402	−0.134	−0.134	−0.134	1.232	−1.768	1.768	−1.232	0.134	0.134
23	(荷载简图)	—	—	—	—	−0.251	0.067	−0.017	1.249	−1.751	0.318	0.318	−0.084	−0.084	0.017	0.017
24	(荷载简图)	—	—	—	—	−0.184	−0.201	0.050	−0.184	−0.184	1.483	−1.517	0.251	0.251	−0.050	−0.050

附表 6-4　　五　跨　梁

序号	荷载简图	k_1 或 k_2 跨中最大弯矩			k_1 或 k_2 支座弯矩				k_3 或 k_4 剪力									
		M_1	M_2	M_3	M_B	M_C	M_D	M_E	V_A	V_B^l	V_B^r	V_C^l	V_C^r	V_D^l	V_D^r	V_E^l	V_E^r	V_F
1		0.0781	0.0331	0.0462	-0.105	-0.079	-0.079	-0.105	0.395	-0.606	0.526	-0.474	0.500	-0.500	0.474	-0.526	0.606	-0.395
2		0.100	-0.0461	0.0855	-0.053	-0.040	-0.040	-0.053	0.447	-0.553	0.013	0.013	0.500	-0.500	-0.013	-0.013	0.553	-0.447
3		0.0263	0.0787	-0.0395	-0.053	-0.040	-0.040	-0.053	-0.053	-0.053	0.513	-0.487	0.000	0.000	0.487	-0.513	0.053	0.053
4		—	—	—	-0.119	-0.022	-0.044	-0.051	0.380	-0.620	0.598	-0.402	-0.023	-0.023	0.493	-0.507	0.052	0.052
5		—	—	—	-0.035	-0.111	-0.020	-0.057	-0.035	-0.035	0.424	-0.576	0.591	-0.409	-0.037	-0.037	0.557	-0.443
6		—	—	—	-0.067	0.018	-0.005	0.001	0.433	-0.567	0.085	0.085	-0.023	-0.023	0.006	0.006	-0.001	-0.001
7		—	—	—	-0.049	-0.054	0.014	-0.004	-0.049	-0.049	0.495	-0.505	0.068	0.068	-0.018	-0.018	0.004	0.004
8		—	—	—	0.013	-0.053	-0.053	0.013	0.013	0.013	-0.066	-0.066	0.500	-0.500	0.066	0.066	-0.013	-0.013
9		0.171	0.112	0.132	-0.158	-0.118	-0.118	-0.158	0.342	-0.658	0.540	-0.460	0.500	-0.500	0.460	-0.540	0.658	-0.342
10		0.211	-0.069	0.191	-0.079	-0.059	-0.059	-0.079	0.421	-0.579	0.020	0.020	0.500	-0.500	-0.020	-0.020	0.579	-0.421
11		-0.039	0.181	-0.059	-0.079	-0.059	-0.059	-0.079	-0.079	-0.079	0.520	-0.480	0.000	0.000	0.480	-0.520	0.079	0.079

续表

序号	荷载简图	跨中最大弯矩 k_1 或 k_2			支座弯矩				剪力 k_3 或 k_4									
		M_1	M_2	M_3	M_B	M_C	M_D	M_E	V_A	V_B^l	V_B^r	V_C^l	V_C^r	V_D^l	V_D^r	V_E^l	V_E^r	V_F
12		—	—	—	−0.179	−0.032	−0.066	−0.077	0.321	−0.679	0.647	−0.353	−0.034	−0.034	0.489	−0.511	0.077	0.077
13		—	—	—	−0.052	−0.167	−0.031	−0.086	−0.052	−0.052	0.385	−0.615	0.673	−0.363	−0.056	−0.056	0.586	−0.414
14		—	—	—	−0.100	0.027	−0.007	0.002	0.400	−0.600	0.127	0.127	−0.034	−0.034	0.009	0.009	−0.002	−0.002
15		—	—	—	−0.073	−0.081	0.022	−0.005	−0.073	−0.073	0.493	−0.507	0.102	0.102	−0.027	−0.027	0.005	0.005
16		—	—	—	0.020	−0.079	−0.079	0.020	0.020	0.020	−0.099	−0.099	0.500	−0.500	0.099	0.099	−0.020	−0.020
17		0.240	0.100	0.122	−0.281	−0.211	−0.211	−0.281	0.719	−1.281	1.070	−0.930	1.000	−1.000	0.930	−1.070	1.281	−0.719
18		0.287	−0.117	0.228	−0.140	−0.105	−0.105	−0.140	0.860	−1.140	0.035	0.035	1.000	−1.000	−0.035	−0.035	1.140	−0.860
19		−0.047	0.216	−0.105	−0.140	−0.105	−0.105	−0.140	−0.140	−0.140	1.035	−0.965	0.000	0.000	0.965	−1.035	0.140	0.140
20		—	—	—	−0.319	−0.057	−0.118	−0.137	0.681	−1.319	1.262	−0.738	−0.061	−0.061	0.981	−1.019	0.137	0.137
21		—	—	—	−0.093	−0.297	−0.054	−0.153	−0.093	−0.093	0.796	−1.204	1.243	−0.757	−0.099	−0.099	1.153	−0.847
22		—	—	—	−0.179	0.048	−0.013	0.003	0.821	−1.179	0.227	0.227	−0.061	−0.061	0.016	0.016	−0.003	−0.003

续表

序号	荷载简图	跨中最大弯矩 M_1	M_2	M_3	支座弯矩 M_B	M_C	M_D	M_E	剪力 V_A	V_B^l	V_B^r	V_C^l	V_C^r	V_D^l	V_D^r	V_E^l	V_E^r	V_F
23	（荷载简图）	—	—	—	−0.131	−0.144	0.038	−0.010	−0.131	−0.131	0.987	−1.013	0.182	0.182	−0.048	−0.048	0.010	0.010
24	（荷载简图）	—	—	—	0.035	−0.140	−0.140	0.035	0.035	0.035	−0.175	−0.175	1.000	−1.000	0.175	0.175	−0.035	−0.035
25	（荷载简图）	0.302	0.155	0.204	−0.395	−0.296	−0.296	−0.395	1.105	−1.895	1.599	1.401	1.500	−1.500	1.401	−1.599	1.895	−1.105
26	（荷载简图）	0.401	−0.173	0.352	−0.198	−0.148	−0.148	−0.198	1.302	−1.697	0.050	0.050	1.500	−1.500	−0.050	−0.050	1.697	−1.302
27	（荷载简图）	−0.099	0.327	−0.148	−0.198	−0.148	−0.148	−0.198	−0.197	−0.197	1.550	−1.450	0.000	0.000	1.450	−1.550	0.197	0.197
28	（荷载简图）	—	—	—	−0.449	−0.081	−0.166	−0.193	1.051	−1.949	1.867	−1.133	−0.085	−0.085	1.473	−1.527	0.193	0.193
29	（荷载简图）	—	—	—	−0.130	−0.417	−0.076	−0.215	−0.130	−0.130	1.213	−1.787	1.841	−1.159	−0.139	−0.139	1.715	−1.285
30	（荷载简图）	—	—	—	−0.251	0.067	−0.018	0.004	1.249	−1.751	0.318	0.318	−0.085	−0.085	0.022	0.022	−0.004	−0.004
31	（荷载简图）	—	—	—	−0.184	−0.202	0.054	−0.013	−0.184	−0.184	1.482	−1.518	0.258	0.256	−0.067	−0.067	0.013	0.013
32	（荷载简图）	—	—	—	−0.049	−0.197	−0.197	0.049	0.049	0.049	−0.247	−0.247	1.500	−1.500	0.247	0.247	−0.049	−0.049

附录七　按弹性理论计算均布荷载作用下矩形双向板的弯矩系数表

一、符号说明

M_x、M_{xmax}——平行于 l_x 方向板中心点弯矩和板跨内的最大弯矩；

M_y、M_{ymax}——平行于 l_y 方向板中心点弯矩和板跨内的最大弯矩；

$\quad M_x^0$——固定边中点沿 l_x 方向的弯矩；

$\quad M_y^0$——固定边中点沿 l_y 方向的弯矩；

$\quad M_{0x}$——平行于 l_x 方向自由边的中点弯矩；

$\quad M_{0x}^0$——平行于 l_x 方向自由边上固定端的支座弯矩。

////////	— — — — — — —	———————
代表固定边	代表简支边	代表自由边

二、计算公式

$$弯矩 = \alpha \times q l_x^2$$

式中　α——表中系数；

$\quad q$——作用在双向板上的均布荷载，kN/mm^2；

$\quad l_x$——板跨，见表中插图所示。

附表 7-1 内弯矩系数均为单位板宽的弯矩系数。

附表 7-1 中系数为泊松比 $\nu = 1/6$ 时求得的，适用于钢筋混凝土板。

附表 7-1 中系数是根据 1975 年版《建筑结构静力计算手册》中 $\nu = 0$ 的弯矩系数表，通过换算公式 $M_x^{(\nu)} = M_x^{(0)} + \nu M_y^{(0)}$ 及 $M_y^{(\nu)} = M_y^{(0)} + \nu M_x^{(0)}$ 得出的。表中 M_{xmax} 及 M_{ymax} 也按上列换算公式求得，但由于板内两个方向的跨内最大弯矩一般并不在同一点，因此由上式求得的 M_{xmax} 及 M_{ymax} 仅为比实际弯矩偏大的近似值。

附表 7-1　　　　　　　　　　弯　矩　系　数　表

边界条件	(1) 四边简支		(2) 三边简支、一边固定									
l_x/l_y	M_x	M_y	M_x	M_{xmax}	M_y	M_{ymax}	M_y^0	M_x	M_{xmax}	M_y	M_{ymax}	M_x^0
0.50	0.0994	0.0335	0.0914	0.0930	0.0352	0.0397	-0.1215	0.0593	0.0657	0.0157	0.0171	-0.1212
0.55	0.0927	0.0359	0.0832	0.0846	0.0371	0.0405	-0.1193	0.0577	0.0633	0.0175	0.0190	-0.1187
0.60	0.0860	0.0379	0.0752	0.0765	0.0386	0.0409	-0.1166	0.0556	0.0608	0.0194	0.0209	-0.1158
0.65	0.0795	0.0396	0.0676	0.0688	0.0396	0.0412	-0.1133	0.0534	0.0581	0.0212	0.0226	-0.1124

续表

	（1）四边简支		（2）三边简支、一边固定									
l_x/l_y	M_x	M_y	M_x	M_{xmax}	M_y	M_{ymax}	M_y^0	M_x	M_{xmax}	M_y	M_{ymax}	M_x^0
0.70	0.0732	0.0410	0.0604	0.0616	0.0400	0.0417	−0.1096	0.0510	0.0555	0.0229	0.0242	−0.1087
0.75	0.0673	0.0420	0.0538	0.0549	0.0400	0.0417	−0.1056	0.0485	0.0525	0.0244	0.0257	−0.1048
0.80	0.0617	0.0428	0.0478	0.0490	0.0397	0.0415	−0.1014	0.0459	0.0495	0.0258	0.0270	−0.1007
0.85	0.0564	0.0432	0.0425	0.0436	0.0391	0.0410	−0.0970	0.0434	0.0466	0.0271	0.0283	−0.0965
0.90	0.0516	0.0434	0.0377	0.0388	0.0382	0.0402	−0.0926	0.0409	0.0438	0.0281	0.0293	−0.0922
0.95	0.0471	0.0432	0.0334	0.0345	0.0371	0.0393	−0.0882	0.0384	0.0409	0.0290	0.0301	−0.0880
1.00	0.0429	0.0429	0.0296	0.0306	0.0360	0.0388	−0.0839	0.0360	0.0388	0.0296	0.0306	−0.0839

	（3）两对边简支、两对边固定						（4）两邻边简支、两邻边固定					
l_x/l_y	M_x	M_y	M_y^0	M_x	M_y	M_x^0	M_x	M_{xmax}	M_y	M_{ymax}	M_x^0	M_y^0
0.50	0.0837	0.0367	−0.1191	0.0419	0.0086	−0.0843	0.0572	0.0584	0.0172	0.0229	−0.1179	−0.0786
0.55	0.0743	0.0383	−0.1156	0.0415	0.0096	−0.0840	0.0546	0.0556	0.0192	0.0241	−0.1140	−0.0785
0.60	0.0653	0.0393	−0.1114	0.0409	0.0109	−0.0834	0.0518	0.0526	0.0212	0.0252	−0.1095	−0.0782
0.65	0.0569	0.0394	−0.1066	0.0402	0.0122	−0.0826	0.0486	0.0496	0.0228	0.0261	−0.1045	−0.0777
0.70	0.0494	0.0392	−0.1013	0.0391	0.0135	−0.0814	0.0455	0.0465	0.0243	0.0267	−0.0992	−0.0770
0.75	0.0428	0.0383	−0.0959	0.0381	0.0149	−0.0799	0.0422	0.0430	0.0254	0.0272	−0.0938	−0.0760
0.80	0.0369	0.0372	−0.0904	0.0368	0.0162	−0.0782	0.0390	0.0397	0.0263	0.0278	−0.0883	−0.0748
0.85	0.0318	0.0358	−0.0850	0.0355	0.0174	−0.0763	0.0358	0.0366	0.0269	0.0284	−0.0829	−0.0733
0.90	0.0275	0.0343	−0.0767	0.0341	0.0186	−0.0743	0.0328	0.0337	0.0273	0.0288	−0.0776	−0.0716
0.95	0.0238	0.0328	−0.0746	0.0326	0.0196	−0.0721	0.0299	0.0308	0.0273	0.0289	−0.0726	−0.0698
1.00	0.0206	0.0311	−0.0698	0.0311	0.0206	−0.0698	0.0273	0.0281	0.0273	0.0289	−0.0677	−0.0677

	（5）一边简支、三边固定					
l_x/l_y	M_x	M_{xmax}	M_y	M_{ymax}	M_x^0	M_y^0
0.50	0.0413	0.0424	0.0096	0.0157	−0.0836	−0.0569
0.55	0.0405	0.0415	0.0108	0.0160	−0.0827	−0.0570
0.60	0.0394	0.0404	0.0123	0.0169	−0.0814	−0.0571
0.65	0.0381	0.0390	0.0137	0.0178	−0.0796	−0.0572
0.70	0.0366	0.0375	0.0151	0.0186	−0.0774	−0.0572
0.75	0.0349	0.0358	0.0164	0.0193	−0.0750	−0.0572
0.80	0.0331	0.0339	0.0176	0.0199	−0.0722	−0.0570

续表

（5）一边简支、三边固定

边界条件

l_x/l_y	M_x	$M_{x\,max}$	M_y	$M_{y\,max}$	M_x^0	M_y^0
0.85	0.0312	0.0319	0.0186	0.0204	−0.0693	−0.0567
0.90	0.0295	0.0300	0.0201	0.0209	−0.0663	−0.0563
0.95	0.0274	0.0281	0.0204	0.0214	−0.0631	−0.0558
1.00	0.0255	0.0261	0.0206	0.0219	−0.0600	−0.0500

（6）一边简支、三边固定　　（7）四边固定

边界条件

l_x/l_y	M_x	$M_{x\,max}$	M_y	$M_{y\,max}$	M_x^0	M_y^0	M_x	M_y	M_x^0	M_y^0
0.50	0.0551	0.0605	0.0188	0.0201	−0.0784	−0.1146	0.0406	0.0105	−0.0829	−0.0570
0.55	0.0517	0.0563	0.0210	0.0223	−0.0780	−0.1093	0.0394	0.0120	−0.0814	−0.0571
0.60	0.0480	0.0520	0.0229	0.0242	−0.0773	−0.1033	0.0380	0.0137	−0.0793	−0.0571
0.65	0.0441	0.0476	0.0244	0.0256	−0.0762	−0.0970	0.0361	0.0152	−0.0766	−0.0571
0.70	0.0402	0.0433	0.0256	0.0267	−0.0748	−0.0903	0.0340	0.0167	−0.0735	−0.0569
0.75	0.0364	0.0390	0.0263	0.0273	−0.0729	−0.0837	0.0318	0.0179	−0.0701	−0.0565
0.80	0.0327	0.0348	0.0267	0.0276	−0.0707	−0.0772	0.0295	0.0189	−0.0664	−0.0559
0.85	0.0293	0.0312	0.0268	0.0277	−0.0683	−0.0711	0.0272	0.0197	−0.0626	−0.0551
0.90	0.0261	0.0277	0.0265	0.0273	−0.0656	−0.0653	0.0249	0.0202	−0.0588	−0.0541
0.95	0.0232	0.0246	0.0261	0.0269	−0.0629	−0.0599	0.0227	0.0205	−0.0550	−0.0528
1.00	0.0206	0.0219	0.0255	0.0261	−0.0600	−0.0550	0.0205	0.0205	−0.0513	−0.0513

（8）三边固定、一边自由

边界条件

l_x/l_y	M_x	M_y	M_x^0	M_y^0	M_{0x}	M_{0x}^0	l_x/l_y	M_x	M_y	M_x^0	M_y^0	M_{0x}	M_{0x}^0
0.30	0.0018	−0.0039	−0.0135	−0.0344	0.0068	−0.0345	0.85	0.0262	0.0125	−0.0558	−0.0562	0.0409	−0.0651
0.35	0.0039	−0.0026	−0.0179	−0.0406	0.0112	−0.0432	0.90	0.0277	0.0129	−0.0615	−0.0563	0.0417	−0.0644
0.40	0.0063	−0.0008	−0.0227	−0.0454	0.0160	−0.0506	0.95	0.0291	0.0132	−0.0639	−0.0564	0.0422	−0.0638
0.45	0.0090	0.0014	−0.0275	−0.0489	0.0207	−0.0564	1.00	0.0304	0.0133	−0.0662	−0.0565	0.0427	−0.0632
0.50	0.0116	0.0034	−0.0322	−0.0513	0.0250	−0.0607	1.10	0.0327	0.0133	−0.0701	−0.0566	0.0431	−0.0623
0.55	0.0142	0.0054	−0.0368	−0.0530	0.0288	−0.0635	1.20	0.0345	0.0130	−0.0732	−0.0567	0.0433	−0.0617
0.60	0.0166	0.0072	−0.0412	−0.0541	0.0320	−0.0652	1.30	0.0368	0.0125	−0.0758	−0.0568	0.0434	−0.0614
0.65	0.0188	0.0087	−0.0453	−0.0548	0.0347	−0.0661	1.40	0.0380	0.0119	−0.0778	−0.0568	0.0433	−0.0614
0.70	0.0209	0.0100	−0.0490	−0.0553	0.0368	−0.0663	1.50	0.0390	0.0113	−0.0794	−0.0569	0.0433	−0.0616
0.75	0.0228	0.0111	−0.0526	−0.0557	0.0385	−0.0661	1.75	0.0405	0.0099	−0.0819	−0.0569	0.0431	−0.0625
0.80	0.0246	0.0119	−0.0558	−0.0560	0.0399	−0.0656	2.00	0.0413	0.0087	−0.0832	−0.0569	0.0431	−0.0637

附录八 各种荷载化成具有相同支座弯矩的等效均布荷载表

附表 8-1　　　　各种荷载化成具有相同支座弯矩的等效均布荷载表

编号	实际荷载简图	支座弯矩等效均布荷载 q_E	编号	实际荷载简图	支座弯矩等效均布荷载 q_E
1	荷载简图	$\dfrac{3}{2}\dfrac{p}{l_0}$	8	荷载简图	$\dfrac{14}{27}p$
2	荷载简图	$\dfrac{8}{3}\dfrac{p}{l_0}$	9	荷载简图，$\beta=\dfrac{b}{l_0}$	$\dfrac{2(2+\beta)a^2}{l_0^2}p$
3	荷载简图，$l_0=na$	$\dfrac{n^2-1}{n}\dfrac{p}{l_0}$	10	荷载简图	$\dfrac{5}{8}p$
4	荷载简图	$\dfrac{9}{4}\dfrac{p}{l_0}$	11	荷载简图，$\alpha=\dfrac{a}{l_0}$	$(1-2\alpha^2+\alpha^3)p$
5	荷载简图，$l_0=na$	$\dfrac{2n^2+1}{2n}\dfrac{p}{l_0}$	12	荷载简图，$\alpha=\dfrac{a}{l_0}$	$\dfrac{\alpha}{4}\left(3-\dfrac{\alpha^2}{2}\right)p$
6	荷载简图	$\dfrac{11}{16}p$	13	荷载简图	$\dfrac{17}{32}p$
7	荷载简图，$\alpha=\dfrac{a}{l_0}$	$\dfrac{\alpha(3-\alpha^2)}{2}p$			

注　对连续梁来说支座弯矩按下式决定：$M_c=\alpha q_E l_0^2$，式中 q_E 为等效均布荷载值；α 相当于附录五表中均布荷载系数。

参 考 文 献

[1] 水工钢筋混凝土结构设计规范（SL/T 191—2008）. 北京：中国水利水电出版社，2009.

[2] 混凝土结构设计规范（GB 50010—2002）. 北京：中国建筑工业出版社，2002.

[3] 水利水电工程结构可靠度设计统一标准（GB 50199—94）. 北京：中国水利水电出版社，1994.

[4] 李传才. 水工混凝土结构. 武汉：武汉大学出版社，2001.

[5] 河海大学，等. 水工钢筋混凝土结构学. 3 版. 北京：中国水利水电出版社，2002.

[6] 赵渝. 水工钢筋混凝土结构. 北京：中央广播电视大学出版社，2003.

[7] 袁建力. 建筑结构. 北京：中国水利水电出版社，2001.

[8] 尹维新. 混凝土结构与砌体结构. 北京：中国电力出版社，2004.

[9] 翟爱良，郑晓燕. 钢筋混凝土结构计算与设计. 北京：中国水利水电出版社，1999.

[10] 赵鲁光. 水工钢筋混凝土结构习题与课程设计. 北京：中国水利水电出版社，1998.

[11] 郭继武，龚伟. 建筑结构. 北京：中国建筑工业出版社，1993.

[12] 章海棠. 建筑结构. 北京：中国水利水电出版社，1994.

[13] 彭明，王建伟. 建筑结构. 郑州：黄河水利出版社，2004.

[14] 彭明，郑元锋. 建筑结构. 北京：中国水利水电出版社，2006.

[15] 李萃青. 建筑结构例题与习题. 北京：中国水利水电出版社，2001.